江苏省"十四五"职业教育规划教材
高等职业教育教学改革系列精品教材

传感器智能应用与检测技术

徐 进 王倢婷 主 编
俞梁英 王 益 吴俊辉 副主编

电子工业出版社
Publishing House of Electronics Industry
北京·BEIJING

内 容 简 介

本书紧跟传感器领域的最新进展，在介绍传统传感器应用的基础上，介绍了微波、超声波、机器人、微机电系统、智能传感器、传感器网络等新型传感器，使学生在就业后能更快适应工作实践需求。

本书主要内容包括：传感器基础知识、温度测量、位移测量、位置测量、速度测量、振动测量、压力测量、流量测量、现代检测技术。

本书可作为高职高专院校电子信息类专业的传感器课程的教材，也可作为相关工程技术人员的参考用书。

未经许可，不得以任何方式复制或抄袭本书之部分或全部内容。
版权所有，侵权必究。

图书在版编目（CIP）数据

传感器智能应用与检测技术 / 徐进，王健婷主编. —北京：电子工业出版社，2022.1
ISBN 978-7-121-37934-5

Ⅰ. ①传… Ⅱ. ①徐… ②王… Ⅲ. ①传感器－检测－高等学校－教材 Ⅳ. ①TP212

中国版本图书馆 CIP 数据核字（2019）第 253154 号

责任编辑：王艳萍
印　　刷：涿州市般润文化传播有限公司
装　　订：涿州市般润文化传播有限公司
出版发行：电子工业出版社
　　　　　北京市海淀区万寿路 173 信箱　邮编 100036
开　　本：787×1 092　1/16　印张：15　字数：384 千字
版　　次：2022 年 1 月第 1 版
印　　次：2025 年 8 月第 4 次印刷
定　　价：49.00 元

凡所购买电子工业出版社图书有缺损问题，请向购买书店调换。若书店售缺，请与本社发行部联系，联系及邮购电话：（010）88254888，88258888。

质量投诉请发邮件至 zlts@phei.com.cn，盗版侵权举报请发邮件至 dbqq@phei.com.cn。
本书咨询联系方式：（010）88254574，wangyp@phei.com.cn。

前　言

"传感器智能应用与检测技术"课程内容多、难度大。本书在编写过程中以"淡化理论，够用为度，培养技能，重在应用"为原则精选教学内容，以传感器智能应用技术为主线安排内容，本书的主要特色和创新如下：

（1）将传统教学方法与现代教育技术相融合，有步骤地推进多媒体教学。在教学过程中利用多媒体动画虚拟实验形象、直观的特点，通过视觉和听觉，全方位地加强学生对知识的理解和记忆。

（2）本书相对已有的教材增加了传感器智能应用的内容，利用单片机技术实现传感器智能应用，使学生掌握传感器的应用，加深对传感器理论知识的理解，提高解决工程问题的能力，为后续课程打下基础。

（3）本书加入了工程背景和科技发展史介绍，主要介绍微波、超声波、机器人、微机电系统等新型传感器，还介绍了当前的智能传感器和传感器网络，介绍它们在工农业生产、科学研究、医疗卫生、家用电器等方面的应用实例。

（4）以传感器智能应用需求为导向，以典型合作企业成都皓图智能科技有限公司传感器智能应用为载体，不断升级产教融合、校企合作的方式，全面促进教学要素与生产要素的融合融通，重构人才培养过程。

本书是校企合作教材，书中大量案例引用自成都皓图智能科技有限公司、苏州超锐微电子有限公司，同时和 1+X 证书相结合。

本书秉着校企深度融合的设计思想，落实工学结合的教学模式；创新教材风格，利用单片机技术，实现传感器测量的可视化和数字化。教学过程中多种实训手段并用，凸显高职特色，主要内容包括：传感器基础知识、温度测量、位移测量、位置测量、速度测量、振动测量、压力测量、流量测量、现代检测技术。

为了方便教学，本书配有电子教案等教学资源，请有需要的读者登录华信教育资源网（www.hxedu.com.cn）免费注册后下载。

本书由徐进、王倢婷担任主编，俞梁英、王益、吴俊辉担任副主编。

由于时间紧迫和编者水平有限，书中不足之处在所难免，欢迎各位读者对本书提出批评与建议。

编　者

目　　录

模块一　传感器基础知识 …………………………………………………………………（1）
　　课题一　认识传感器 ………………………………………………………………（1）
　　课题二　传感器与检测技术 ………………………………………………………（6）

模块二　温度测量 ……………………………………………………………………（16）
　　课题一　热敏电阻温度传感器 ……………………………………………………（16）
　　课题二　热电阻温度传感器 ………………………………………………………（24）
　　课题三　热电偶温度传感器 ………………………………………………………（32）
　　课题四　红外温度传感器 …………………………………………………………（42）

模块三　位移测量 ……………………………………………………………………（50）
　　课题一　电阻式位移传感器 ………………………………………………………（50）
　　课题二　电感式位移传感器 ………………………………………………………（56）
　　课题三　磁电感应式位移传感器 …………………………………………………（62）
　　课题四　光栅式位移传感器 ………………………………………………………（66）

模块四　位置测量 ……………………………………………………………………（75）
　　课题一　电感式接近开关 …………………………………………………………（75）
　　课题二　光电开关 …………………………………………………………………（82）
　　课题三　电容式接近开关 …………………………………………………………（88）
　　课题四　霍尔式接近开关 …………………………………………………………（94）

模块五　速度测量 ……………………………………………………………………（99）
　　课题一　发电机测速 ………………………………………………………………（99）
　　课题二　编码器测速 ………………………………………………………………（105）
　　课题三　计数测速 …………………………………………………………………（109）
　　课题四　超声波测速 ………………………………………………………………（113）

模块六　振动测量 ……………………………………………………………………（118）
　　课题一　电容式振动传感器 ………………………………………………………（118）
　　课题二　压电式振动传感器 ………………………………………………………（126）
　　课题三　磁电式传感器 ……………………………………………………………（134）

模块七　压力测量 ……………………………………………………………………（141）
　　课题一　压力传感器 ………………………………………………………………（141）
　　课题二　力传感器 …………………………………………………………………（153）
　　课题三　称重传感器 ………………………………………………………………（161）
　　课题四　压力变送器 ………………………………………………………………（169）

模块八　流量测量 ……………………………………………………………………（180）
　　课题一　涡轮流量计 ………………………………………………………………（180）
　　课题二　超声波流量计 ……………………………………………………………（188）
　　课题三　电磁流量计 ………………………………………………………………（196）

· Ⅴ ·

课题四　差压式流量计 …………………………………………………………（200）
模块九　现代检测技术 ……………………………………………………………（206）
　　课题一　图像传感器 ……………………………………………………………（206）
　　课题二　光纤传感器 ……………………………………………………………（215）
　　课题三　智能传感器 ……………………………………………………………（221）
　　课题四　网络传感器 ……………………………………………………………（226）

模块一　传感器基础知识

传感器是能感受规定的被测量并按一定规律转换成可用输出信号的器件或装置，主要用于检测机电一体化系统自身与操作对象、作业环境状态，为有效控制机电一体化系统的运作提供必需的相关信息。随着人类探知领域和空间的拓展，信息种类日益繁多，信息传递速度日益加快，信息处理能力日益增强，相应的信息采集——传感技术也日益发展。在机电一体化系统中，传感器处于系统之首，其作用相当于系统感受器官，能快速、精确地获取信息并能经受严酷环境考验，是机电一体化系统达到高水平的保证。如缺少这些传感器对系统状态和信息精确而可靠的自动检测，系统的信息处理、控制决策等功能就无法谈及和实现。

从20世纪80年代起，世界范围内逐步掀起了一股传感器浪潮，各先进工业国都极为重视传感技术和传感器的研究、开发和生产。传感技术领域已成为重要的现代科技领域，传感器及其系统生产已成为重要的新兴行业。传感器是影响机电一体化系统（或产品）发展的重要技术之一，广泛应用于各种自动化产品之中。

课题一　认识传感器

◆ **教学目标**

¤ 掌握传感器的作用、组成与应用。
¤ 了解传感器的主要测量方法。

随着社会经济的迅猛发展，高科技产品越来越多，火灾、化学危险品燃烧、爆炸、坍塌等事故隐患也大幅增加，为此有公司研制出了一种消防机器人，如图1-1所示。机器人能够自己按动电梯开关，到大楼各层巡视；发现火苗时，能立刻使用灭火器灭火。这种机器人身上的各种传感器能够感知烟、热及可疑人员等异常现象，并能够使用内置的通信装置把异常情况报告给保安公司。一旦发生火情，保安公司在接到信息后就可转换遥控系统，命令机器人使用安装在其身上的灭火器灭火。目前还研制出了医疗护理机器人、清洁机器人、在原子能发电站等高危环境下工作的安全作业机器人及机器狗、机器猫等。

这些自动化的设备都离不开传感器。那么什么是传感器？它能够起什么作用？本课题的任务就是认识传感器，了解传感器在人们生活及自动化生产中的作用，通过对实物或资料的研究，分析如图1-1所示的消防机器人需要测量哪些外部数据并通过什么传感器完成相关动作。

图 1-1 消防机器人

想要了解机器人需要测量哪些外部数据并通过什么传感器完成，首先要了解传感器的基本类型、功能和工作过程，再结合设备需求进行分析。本任务将首先学习传感器的概念、分类、测量方法等基本知识，然后对消防机器人的需求进行分析。

一、传感器的概念

现代信息产业的三大支柱是传感器技术、通信技术和计算机技术，它们分别构成了信息系统的"感官""神经"和"大脑"。对于机电一体化产品来说，三者都是不可或缺的，自动化程度越高，系统对传感器的依赖性越大，传感器对系统功能的决定性作用越明显。

传感器是一种检测装置，能感受到被测量的非电量信息，如温度、压力、流量、位移等，并将检测到的信息按一定规律转换成电信号或其他所需形式的信息输出，用以满足信息的传输、处理、存储、显示、记录或控制等要求，如图 1-2 所示的是几种常见类型的传感器。传感器是自动化系统和机器人技术中的关键部件，它是实现自动检测的首要环节，为自动控制提供控制依据。传感器在机械电子、测量、控制、计量等领域应用广泛。

（a）力传感器　　（b）流量传感器　　（c）视觉传感器　　（d）位移传感器　　（e）压力传感器

图 1-2　几种常见类型的传感器

二、传感器的定义及组成

电量一般是指电压、电流、电阻、电容、电感等电学相关的物理量；非电量则是指除电量之外的一些参数，如压力、流量、尺寸、位移、质量、力、速度、加速度、转速、温度、浓度、酸碱度等。在众多的实际检测中，大多数是对非电量的测量。

国家标准 GB/T 7665—2005 对传感器下的定义是："能感受规定的被测量并按照一定的规律转换成可用信号的器件或装置，通常由敏感元件和转换元件组成。"广义地说，传感器就是一种能把物理量或化学量转换成便于测量、便于利用的电信号的器件，如图 1-3 所示。

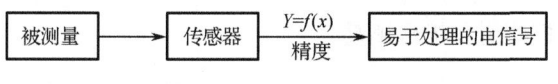

图 1-3 传感器的定义

传感器一般由敏感元件、传感元件和测量转换电路组成，如图 1-4 所示。敏感元件直接与被测量接触，转换成与被测量有确定关系、更易于转换的非电量；传感元件再将这一非电量转换成电参量。传感元件输出的信号幅度很小，而且混杂有干扰信号和噪声，为了方便后续设备的处理，要通过测量转换电路将信号整理成具有最佳特性的波形，最好能够线性化，并放大成易于测量、处理的电信号，如电压、电流、频率等。

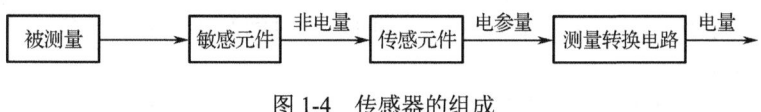

图 1-4 传感器的组成

应该指出，不是所有传感器都有敏感元件和传感元件之分，有些传感器的敏感元件可以直接将非电量转化成电信号，如铂电阻温度传感器，当所测温度变化时，其敏感元件的电阻值变化，经测量电路直接转化成电压信号或电流信号。也不是所有传感器都包含测量电路，有些传感器因测量环境恶劣，测量转换电路不能正常工作或误差较大，传感器就不能包含测量转换电路。比如温度传感器，转换电路的电子元器件的工作温度最高为 125℃，当所测温度较高时，温度传感器不能包含测量转换电路。

三、传感器的分类

传感器是利用各种物理效应和工作机理来实现测量目的的。传感器既可以直接接触被测量对象，也可以不接触。传感器的种类多种多样。目前对传感器尚无一个统一的分类方法，比较常用的有如下三种：

（1）按传感器所测的物理量分类，可分为温度、压力、流量、速度、位移、力等传感器。

（2）按传感器的工作原理分类，可分为电阻、电容、电感、霍尔、光电、热电偶等传感器。

（3）按传感器输出信号的性质分类，可分为输出为开关量（"1"和"0"或"开"和"关"）的开关型传感器，输出为模拟量的模拟型传感器，输出为脉冲或代码的数字型传感器。

本书采用第一种分类方式，与工程实际应用相结合，根据所需要测量的物理参数进行分类，包含了各种量程的不同测量方法，同时覆盖了传感器的各种测量原理。

四、传感器的测量方法

传感器的测量方法对检测系统是十分重要的，它直接关系到检测任务是否能够顺利完成。因此需针对不同的检测目的和具体情况进行分析，然后找出切实可行的测量方法，再根据测量方法选择合适的检测技术工具，组成一个完整的检测系统，进行实际测量。

对于测量方法，从不同的角度出发，可有不同的分类方法。如根据测量手段分类，分为直接测量、间接测量和组合测量；根据被测量变化情况分类，分为静态测量和动态测量；根据敏感元件是否与被测物体接触分类，分为接触测量和非接触测量等。

1. 直接测量、间接测量和组合测量

在使用传感器仪表进行测量时，对仪表读数不需要经过任何运算，就能直接表示测量所需要的结果，称为直接测量。例如，用磁电式电流表测量电路的电流，用弹簧管式压力表测量锅炉的压力等就是直接测量。直接测量的优点是测量过程简单而迅速，缺点是测量精度不容易做到很高，这种测量方法在工程上被广泛采用。

有的被测量无法或不便于直接测量，这就要求在使用仪表进行测量时，首先对与被测物理量有确定函数关系的几个量进行测量，然后将测量值代入函数关系式，经过计算得到所需的结果，这种方法称为间接测量。例如，要测量某齿轮的转速，可以先对齿轮上某一点在单位时间内通过固定点的次数进行计数测量，同时进行时间测量，然后计算出每秒钟齿轮转动的次数，即为转速。

间接测量比直接测量所需要测量的量要多，而且计算过程复杂，引起误差的因素也较多，但如果对误差进行分析并选择和确定优化的测量方法，在比较理想的条件下进行间接测量，测量结果的精度不一定低，有时还可得到较高的测量精度。间接测量一般用于不方便直接测量或者缺乏直接测量手段的场合。

组合测量又称联立测量，在使用传感器仪表进行测量时，若被测物理量必须经过求解联立方程组，才能得到最后结果，则称这样的测量为组合测量。在进行组合测量时，一般需要改变测量条件，才能获得一组联立方程所需要的数据。组合测量是一种特殊的精密测量方法，操作较复杂，花费时间很长，一般适用于科学实验或特殊场合。

2. 静态测量与动态测量

若被测量在测量过程中是固定不变的，这种测量称为静态测量。静态测量不需要考虑时间因素对测量的影响。若被测量在测量过程中是随时间不断变化的，这种测量称为动态测量。例如环境温度的测量，环境温度短时间内随时间没有变化或缓慢变化，这时的测量称为静态测量；如果遇到爆炸，环境温度迅速变化，这时的测量称为动态测量。

3. 接触测量和非接触测量

传感器安装在被测物体上，与被测物体一同感受物理参数的变化，这种测量称为接触测量。如体温测量，需要将体温计接触身体。在不接触被测物体表面的情况下，得到物体参数信息的测量方法称为非接触测量。典型的非接触测量方法如机器视觉测量等。

在实际测量过程中，一定要从测量任务的具体情况出发，经过认真的分析后，再决定选用哪种测量方法。

一、消防机器人的功能需求

消防机器人用于消防安全的自动巡视，发现火灾及时报警，并可自动进行灭火操作，因此，应具有以下基本功能：

（1）在楼道内看清障碍，自主行走；
（2）侦察火灾，及时报警和处理火情；
（3）控制行走速度，防止倾覆；
（4）将观察到的复杂火灾现场信息传输到中央控制室。

二、消防机器人的传感器类型

为满足上述各种功能，消防机器人上需要使用多种传感器。为使机器人能在楼道内看清障碍，能采集火灾现场信息并传输到中央控制室，就需要安装图像传感器；为使机器人能检测到火灾的发生，需要安装烟雾传感器、温度传感器等；为使机器人能按规定路线行走，需要安装位移传感器，而倾角传感器可以预防机器人颠覆，速度传感器可以控制机器人的行走速度。各种传感器的信号传输到计算机中，经分析发出信号控制机器人的各种动作、行为。

通过以上分析可以发现，在检测和自动控制系统中，传感器的作用与人的五官很相似，不同类型的传感器用于对不同形式的信号检测。如图像传感器、光敏传感器类似于视觉，声敏传感器类似于听觉，气敏传感器类似于嗅觉，化学传感器类似于味觉，压敏、温敏、流体传感器则类似于触觉等。

汽车传感器作为典型的机电一体化产品，各种各样的传感器成为汽车电控系统的关键部件，直接影响了汽车的各种技术性能，传感器在汽车电控系统中起着重要作用，如图 1-5 所示。

目前，普通汽车上大约装有几十到近百个传感器，高级豪华轿车上多达 300 多个，这些传感器主要分布在发动机控制系统、底盘控制系统和车身控制系统中。

发动机控制用传感器有许多种。温度传感器主要检测发动机温度、吸入气体温度、冷却水温度、燃油温度、机油温度、催化剂温度等。压力传感器主要检测进气压力、发动机油压、制动器油压、轮胎压力等。流量传感器测定进气量和燃油流量以控制空燃比，主要有空气流量传感器和燃料流量传感器。转速、角度和车速传感器主要用于发动机转速、检测曲轴转角、车速等。这类传感器是整个发动机的核心，利用它们可提高发动机动力性、降低油耗、减少废气、反映故障等。

底盘控制用传感器分布在变速器控制系统、悬架控制系统、动力转向系统中。变速器控制传感器，多用于自动变速器的控制。悬架系统控制传感器用于抑制车辆姿势的变化，实现对车辆舒适性、操纵稳定性和行车稳定性的控制。

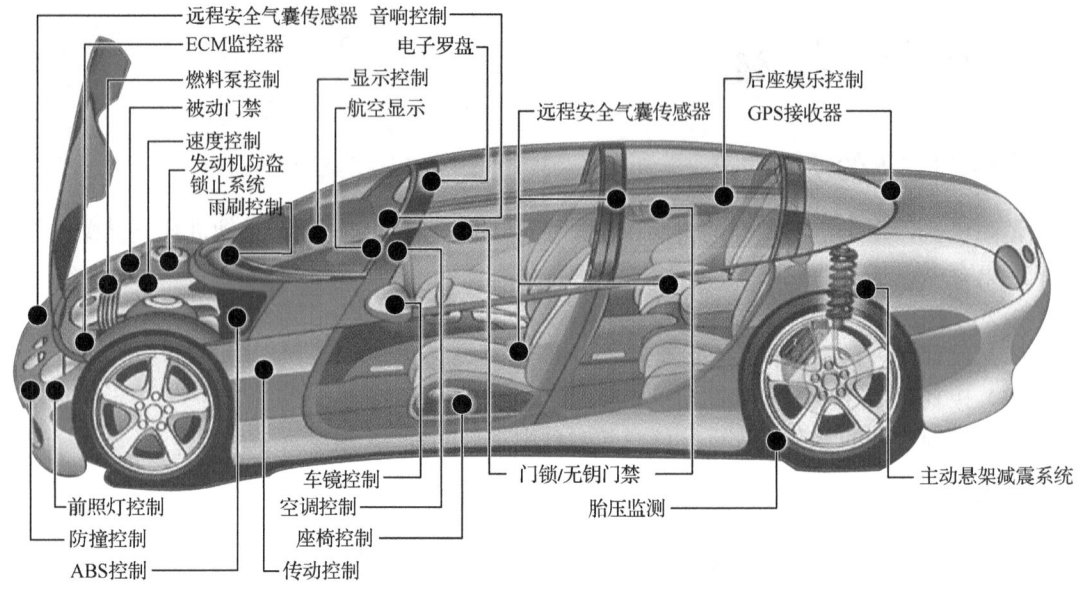

图 1-5 汽车电控系统中的传感器

在车身控制系统中，主要有自动空调系统中的多种温度传感器、风量传感器、日照传感器；安全气囊系统中的加速度传感器；亮度自控中的光传感器；死角报警系统中的超声波传感器；图像传感器等。采用这类传感器的主要目的是提高汽车的安全性、可靠性、舒适性等。

信息处理技术取得的进展以及微处理器和计算机技术的高速发展，都需要在传感器开发方面也取得相应的进展。微处理器现在已经在测量和控制系统中得到了广泛的应用。随着这些系统能力的增强，作为信息采集系统的前端单元，传感器的作用将越来越重要。

1．传感器的定义是什么？
2．传感器是由哪几部分组成的？
3．传感器的作用是什么？
4．仔细观察你身边的非物理量测量，举例说明它们起什么作用。

课题二　传感器与检测技术

◆ **教学目标**

☐ 了解传感器的判别标准。
☐ 掌握传感器各项技术指标的含义。
☐ 掌握传感器的误差计算与选用。
☐ 掌握检测系统的组成。

模块一 传感器基础知识

传感器的种类繁多，如何经济、合理地选择较为适用的传感器，是传感器应用中的关键环节。以电子秤为例，如图1-6所示，电子秤的种类五花八门，结构多种多样。如家用的小量程电子秤、健康秤；适合便利店和超市等场所使用的条码秤、计价秤、收银秤；广泛应用于仓库、车间、工地等场所的电子平台秤；适用于吊装物料称量的吊钩秤；应用于港口、仓储、货场的电子汽车衡；应用于生产线在线测量的给料秤、灌装秤、包装秤等。电子秤之所以能进行质量测量，正是因为其中装有对质量进行检测的传感器，因此选择电子秤的性能，关键在于选择其中传感器的性能。在应用选型时，要根据任务要求合理选择量程与精度。

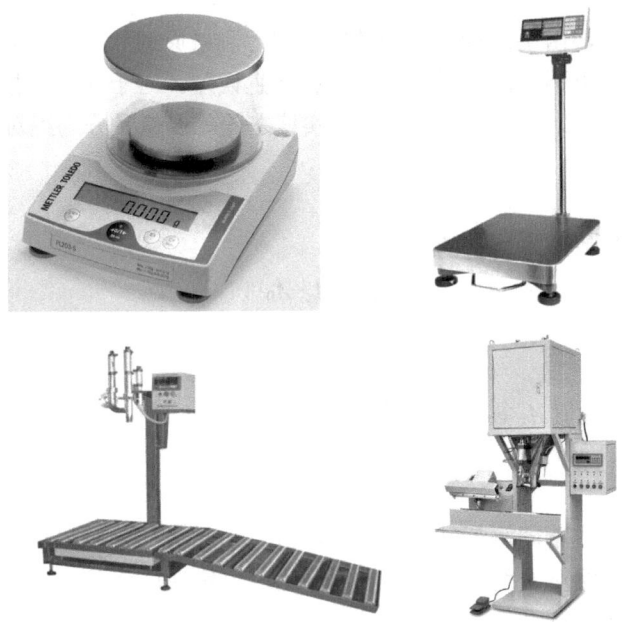

图1-6 各种各样的电子秤

某化工厂采购员小徐要为检验室购买一台电子秤。为了保证产品质量，他花了较高的价钱买了一台高精度电子秤，但检验员仍然认为精度不够，不能满足工作需求。小徐需要重新购置一台电子秤，并传真来了一份报价单（见表1-1）。请帮助小徐分析一下检验室需要电子秤的量程、精度范围，应该选择什么样的电子秤，才能够满足化工厂检验员的需求。

表1-1 报价单

型　　号	量程/g	精度/%	分辨力/mg	价格/元
ML802	820	0.1	10	8860
ML1502E	1500	0.1	10	9870
XS4001SX	4000	0.05	100	39980
XS6000LX	6000	0.05	100	79800

7

电子秤是用于测量物体质量的电子装置。与机械秤相比,它不仅可以测量物体质量,还可以将采集的数据传送到数据处理中心,作为在线测量或自动控制的依据。化工厂检验室一般要求电子秤量程比较小,但分辨力要求高,精度要求高。要完成以上任务,首先应学习测量系统误差、传感器的技术指标,并了解传感器的判别标准。

一、测量误差与仪表等级

在实际测量过程中,由于测量仪器的精度限制,测量原理和方法不完善,或测量者感官能力的限制,测量的结果不可能绝对精确,总会产生误差。对于测量结果,可以信任到何种程度,需要计算测量误差。误差是测量值与真实值之差。误差又分为绝对误差和相对误差。

1. 绝对误差 ΔA

绝对误差反映测量值偏离真值的大小。

$$\Delta A = A_x - A_0$$

式中 A_x——测量值;
A_0——理论真值。
绝对误差 ΔA 和测量值 A_x 具有相同的单位。

2. 相对误差 γ

用绝对误差无法比较不同测量结果的可靠程度,于是人们用测量值的绝对误差与理论真值之比来评价,称它为相对误差,并可化成百分比,也称为百分误差。

相对误差 γ 由下式计算:

$$\gamma = \frac{\Delta A}{A_0} \times 100\% = \frac{A_x - A_0}{A_0} \times 100\%$$

式中 A_x——测量值;
A_0——理论真值。
例如:用天平测得两个物体的质量分别是 100.0g 和 1.0g,两次测量的绝对误差都是 0.1g,从绝对误差来看,对两次测量的评价是相同的,但是前者的相对误差为 0.1%,后者则为 10%,后者的相对误差是前者的 100 倍。

3. 仪表的准确度 S

在正常的使用条件下,仪表测量结果的准确程度叫作仪表的准确度。

$$S = \frac{\Delta_{\max}}{A_{\max}} \times 100\%$$

式中 $\Delta_{\max}$——最大绝对误差;

A_{max}——仪表的满量程。

误差越小，仪表的准确度越高，而误差与仪表的量程范围有关，所以在使用同一准确度的仪表时，往往采取压缩量程范围的方法，以减小测量误差。根据仪表的准确度 S 可以确定测量系统的最大绝对误差 Δ_{max}。

准确度等级是衡量仪表质量优劣的重要指标之一。我国模拟量工业仪表等级分为0.1、0.2、0.5、1.0、1.5、2.5、5.0 七个等级，对应的基本误差为±0.1%、±0.2%、±0.5%、±1.0%、±1.5%、±2.5%、±5.0%。仪表准确度习惯上称为精度，准确度等级习惯上称为精度等级。应该指出，误差与错误不能相提并论：误差不可能避免，而错误则可以避免。

二、检测系统的组成

检测是指用指定的方法获得被测、被控对象的有关信息，对一些参量进行定性或定量测量的一系列完整的操作过程。在工业生产中，为了保证生产过程能正常、高效、经济地运行，必须对生产过程中的某些重要工艺参数（如温度、压力、流量等）进行实时监测与优化控制。例如化工原料合成条件的控制过程，数控机床的加工过程。

检测系统通常由各种传感器将非电被测物理或化学成分参量转换成电信号，然后经信号调理（信号转换、信号检波、信号滤波、信号放大等）、数据采集、信号处理后显示并输出（通常有 4～20mA、经 D/A 转换和放大后的模拟电压、开关量、脉宽调制 PWM、串行数字通信和并行数字输出等），由以上设备以及系统所需的交、直流稳压电源和必要的输入设备（如拨动开关、按钮、数字拨码盘、数字键盘等）便组成了一个完整的检测（仪器）系统，其组成框图如图 1-7 所示。

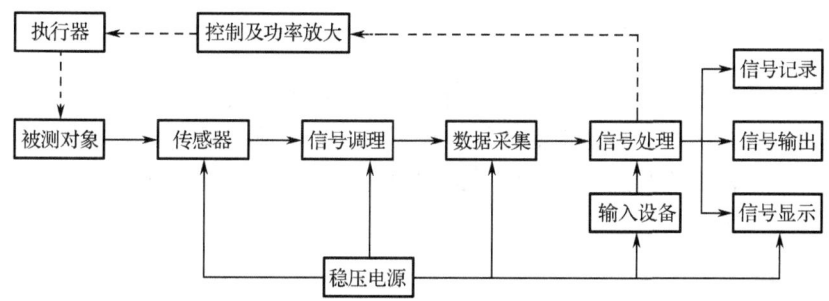

图 1-7 检测系统组成框图

1. 传感器

传感器是检测系统与被测对象直接发生联系的器件或装置。传感器作为检测系统的信号源，其性能的好坏将直接影响检测系统的精度和其他指标，是检测系统中十分重要的环节。

2. 信号调理

信号调理在检测系统中的作用是对传感器输出的微弱信号进行检波、转换、滤波、放大等，以方便检测系统后续环节的处理或显示。例如，工程上常见的热电阻型数字温度检测（控制）仪表，其传感器 Pt100 的输出信号为热电阻值的变化量。为便于处理，通常需设计一个四臂电桥电路，把随被测温度变化的热电阻阻值转换成电压信号；由于信号中往往夹杂着50Hz 工频等噪声电压，故其信号调理电路通常包括滤波、放大、线性化等环节。需要远传的话,通常采取 D/A 或 V/I 电路将获得的电压信号转换成标准的 4~20mA 电流信号后再进行远距离传送。检测系统种类繁多,复杂程度差异很大,信号的形式也多种多样,各系统的精度、性能指标要求各不相同,它们所配置的信号调理电路的多寡也不尽一致。

3. 数据采集

数据采集(系统)在检测系统中的作用是对信号调理后的连续模拟信号进行离散化,并转换成与模拟信号电压幅度相对应的一系列数值信息,同时以一定的方式把这些转换数据及时传递给微处理器或依次自动存储。数据采集系统通常以各类模/数(A/D)转换器为核心,辅以模拟多路开关、采样/保持器、输入缓冲器、输出锁存器等。

4. 信号处理

信号处理模块是现代检测仪表、检测系统进行数据处理和各种控制的中枢环节,其作用和人的大脑类似。现代检测仪表、检测系统中的信号处理模块通常以各种型号的单片机、微处理器为核心来构建,对高频信号和复杂信号的处理有时需增加数据传输和运算速度快、处理精度高的专用高速数字信号处理器(Digital Signal Processing,DSP)或直接采用工业控制计算机。

由于微处理器、单片机和大规模集成电路技术的迅速发展和这类芯片价格的不断降低,对稍复杂一点的检测系统(仪器),其信号处理环节都应考虑选用合适型号的单片机、微处理器、DSP 或嵌入式模块为核心来设计和构建(或者由工控机兼任),从而使所设计的检测系统获得更高的性能价格比。

5. 信号显示

通常人们都希望及时获得被测参量的瞬时值、累积值或其随时间的变化情况,因此,各类检测仪表和检测系统在信号处理器计算出被测参量的当前值后,通常均需送至各自的显示器实时显示。显示器是检测系统与人联系的主要环节之一,一般可分为指示式、数字式和屏幕式三种。

6. 信号输出

在许多情况下,检测仪表和检测系统在信号处理器计算出被测参量的瞬时值后,除送显示器进行实时显示外,通常还需把测量值及时传送给控制计算机、可编程控制器或其他执行器、打印机、记录仪等,从而构成闭环控制系统或实现打印(记录)输出。检测仪表和检测系统的信号输出通常有 4~20mA 的电流信号,经 D/A 转换和放大后的模拟电压、开关量、脉宽调制 PWM、串行数字通信和并行数字输出等多种形式,需根据检测系统的具体要求确定。

7. 输入设备

输入设备是操作人员和检测仪表或检测系统联系的另一主要环节,用于输入设置参数、下达有关命令等。最常用的输入设备是各种键盘、拨码盘、条码阅读器等。近年来,随着工业自动化、办公自动化和信息化程度的不断提高,通过网络或各种通信总线,利用其他计算机或数字化智能终端,实现远程信息和数据输入的方式愈来愈普遍。最简单的输入设备是各种开关、按钮,模拟量的输入、设置往往借助电位器进行。

8. 稳压电源

一个检测仪表或检测系统，往往既有模拟电路部分，又有数字电路部分，通常需要多组幅值大小要求各异但稳定的电源。在检测系统使用现场一般无法直接提供这类电源，通常只能提供交流 220V 工频电源或+24V 直流电源。检测系统的设计者需要根据使用现场的供电电源情况及检测系统内部电路的实际需要，统一设计各组稳压电源，给系统各部分电路和器件分别提供它们所需的稳定电源。

检测系统（仪表）不是都具备以上所有单元，对有些简单的检测系统，其各环节之间的界线也不是十分清楚，需根据具体情况进行分析。由于检测仪表、检测系统种类和型号繁多，被测参量不同，检测对象和应用场合各异，用户对各检测仪表的测量范围、测量精度、功能的要求差别也很大。对检测仪表、检测系统的信号处理环节来说，只要能满足用户对信号处理的要求，则是越简单越可靠，成本越低越好。对一些容易实现且传感器输出信号大，或用户对检测精度要求不高，只要求被测量不要超过某一上限值，一旦越限，送出声（喇叭或蜂鸣器）、光（指示灯）信号即可的检测仪表的信号处理模块，往往只需设计一个可靠的比较电路，该电路的一端为被测信号，另一端为表示上限值的固定电平。当被测信号小于设定的固定电平值，比较器输出为低电平，声、光报警器不动作；一旦被测信号电平大于固定电平值，比较器翻转，经功率放大驱动扬声器、指示灯动作。这种系统的信号处理电路就很简单，只要一片集成比较器芯片和几个分立元件即可。但对于热处理和炉温检测、控制系统来说，其信号处理电路则较为复杂。因为对热处理炉炉温测控系统，用户不仅要求系统高精度地实时测量炉温，而且需要系统根据热处理工件的热处理工艺制定的时间-温度曲线进行实时控制（调节）。如果采用一般通用的中小规模集成电路来构建这一类较复杂检测系统的信号处理模块，则不仅构建技术难度很大，而且所设计的信号处理模块必然结构复杂，调试困难，性能和可靠性均较差。

三、传感器的技术指标（特性）

传感器能否将被测非电量不失真地转换成相应的电量，取决于传感器的输入-输出特性。传感器这一基本特性可用其静态特性和动态特性来描述。

1. 传感器的静态特性

传感器的静态特性是指传感器的输入信号不随时间变化时，传感器的输入与输出之间所对应的关系。表征传感器静态特性的主要有：线性度、迟滞、重复性、灵敏度和分辨力等。

（1）传感器的灵敏度

灵敏度是指传感器在稳态工作情况下输出量变化 Δy 对输入量变化 Δx 的比值。它是输出-输入特性曲线的斜率。如果传感器的输出和输入之间成线性关系，则灵敏度 S 是一个常数；否则，它将随输入量的变化而变化。

灵敏度的量纲是输出、输入量的量纲之比。例如，某温度传感器，在温度变化 1℃时，输出电压变化为 20mV，则其灵敏度应表示为 20mV/℃。当传感器的输出、输入量的量纲相同时，灵敏度可理解为放大倍数。

（2）传感器的分辨力

分辨力是指传感器可能感受到的被测量最小变化的能力。也就是说，如果输入量小于分辨力时，传感器的输出不会发生变化，即传感器对此输入量的变化是分辨不出来的；只有当输入量的变化超过分辨力时，其输出才会发生变化。通常传感器在满量程范围内各点的分辨力是不相同的。

在选用传感器时应特别关注该项指标，特别是在要求测量精度较高的时候，传感器的精度虽然较高，但如果分辨力低，仍不能满足测量要求。

（3）传感器的线性度

人们希望传感器的输入与输出成唯一的对应关系，而且最好成线性关系。但一般情况下，受外界环境的各种影响，传感器输入与输出不会完全符合线性关系。线性度（非线性误差）就表示传感器的输入-输出特性近似于一条直线的程度，如图1-8所示。计算公式如下：

$$\delta_L = \pm \frac{\Delta_{L,max}}{Y_{max} - Y_{min}} \times 100\%$$

式中　$\Delta_{L,max}$——实际测量曲线与理论直线（拟和直线）间的最大差值；

　　　$Y_{max} - Y_{min}$——传感器最大输出范围。

理论直线（拟合直线）的获得方法有多种。如将传感器特性曲线的零点和满量程点相连所成的直线作为理论直线，或用最小二乘法拟合直线作为理论直线。

（4）传感器的迟滞

传感器正行程（输入量增大）和反行程（输入量减小）的输入-输出特性曲线不能完全重合。迟滞是指传感器在相同工作条件下全测量范围校准时，正、反行程校准曲线间的最大差值，在数值上用此最大差值对满量程输出的百分比来表示，如图1-9所示。计算公式如下：

$$\delta_H = \pm \frac{\Delta_{H,max}}{Y_{max} - Y_{min}} \times 100\%$$

式中　$\Delta_{H,max}$——正、反行程校准曲线间的最大差值。

迟滞会引起传感器的分辨力变差，或造成测量盲区。

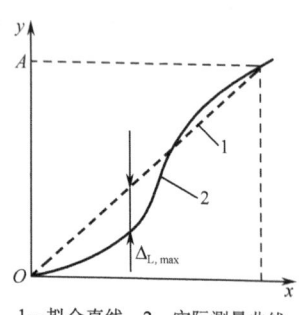

1—拟合直线；2—实际测量曲线

图1-8　传感器线性度示意图

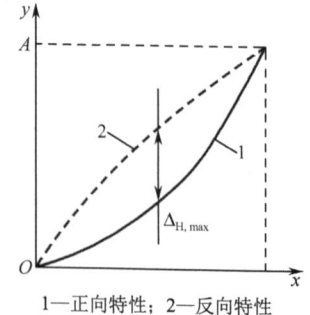

1—正向特性；2—反向特性

图1-9　传感器迟滞示意图

（5）重复性

重复性是指传感器在相同的工作条件下，输入按同一方向做全测量范围连续变动多次时（一般为3次），特性曲线的不一致性。在数值上用各校准点正、反行程的平均值与测量数据的最大差值对满量程输出的百分比值来表示，计算公式如下：

$$\delta_R = \pm \frac{\Delta_{R,\max}}{Y_{\max} - Y_{\min}} \times 100\%$$

式中　　$\Delta_{R,\max}$——正、反行程校准点测量平均值与测量数据间的最大差值。

通常传感器的静态测量精度包含线性度、迟滞和重复性。

2. 传感器的动态特性

所谓动态特性，是指在输入随时间变化时，传感器的输出的特性。在实际测量中，主要考虑两项指标：动态响应时间和频率响应范围。

实际上传感器在响应动态信号时总有一定的延迟，即动态响应时间。在测量时总希望延迟时间越短越好。

传感器的频率响应范围是指传感器能够保持输出信号不失真的频率范围。传感器的频率响应特性决定了被测量的频率范围，传感器的频率响应高，可测的信号频率范围就宽。传感器的频率响应范围主要受传感器结构特性的影响，固有频率低的传感器，其频率响应也较低。

在校验传感器的动态特性时，常用一些标准输入信号的响应来表示，如阶跃信号、正弦信号等。向传感器输入标准动态信号，即可求得动态响应时间和频率响应范围。

四、传感器的一般选择原则

现代传感器在原理与结构上千差万别，如何根据具体的测量目的、测量对象以及测量环境合理地选用传感器，是在组成测量系统时首先要解决的问题。当传感器确定之后，与之相配套的测量方法和测量设备也就可以确定了。测量结果的成败，在很大程度上取决于传感器的选用是否合理。

要进行一个具体的测量工作，如何选择合适的传感器，这需要分析多方面的因素之后才能确定。因为，即使是测量同一物理量，也有多种原理的传感器可供选用。哪一种原理的传感器更为合适，则需要根据被测量的特点和传感器的使用条件具体分析：量程的大小；被测位置对传感器体积的要求；测量方式为接触式还是非接触式；信号的引出方法，有线还是非接触测量；传感器的来源，国产还是进口，价格能否承受，还是自行研制；等等。概括起来，我们应从以下几方面因素进行考虑：

1. 与测量条件有关的因素

（1）测量的目的；
（2）被测量的选择；
（3）测量范围；
（4）输入信号的幅值、频带宽度；
（5）精度要求；
（6）测量所需要的时间。

2. 与传感器有关的技术指标

（1）精度；
（2）稳定度；
（3）响应特性；

（4）模拟量与数字量；
（5）输出幅值；
（6）对被测物体产生的负载效应；
（7）校正周期；
（8）超标准过大的输入信号保护。

3. 与使用环境条件有关的因素

（1）安装现场条件及情况；
（2）环境条件（湿度、温度、振动等）；
（3）信号传输距离；
（4）所需现场提供的功率容量；
（5）安装现场的电磁环境。

4. 与购买和维修有关的因素

（1）价格；
（2）零配件的储备；
（3）服务与维修制度，保修时间；
（4）交货日期。

化工厂检验室一般要求电子秤量程比较小，称量化学药品不超过 500g，通常在 100g 左右，精度要求在 0.1%，但分辨力要求很高，为 10mg，显示单位为 g，能够显示小数点后 2 位。

从量程看，四个型号都能够满足要求，测量精度非常高，通过计算我们可以算出最大绝对误差：

1 号　Δ=820×0.1%=0.82g
2 号　Δ=1500×0.1%=1.5g
3 号　Δ=4000×0.05%=2g
4 号　Δ=6000×0.05%=3g

计算结果表明，4 号量程大，可能的误差较大；1 号量程小，可能的误差小。关键问题，化工厂检验室一般要求显示单位为 g，能够显示小数点后 2 位，即能够显示 10mg，所以应该选择 1 号、2 号，考虑到价格因素，选择 1 号电子秤比较好。

以上对电子秤性能的选择，实际上就是对电子秤中传感器性能的选择。与上面的分析过程相似，一般在选用传感器时，都应兼顾精度、等级和量程，通常应用满量程的 2/3 左右，以获得最大灵敏度。

1. 什么是仪表的准确度？分为哪几个等级？
2. 传感器的静态技术指标包含哪些？

3．传感器的一般选择原则是什么？

4．压力传感器校准数据见表 1-2，传感器的正、反行程没有重合，试解释这是一种什么误差，并计算该误差。

表 1-2 压力传感器校准数据

压力/MPa	0	1	2	3	4	5
正行程/V	0.095	1.502	1.980	2.495	3.000	3.510
反行程/V	0.201	1.750	2.055	2.510	3.010	3.510

模块二　温　度　测　量

温度是一个最基本的物理量，温度传感器是开发最早、应用最广的一类传感器。温度传感器广泛应用于日常生活与工业生产的温度控制中，如饮水机、冰箱、冷柜、空调、微波炉等制冷、制热产品都需要进行温度测量进而实现温度控制；汽车发动机、油箱、水箱的温度控制，化纤厂、化肥厂、炼油厂生产过程的温度控制，冶炼厂、发电厂锅炉温度的控制等也需要温度传感器提供控制依据。

课题一　热敏电阻温度传感器

◆ **教学目标**

- 掌握温度的基本概念。
- 掌握热敏电阻测量温度的方法及其适用场所。
- 掌握热敏电阻温度传感器的使用及测量方法。

在机加工过程中，电动机的旋转、移动部件的移动、切削等都会产生热量，且温度分布不均匀，造成温差，使机床产生热变形，影响零件加工精度，如图 2-1 和图 2-2 所示。为了避免温度产生的影响，可在机床上某些部位装设温度传感器，感受温度信号并转换成电信号传送给控制系统，控制冷却液流量，从而控制温度。

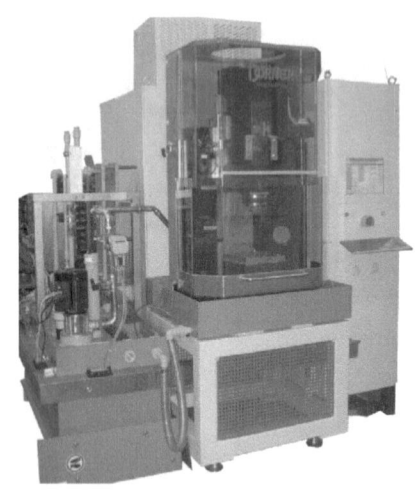

图 2-1　数控机床

图 2-2　机加工使工件温度升高

某加工厂接到一批零件加工任务，要求精度高，但材料硬度大，维修员小魏想在现有机床上加装温度控制系统，通过温度测量控制冷却液流量，以达到维护机床、提高加工精度的目的。小魏要设计一个温度控制系统。当温度高于65℃时，自动开启备用冷却液喷嘴，增加冷却液流量。

温度传感器是温度控制器的主要组成部分，温度传感器将温度这一物理量转换成电信号，提供给控制器（一般为比较放大器），实现温度的自动控制。要完成以上温度的测量、控制任务，应首先学习温度传感器的基本知识，了解温度传感器的一般测量方法，学会用温度传感器组成温度测量系统。

一、温度的基本概念

1. 温度

众所周知，当两个冷热不同的物体相互接触时，热量会从热物体传向冷物体，使热物体变冷，冷物体变热，最后使两物体的冷热程度相同，此时称该两物体达到热平衡。因此，从宏观性质讲，温度表示物体的冷热程度，物体温度的高低确定了热量传递的方向；热量总是从温度高的物体传递给温度低的物体。

工程上测量物体的温度用温度计或温度传感器，就是依据处于热平衡的物体，都具有相同的温度这一事实。当温度计与被测物体达到热平衡时，温度计指示的温度就等于被测物体的温度。

2. 温标

为了进行温度测量，需建立温度的标尺，即温标。它规定了温度读数的起点（零点）以及温度的单位。国际上规定的温标有：摄氏温标、华氏温标、热力学温标、国际实用温标。

（1）摄氏温标。摄氏温标把在标准大气压下冰的熔点定为摄氏零度（0℃），把水的沸点定为100摄氏度（100℃），在这两个温度点间划分100等份，每一等份为1摄氏度。国际摄氏温标的符号为 t，国际摄氏温标的温度单位符号为℃。

（2）华氏温标。规定一定浓度的盐水凝固时的温度定为 0℉，把纯水凝固时的温度定为32℉，把标准大气压下水沸腾的温度定为 212℉，用℉代表华氏温度。华氏温标与摄氏温标的关系式为

$$[\theta]_F = 1.8[t]_C + 32$$

（3）热力学温标。国际单位制（即 SI 制）中，以热力学温标作为基本温标。它所定义的温度称为热力学温度 T，单位为开尔文，符号为 K。热力学温标以水的三相点，即水的固、液、气三态平衡共存时的温度为基本定点，并规定其温度为 273.16K。热力学温度也常沿用"绝对温度"的名称。热力学温标与摄氏温标的关系式为

$$[t]_C = [T]_K - 273.15$$

（4）国际实用温标。国际实用温标是一个国际协议性温标，与热力学温标基本吻合。它不仅定义了一系列温度的固定点，而且规定了不同温度段的标准测量仪器，因此复现精度高（全世界用相同的方法测量温度，可以得到相同的温度值），使用方便。

国际计量委员会自 1990 年开始贯彻实施国际温标 ITS—90。我国自 1994 年 1 月 1 日起全面实施 ITS—90 国际温标。

二、温度传感器的使用方法

温度传感器的核心是温度敏感元件，它能将温度这一物理量转换成电信号，经放大电路变成易于测量的电压、电流或频率等电信号。最典型、应用最广泛的敏感元件是热敏电阻，它具有体积小、价格低的显著特点。本节以热敏电阻为例探究温度传感器的使用方法。

1. 热敏电阻

常见热敏电阻元件的外形如图 2-3 所示，将热敏电阻元件进行封装后，即可成为温度传感器，如图 2-4 所示。

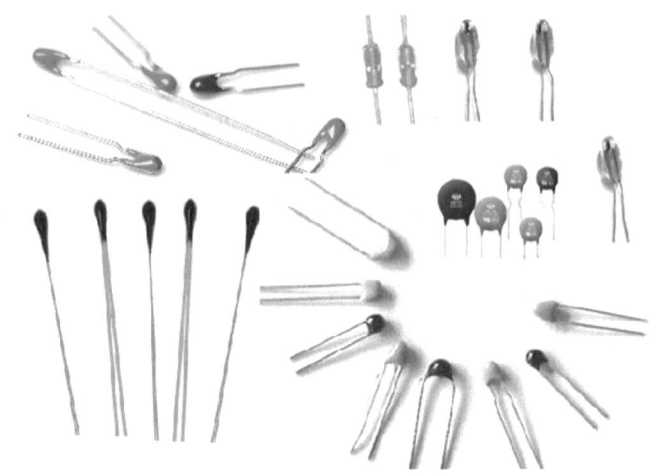

图 2-3　常见热敏电阻元件的外形

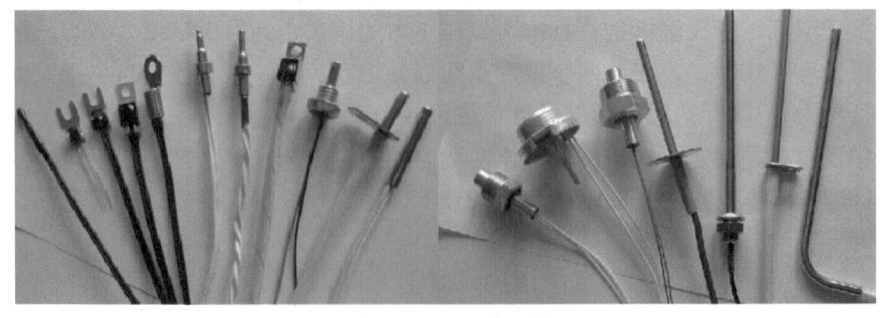

图 2-4　温度传感器

热敏电阻是利用某种半导体材料的电阻率随温度变化而变化的性质制成的。它的电阻值随温度的变化而剧烈的变化，可以提供较大的灵敏度。

热敏电阻可按其温度特性分成三类，适用于不同的使用场合，应根据实际需要进行选用。

电阻值随温度的升高而升高的，称正温度系数热敏电阻（Positive Temperature Coefficient，PTC）；电阻值随温度的升高而降低的，称负温度系数热敏电阻（Negative Temperature Coefficient，NTC）；电阻值在某一温度范围发生巨大变化的，称为突变型温度系数热敏电阻（Critical Temperature Resistor，CTR）。热敏电阻的电阻-温度特性曲线如图 2-5 所示。

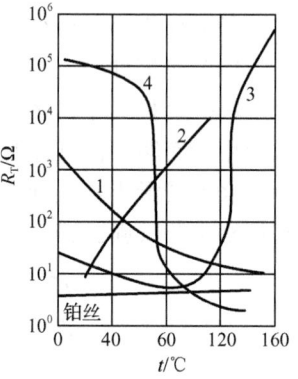

1—NTC；2—PTC；3、4—CTR

图 2-5 热敏电阻的电阻-温度特性曲线

正、负温度系数热敏电阻的电阻-温度特性曲线为非线性的，当测量范围较小时，在某一温度范围内可近似为线性的，也可以通过串、并联电阻进行非线性修正，常用于温度测量、温度补偿、温度控制。突变型热敏电阻的电阻值在某特定温度范围内随温度升高可升高或降低 3~4 个数量级，即具有很大的温度系数，一般在电子线路中用于抑制浪涌电流，起限流、保护作用。例如，在大功率白炽灯的灯丝回路中串联一只负温度系数的突变型热敏电阻（如图 2-5 中的曲线 4），加电瞬间，温度较低，突变型热敏电阻的阻值较大，可减小加电瞬间的冲击电流，温度升高后，突变型热敏电阻的阻值迅速减小，该电阻的功耗很小，不影响白炽灯的正常工作。

2. 热敏电阻的主要技术指标

在选用热敏电阻时，要根据使用要求，向供货商或生产厂家提出满足相应技术指标的热敏电阻。热敏电阻主要有以下五个参数：

（1）标称电阻值（R_{25}）

标称电阻值（R_{25}），即热敏电阻在 25℃时的电阻值。多数厂商在热敏电阻出厂时会给出热敏电阻在 25℃时的电阻值。

（2）温度系数

热敏电阻的温度系数指由温度变化导致的电阻的相对变化。温度系数越大，热敏电阻对温度变化的反应越灵敏。

（3）时间常数

时间常数，即温度变化时，热敏电阻的阻值变化到最终值的 63.2%时所需的时间。

（4）额定功率

额定功率即允许热敏电阻正常工作的最大功率。

（5）温度范围

温度范围，即允许热敏电阻正常工作，输出特性没有变化的温度范围。

热敏电阻的缺点主要是特性分散性很大，即使同一型号的产品特性参数也有较大差别，互换性差；热电特性的非线性也很严重，电阻与温度的关系不稳定，因而测量误差较大。尽管如此，热敏电阻灵敏度高、便于远距离控制、成本低、适合批量生产等突出的优点使得它的应用范围越来越广泛。

热敏电阻突出的优点在于：

（1）灵敏度高，其灵敏度比热电阻要大 1~2 个数量级；由于灵敏度高，可大大降低后面调理电路的要求。

（2）标称电阻有几欧到十几兆欧之间的不同型号、规格，因而不仅能很好地与各种电路匹配，而且远距离测量时几乎无须考虑连线电阻的影响。

（3）体积小（最小珠状热敏电阻直径仅 0.1～0.2mm），可用来测量"点温"。

（4）热惯性小，响应速度快，适用于快速变化的测量场合。

（5）结构简单、坚固，能承受较大的冲击、振动；采用玻璃、陶瓷等材料密封包装后，可应用于有腐蚀性气体的恶劣环境。

（6）资源丰富，制作简单，可方便地制成各种形状（见图 2-6），易于大批量生产，成本和价格十分低廉。

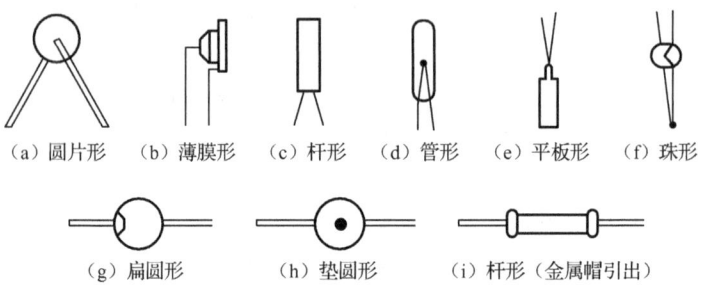

图 2-6　多种多样的热敏电阻外形

在选择使用热敏电阻时，一般根据测温控温的对象，从结构、特性、稳定性、互换性来选择适用不同场合的不同类型热敏电阻。在选择时必须注意：除特殊高温热敏电阻外，绝大多数热敏电阻仅适合 0～150℃的范围。

随着科学技术的发展和生产工艺的成熟，热敏电阻的缺点正在逐渐得到改进，在温度传感器中热敏电阻占显著优势。目前一般温度控制器、家用电器、烘干机及中低温干燥箱、恒温箱等场合的温度测量与控制中所使用的温度传感器，几乎都是采用热敏电阻作为测温元件。

三、温度的测量方法

温度的测量方法分为接触式和非接触式。接触式是将温度传感器与被测物体接触，或将温度传感器置入被测物体中，当两个冷热不同的物体相互接触时，热量会从热物体传向冷物体，使热物体变冷，冷物体变热，最后两物体达到热平衡，此时温度传感器显示的温度就是被测物体的温度。非接触式是将被测物体作为热源，采用辐射式温度传感器接收被测物体的能量，根据接收能量的大小，即可测出被测物体的温度，如红外式温度传感器。

在接触式测量时，一般温度敏感元件与测量电路要分别安装。温度敏感元件安装在被测物体上或被测环境中，感受温度的变化；测量电路因电子元器件耐温的限制安装在远离温度现场的常温环境中。温度敏感元件与测量电路一体化的产品测温范围仅为-40～125℃，因为电子元器件最高工作温度为 125℃，最高存储温度为 150℃。

四、温度控制器测量电路

当温度变化时，热敏电阻的阻值随温度而产生非线性变化，一般可以通过串、并联固定电阻的方法进行修正。用于温度控制测量时，在温度控制点 t_0 附近，一般近似认为是线性变化，可以不用修正，如图 2-7 所示为几种热敏电阻的阻值-温度曲线。

温度控制器测量电路包括稳压电源、放大电路、比较器和驱动电路。首先要将温度信号转换成电信号，如图 2-8 所示。R_t 为热敏电阻；R_1 为固定电阻（即不随温度变化而变化）；E_s

为稳压源，要求输出稳定，温度系数小，一般为 5～12V。当温度变化时，输出电压 U_o 为 R_1 与 R_t 的分压电压，会随温度变化而变化。如果 U_o 较小，用放大电路进行放大，输出与温度呈线性关系。经过比较器后成为开关信号，当温度高于某一设定值时，输出为高电平，当输出低于某一设定值时，输出为低电平。通过调节 U_{ref}，可以调节控制的温度值。运放、比较器输出电流较小，无法驱动电流较大的负载，可以通过中功率三极管起到电流放大作用，带动负载。

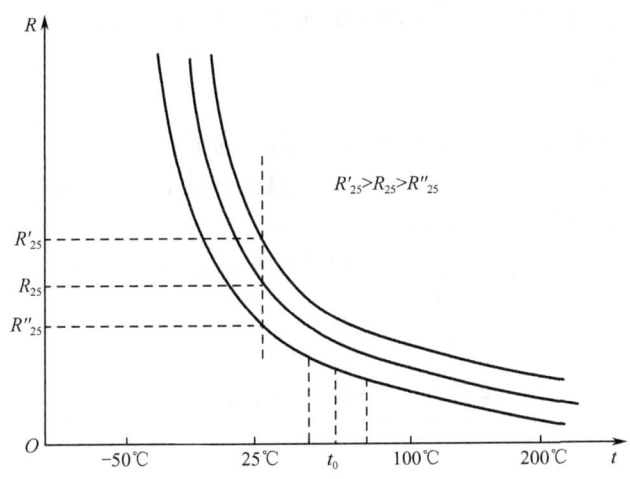

图 2-7 几种热敏电阻的阻值-温度曲线

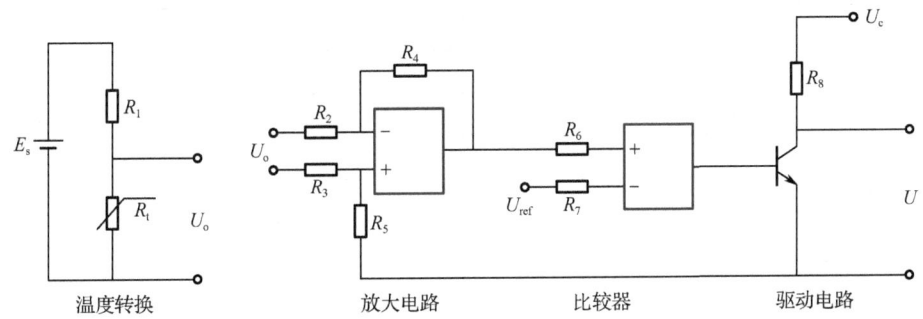

图 2-8 温度控制器测量电路

温度控制测量方法简单，测量精度较高，成本低，应用范围广。在设计使用时，可以根据不同需求增加或减少某些环节。

在进行温度控制、组成温度测量系统之前，首要任务是根据我们所测介质的温度范围、要求的精度及安装形式、价格来选择温度传感器的种类及结构。

一、工作条件分析

在本课题中，先要明确机床切削时的温度控制范围及精度，以便确定温度传感器的工作范围、测量精度、工作环境及安装要求等因素。

机床切削温度传感器起到本地温度测量、温度控制作用，温度测量范围为 0～100℃。当温度在（55±2）℃～（85±2）℃范围内，传感器要为温控器提供连续变化的信号，控制冷却液流量；当温度高于95℃时，传感器要为温控器提供报警信号。此系统测量精度要求不高，放置空间较大，对温度传感器的大小尺寸没有特殊要求。随着加热，温度缓慢上升，温度信号属于缓变信号。产品的价格要求低，能适合批量生产，但要求寿命长，不易损坏。

从以上分析看，我们可以选择热敏电阻作为温度敏感元件来进行温度测量。在本课题中，价格因素至关重要，因为机床安装环境较恶劣，温度传感器属于易耗品，除了质量以外，价格的高低在竞争中起到非常重要的作用，而热敏电阻最突出的优点就是价格便宜，适合批量生产。

二、温度控制系统设计

温度控制系统设计的首要环节是选择热敏电阻，为了测量简单、功耗小，我们可以选择电阻值较大的热敏电阻，如可以选择 NTC R_{25}=10kΩ 的热敏电阻，其分度表见表2-1。25℃时电阻值为10kΩ，65℃时约为2.5kΩ。如果选 R_1 为 10kΩ，E_s 为10V，由图2-8可以算出：25℃时，U_o=5V；65℃时，U_o=2V。输出灵敏度较高，可以不需要放大电路，流经热敏电阻的电流为

$$I = \frac{E_s}{R_1 + R_t} = \frac{10\text{V}}{(10+10)\text{k}\Omega} = 0.5\text{mA}$$

表2-1　R_{25}=10kΩ 热敏电阻分度表

温度/℃	阻值/kΩ		
	最大值	标准值	最小值
-50	344.63	329.50	315.00
-45	258.34	247.70	337.48
-40	196.06	188.50	181.21
-35	149.48	144.10	138.0
-30	115.15	111.30	107.56
-25	89.20	86.43	83.74
-20	69.77	67.77	65.82
-15	54.86	53.41	52.00
-10	43.52	42.47	41.44
-5	34.66	33.90	33.15
0	27.83	27.28	26.74
5	22.45	22.05	21.66
10	18.25	17.96	17.68
15	14.89	14.69	14.49
20	12.23	12.09	11.95
25	10.10	10.00	9.90
30	8.4117	8.3130	8.2147
35	7.0351	6.9400	6.8455
40	5.9171	5.8270	5.7377
45	4.9955	4.9110	4.8274
50	4.2386	4.1600	4.0824

续表

温度/℃	阻值/kΩ		
	最大值	标准值	最小值
55	3.6087	3.5360	3.4644
60	3.086	3.0200	2.9542
65	2.6495	2.5880	2.5277
70	2.2843	2.2280	2.1728
75	1.9755	1.9240	1.8736

本测温控温电路由温度检测、比较器及驱动电路部分组成，根据任务要求，当温度高于65℃时，自动开启备用冷却液喷嘴，增加冷却液流量，输出应为高电压；当温度低于65℃时，输出应为低电压。设计电路图如图2-9所示。R_t是热敏电阻，R_1、R_2是固定电阻，R_p是可调电位器。通过调节R_p，可以调节参考电压，设置温度控制点。A_1为电压比较器，V_1为中功率三极管，K为继电器。继电器得电，备用冷却液喷嘴回路开关闭合，启动备用冷却液喷嘴。

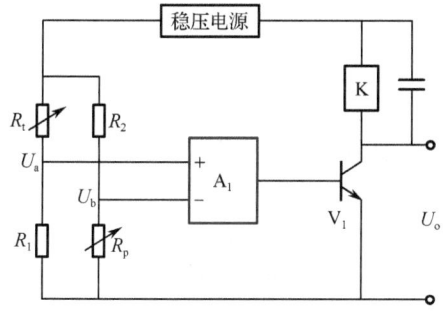

图2-9　设计电路图

三、温度控制系统调试

根据车床安装条件，我们可以选择珠形热敏电阻或膜式热敏电阻，如图2-10所示，其热惯性小，响应速度快，安装方便。如果测量导电液体，可装在不锈钢管中加以保护，便于测量液体。

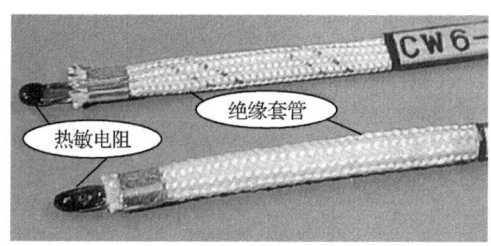
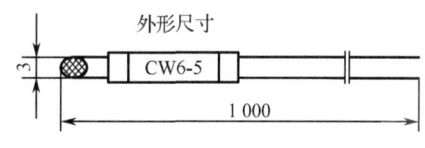

图2-10　热敏电阻

根据设计的电路图焊接电路，然后进行电路调试、测量。将稳压电源输出调为10V。经计算，25℃时，U_a=5V；65℃时，U_a=8V。当$U_a>U_b$时，A_1输出为高电平；当$U_a<U_b$时，A_1输出为低电平。因此要将U_b调整到8V，将R_2设置为2kΩ，调整R_p=7.9kΩ，即U_b=7.9V。

当温度低于65℃时，如t=25℃，U_a=5V，U_b=7.9V，$U_a<U_b$，A_1输出为低电平，V_1截止，

继电器不得电，备用冷却液喷嘴不启动。

当温度不低于 65℃时，如 $t=65℃$，$U_a=8V$，$U_b=7.9V$，$U_a>U_b$，A_1 输出为高电平，V_1 导通，继电器得电，备用冷却液喷嘴启动。

在温度控制系统装调时要注意传感器接线与壳体的绝缘，保证传感器接线不能与机床相碰，否则会影响温度测量。

1. 什么是温标？国际上规定的温标有哪几种？
2. 热敏电阻可分为哪几类？
3. 热敏电阻的优点、缺点是什么？
4. 温度的测量方法有哪些？
5. 在空调的出风口有一温控器，控制出口温度，你认为选用哪一种测温敏感元件比较好？

课题二　热电阻温度传感器

◆ 教学目标

- 了解金属热电阻温度传感器结构和工作原理。
- 掌握金属热电阻温度传感器常用测量电路。
- 掌握温度传感器选用方法，能够合理选用。
- 掌握热电阻温度传感器的使用及测量方法。

如图 2-11 所示为炼油、化工行业常用的气化炉。它是以煤为原料的巨大的压力容器，炉内正常温度在 1300℃左右，甚至高达 1500℃以上。炉内所衬炉砖在高温时会被熔蚀，经过受热气体和融渣的冲刷，耐火砖不断变薄。炉内耐火砖的减薄甚至脱落，使炽热气体通过砖缝侵入到气化炉炉壁，使其表面温度升高，气化炉金属外壳强度降低，导致设备不安全。因此要对气化炉炉壁温度进行监控。

图 2-11　气化炉

总部要求设计员小张设计一个温度报警系统,检测气化炉表面温度,如果温度过高给予报警,以便及时确定更换耐火砖的时间。图中所示气化炉的耐压压力为 6.5MPa,炉表面温度为 400~450℃,正常值为 425℃左右。

分析以上应用要求可知,温度报警系统的核心是温度传感器,测温范围为 400~450℃,使用上一节的热敏电阻进行温度测量不能满足要求,一般可以选择金属热电阻温度传感器为测温元件,组成温度报警系统。本任务将学习热电阻温度传感器是如何测量温度的,以及温度报警系统的构成,进而完成以上设计任务。

热电阻温度传感器以一定方式将温度变化这一物理量转化为敏感元件的电阻变化,进而通过电路变成电压或电流信号输出。它结构简单,性能稳定,成本低廉,在许多行业得到广泛应用。若按其制造材料来分,有金属热电阻(铂、铜、镍)和半导体热电阻(热敏电阻)。

一、金属热电阻

金属热电阻的阻值随温度的增加而增加,且与温度变化呈一定的函数关系,通过检测金属热电阻阻值的变化量,即可测出相应温度。常用的金属热电阻主要有铂电阻和铜电阻。铂电阻用铂丝绕在云母片制成的片形支架上,绕组的两面用云母片夹住绝缘,外形有片状、圆柱状,如图 2-12 所示;铜电阻由铜漆包线绕在圆形骨架上,为了使热电阻能得到较长的使用寿命,一般铜电阻外加有金属保护套管,如图 2-13 所示。金属热电阻可直接加绝缘套管贴在被测物体表面进行温度测量,也可以外加金属防护套插入各种介质环境进行温度测量,如图 2-14 所示。

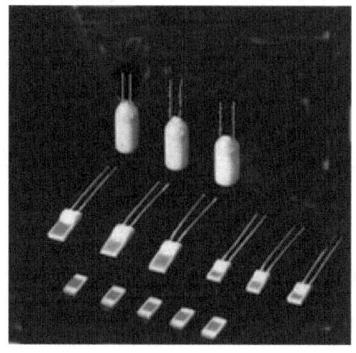

图 2-12 铂电阻

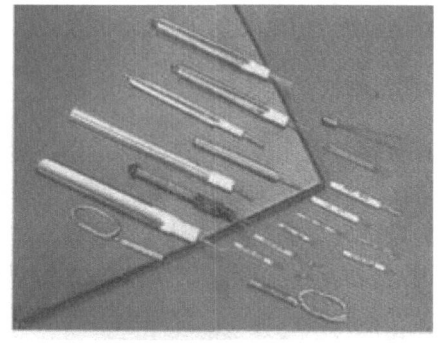

图 2-13 铜电阻

金属热电阻是中低温区最常用的一种测温敏感元件。它的主要特点是测量精度高,性能稳定。热电阻大都由纯金属材料制成,目前应用最多的是铂和铜,其中铂热电阻的测量精确度是最高的,它不仅广泛应用于工业测温,还被制成标准的测温仪。

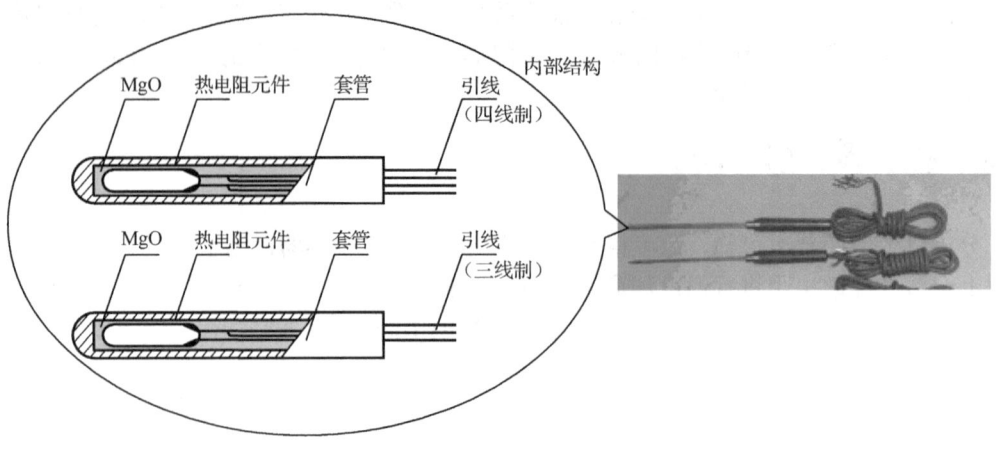

图 2-14　带金属防护套热电阻

1. 铂电阻

铂易于提纯，物理、化学性质稳定，电阻率较大，能耐较高的温度，是制造标准热电阻和工业用热电阻的最好材料。但铂是贵重金属，价格较高。

目前我国全面实施 "1990 年国际温标"。按照 ITS—90 标准，国内统一设计的最常用的工业用铂电阻为 Pt100 和 Pt1000，即在 0℃时铂电阻阻值 R_0 为 100Ω 和 1000Ω。铂电阻的电阻值与温度之间的关系可以查热电阻分度表，也可用下式表示：

在-200~0℃的范围内，$R_t = R_0[1+At+Bt^2+C(t-100)t^3]$

在 0~850℃的范围内，$R_t = R_0(1+At+Bt^2)$

式中，R_t 为温度为 t 时的电阻值；R_0 为温度为 0℃时的电阻值；A、B、C 为常数。

在精度要求不高的场合，可以忽略式中的高次项，近似认为 R_t 与 t 呈正比例关系，即可以近似记作：每摄氏度电阻变化 0.385%。例如，Pt100 在 0℃时 R_0=100Ω，每摄氏度电阻变化 0.385Ω，则温度为 100℃时 R_t 约为 138.5Ω。

2. 铜电阻

铜材料容易提纯，具有较大的电阻温度系数，铜电阻的阻值与温度之间接近线性关系，铜的价格比较便宜。铜电阻的缺点是电阻率较小，所以体积较大，稳定性也较差，容易氧化。在一些测量精度要求不高、测温范围较小（-50~150℃）的情况下，普遍采用铜电阻。

我国常用的铜电阻为 Cu50 和 Cu100，即在 0℃时其阻值 R_0 为 50Ω 和 100Ω，铜电阻的阻值与温度之间的关系可以查热电阻分度表 Cu50 或 Cu100。

二、热电阻温度传感器的结构

在测量环境良好、无腐蚀性气体或测量固体表面温度时，可直接使用热电阻温度敏感元件，但在测量液体或测量环境比较恶劣时无法直接使用热电阻温度敏感元件，需要在其外表加防护罩进行保护。在工业测量过程中，为了防腐蚀，抗冲击，延长使用寿命，便于安装、接线，常采用以下结构形式。

1. 普通型热电阻温度传感器

普通型热电阻温度传感器由热电阻元件、绝缘套管、引出线、保护套管及接线盒等基本部分组成，如图 2-15 所示。保护套管不仅用来保护热电阻感温元件，使其免受被测介质化学腐蚀和机械损伤，还具有导热功能，将被测介质温度快速传导至热电阻，提高温度响应速度。

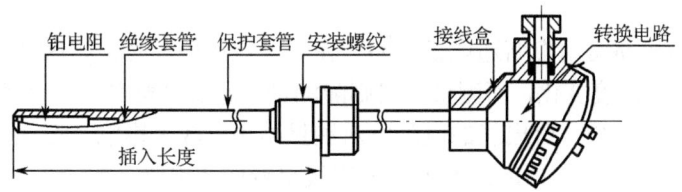

图 2-15　普通型热电阻温度传感器

2. 铠装热电阻温度传感器

铠装热电阻温度传感器是由感温元件（电阻体）、引线、高绝缘氧化镁、1Cr18Ni9Ti 不锈钢套管经多次一体拉制而成的坚实体，这样在安装、弯曲时，不会损坏热电阻元件。与普通型热电阻温度传感器相比，具有下列优点：①体积小，内部无空气隙，热惯性小，测量滞后小；②机械性能好、耐振，抗冲击；③能弯曲，便于安装；④耐腐蚀，使用寿命长。适用于安装空间小、需要弯曲、环境恶劣的测量场所。

3. 端面热电阻温度传感器

端面热电阻温度传感器的感温元件由特殊处理的电阻丝绕制而成，紧贴在温度计端面，如图 2-16 所示，外形短、粗，敏感元件集中在端面上。它与一般轴向热电阻相比，能更正确和快速地反映被测端面的实际温度，适用于测量轴瓦和其他机件的端面温度。

4. 隔爆型热电阻温度传感器

隔爆型热电阻温度传感器通过具有隔爆外壳的接线盒，把其外壳内部可能产生爆炸的混合气体因受到火花或电弧等影响而发生的爆炸局限在接线盒内，阻止向周围的生产现场传爆，其外形如图 2-17 所示。一般用于有爆炸危险场所的温度测量。

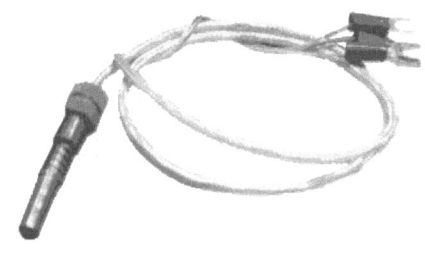

图 2-16　端面热电阻温度传感器

图 2-17　隔爆型热电阻温度传感器

隔爆型热电阻温度传感器一般有两个作用：一是本身安全，传感器本身功耗小，电磁辐射小，不会发生火花或击穿，不会引起外界危险环境爆炸；二是安全防爆，厚重的外壳可以阻断外界危险环境对传感器自身的损坏。隔爆型传感器需要国家有关部门进行多项相关试验鉴定后，出具合格证明，才能说明该产品具有防爆功能。

三、热电阻的典型测量电路

热电阻的测量电路常用惠斯通电桥电路。在实际应用中，热电阻敏感元件安装在生产现场，感受被测介质的温度变化，而测量电路则随测量、显示仪表安装在远离现场的控制室内，因此热电阻的引出线较长，引出线的电阻将对测量结果有较大影响，造成测量误差。为了克服传感器引线误差，常采用如图 2-18 所示的三线单臂电桥电路。如 Pt100 温度传感器 0℃时电阻值为 100Ω，电阻变化率为 0.385Ω/℃。由于其电阻值小，灵敏度高，所以引线的阻值不能忽略不计，采用三线式接法可消除引线线路电阻带来的测量误差。

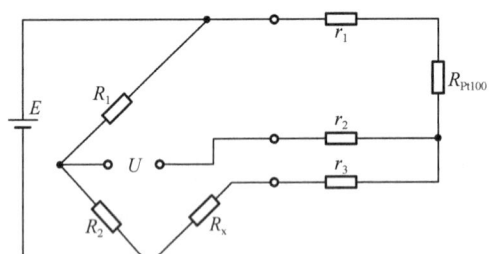

图 2-18 三线单臂电桥电路

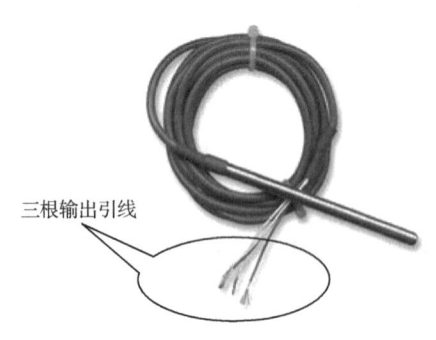

图 2-19 三线制接线方式

在这种电路中，R_{Pt100} 引出的三根导线截面积和长度均相同（即 $r_1=r_2=r_3$），测量铂电阻的电路一般是不平衡电桥，铂电阻（R_{Pt100}）作为电桥的一个桥臂电阻，将导线一根（r_1）接到电桥的电源端，其余两根（r_2、r_3）分别接到铂电阻所在的桥臂及与其相邻的桥臂上，这样两桥臂都引入了相同阻值的引线电阻，电桥处于平衡状态。由于引线长度的变化与环境温度变化引起的引线电阻值变化所造成的误差可以相互抵消，故引线的线电阻变化对测量结果没有任何影响。购买的热电阻温度传感器常常给出三根线，就是采用了三线制接线方式，如图 2-19 所示。

热电阻的典型测量电路如图 2-20 所示。桥路的供电电源可采用恒流源或恒压源，桥路的输出电压较小，一般采用差动放大器予以放大，呈单端输出，从而实现信号的显示、采集或控制功能。

图 2-21 是常见的与热电阻温度传感器配套的仪表外部接线端子。温度敏感元件通过较长引线接到接线端子上。在接线时应注意，采用三线制时，应将另两个接线端子短接。

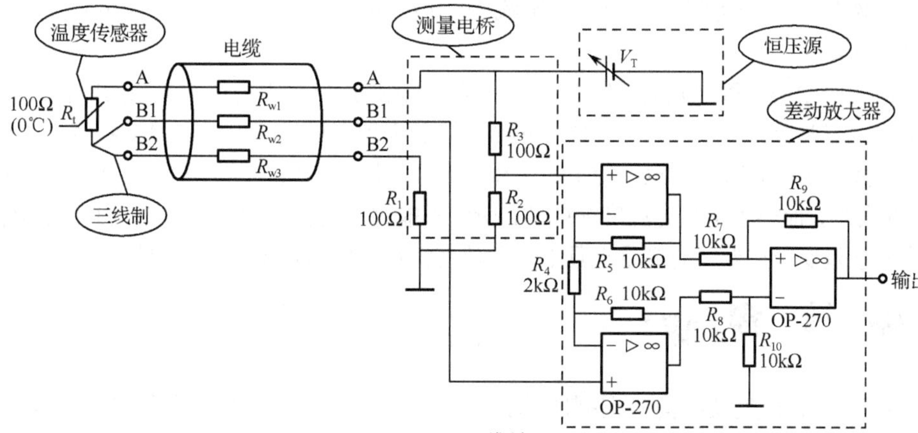

模块二 温度测量

(a) 三线制

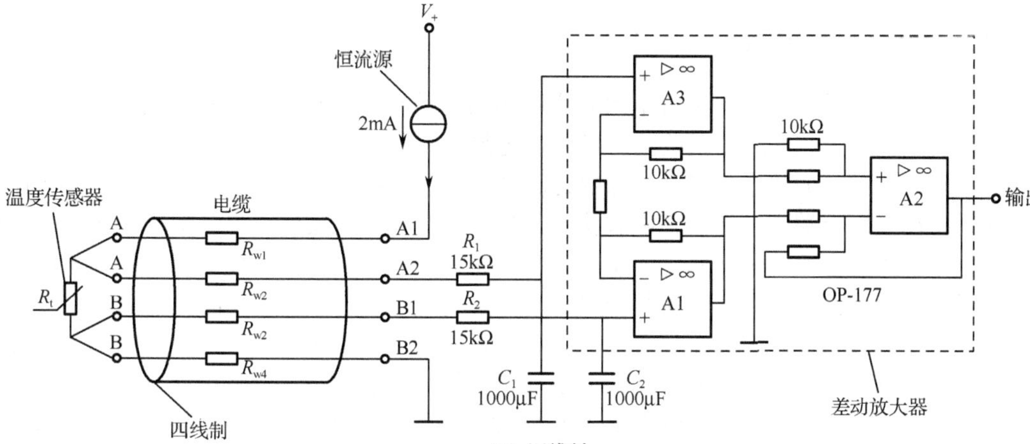

(b) 四线制

图 2-20 热电阻的典型测量电路

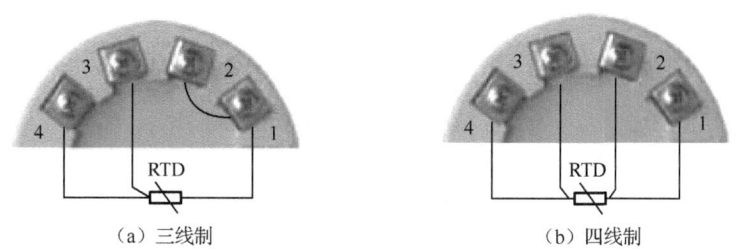

(a) 三线制　　　　　　　　　　(b) 四线制

图 2-21 常见的与热电阻温度传感器配套的仪表外部接线端子

四、热电阻敏感元件的校验

热电阻敏感元件在用前、修后和使用过一段时间后，都要进行校验，以便保证测量精度。

标准热电阻敏感元件的校验要求较高，方法也比较复杂。工业用热电阻敏感元件的校验方法比较简单，通常只要校验 R_{100}/R_0 的值即可。为测 R_{100}、R_0，必须设置准确的 0℃ 和 100℃ 温度场，通常采用冰槽来造成 0℃，将试管埋在冰水混合物中，热电阻敏感元件放入试管中，用棉花等物将试管开口封严，储存 30min 即可测量。

在测试时，铂电阻元件的测试电流不应超过允许值，较大电流会使铂电阻元件产生自热，

29

温度升高。例如，一铂电阻元件当测试电流为 1mA 时，温升为 0.05℃；当测试电流为 5mA 时，温升为 2.20℃。

上一课题所学的热敏电阻的校验方法与上述方法相同，只是因为热敏电阻的阻值与温度的关系为非线性，需要选择多点校验，一般将热敏电阻放在恒温槽进行恒温，保持温度点的准确性。在检验和选择热敏电阻时应注意：使用数字欧姆表和三用表测量时，工作电流很大，电流经过阻体，使阻体发热，而热敏电阻对温度很敏感，所以不能用这两种表测量它的电阻值；用电桥法时，需要将热敏电阻安装在专用的测量夹具上，并放在恒温室的恒温槽中直至阻值不变。

温度传感器的种类及结构应根据所测介质的温度范围、要求的精度及安装形式、价格来列出可行方案，进行选择。

一、工作条件分析与设计

经过相关知识的学习，可发现电阻温度传感器的结构、安装形式和种类较多，分析气化炉的使用及安装要求和温度测量范围，可以确定热电阻温度传感器的结构。

方案一：选择端面热电阻温度传感器为测温元件。这种传感器（见图 2-16）的热电阻敏感元件紧贴在温度计端面，能更正确和快速地反映被测端面的实际温度，适用于炉体表面温度的测量。在炉体表面安装一固定支架，再将传感器安装在支架上，使传感器端面紧贴炉体表面，即可测得炉体表面温度。该种传感器测量精度高，使用寿命长，但价格偏高。

方案二：选择热电阻敏感元件直接贴在炉体表面。将薄膜式铂电阻（见图 2-22）直接贴在炉体表面，用高温环氧胶点固，元件引线与延长线焊接后用高温套管做好绝缘并点固，采用三线制或四线制接线方法（见图 2-20）与放大电路和报警电路进行电连接，即可完成所需功能。该种测量方法测量精度高，价格便宜，但寿命短，为保证系统可靠性，热电阻敏感元件需定期更换。

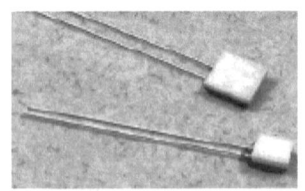

温度范围：-100~540℃
封装材料：99%氧化铝支承，
　　　　　电阻部分耐热全包覆
接线端子：径向芯片

图 2-22　薄膜式铂电阻

二、热电阻敏感元件装调

热电阻敏感元件在安装时，会因为安装场所、测量精度、机械强度、密封等因素提出各种具体安装要求，应根据实际情况具体分析，采取相应措施加以解决。热电阻敏感元件的基本安装要求有：

（1）热电阻敏感元件的安装地点应选择在便于安装、维护且不易受到外界损坏的位置。

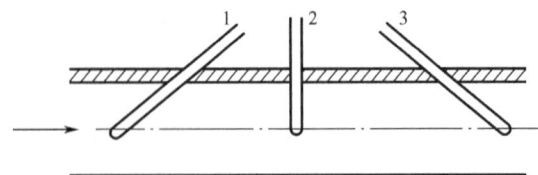

1—与流向相逆；2—与流向垂直；3—与流向一致

图 2-23　热电阻敏感元件的插入方向

（2）热电阻敏感元件的插入方向应与被测介质流向相逆或垂直，尽量避免与被测介质流向一致，如图 2-23 所示。

（3）在管道上安装热电阻敏感元件时，应使热电阻敏感元件的敏感温度端头处于流速最大的管道中心线，插入深度不小于 300mm，或应大于管道直径的 1/3。

（4）热电阻敏感元件插入部分越长，测量误差越小。因此在满足前两项要求的基础上，应争取较大的插入深度。一般安装在管道弯处时，应增加插入深度，常用的增加插入深度方法如图 2-24 所示。

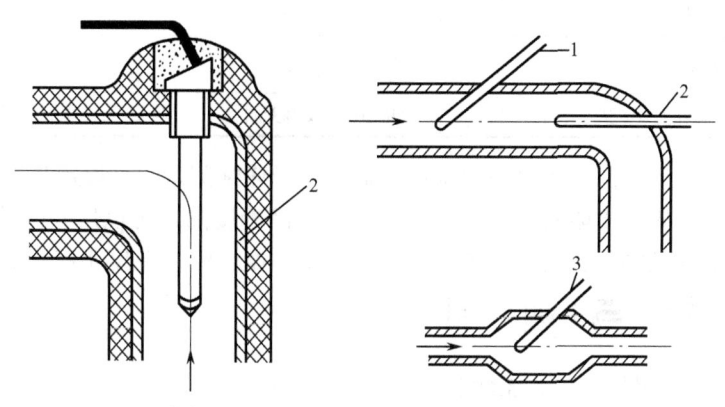

1—斜向插入；2—弯头插入；3—加装扩容管

图 2-24　常用的增加插入深度方法

（5）为防止热量损耗，感温元件暴露在设备外面的部分要尽量短，而且应该在露出部分加保温层。

（6）热电阻敏感元件安装在负压管道或容器时，要保证安装的密封性良好。对于密封要求较高的腔体温度的测量，热电阻温度传感器安装完成后，应进行气密检查。

（7）热电阻敏感元件装在具有固体颗粒和流速很高的介质中时，为防止感温元件长期受到冲刷而损坏，可在感温元件之前加装保护板，见图 2-25。

实际应用中应注意：直接使用元件或制成温度传感器测温时，应避免超过测温量程，产品短时间内虽不会损坏，但会影响寿命和精度。必须保证点固材料或灌封材料的高度绝缘性能，否则会导致产品的电气绝缘性能降低，并且影响元件的测试数据，一般会导致测试电阻值偏低。

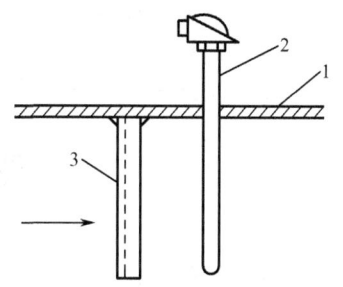

1—壁；2—感温元件；3—三角铁

图 2-25　加装保护板

三、热电阻敏感元件常见故障及其处理

热电阻敏感元件常见的故障是电阻断路和短路，其中以断路为多，这是由于电阻丝很细所致。断路和短路都是比较容易判断的，用万用表的 $R×1\Omega$ 挡，如测得电阻值比 R_0 还小，则可能有短路情况；万用表若指向无穷大，则可判断是断路。

通常情况下，热电阻敏感元件无论是短路还是断路，都采取更换相同厂家和相同牌号热电阻的方法进行维修。更换后应进行零点校验。热电阻敏感元件运行中常见的故障、故障原因和处理方法见表 2-2。

表 2-2 热电阻敏感元件运行中常见的故障、故障原因和处理方法

常 见 故 障	可能故障原因	处 理 方 法
测量数据比实际值低，或示值不稳定	保护管内有金属屑、灰尘 接线柱绝缘性能下降 电阻短路	清除金属屑、灰尘 清洗接线柱 短路处，加好绝缘
显示仪表指示无穷大	电阻断路 仪表接线断路	更换电阻感温元件
测试数据指示负值	测试仪表接线错误 电阻短路	改正接线方法 去掉短路处
阻值与温度关系改变	电阻材料受蚀变质	更换电阻感温元件

热电阻敏感元件的优点是信号灵敏度高，易于连续测量，可以远传（与热电偶相比），无须参比温度；金属热电阻稳定性高，互换性好，准确度高，可以用作基准仪表。热电阻主要缺点是需要电源激励，有自热现象，会影响测量精度，测量温度不能太高。

思考与练习

1. 常用的金属热电阻有哪些？其主要特点是什么？
2. 在热电阻测量电路中，为什么要采用三线制或四线制？
3. 简述热电阻敏感元件的基本安装要求。
4. 已知铜电阻 Cu50 在 0～150℃ 范围内可近似表示为 $R_t=R_0(1+\alpha t)$，温度系数 α 约为 4.28×10^{-3}/℃。求：

（1）当温度为 120℃时的电阻值。

（2）查 Cu50 分度表，记录 Cu50 在 120℃时的电阻值。

（3）计算两种方法的误差分别为多少欧姆。

课题三 热电偶温度传感器

◆ 教学目标

☐ 掌握热电偶的工作原理。
☐ 了解常用热电极材料的类型、性能特点及其适用场合。
☐ 掌握热电偶的使用、测量方法。

任务提出

桥梁、高铁、风电的大力兴建，使钢铁行业产量不断增长，因此必须严格把控钢材质量。在轧钢过程（见图 2-26）中，钢坯的轧制温度是关键的工艺参数之一，钢坯温度控制的好坏，将直接影响产品的质量，有效控制加热炉内的温度是控制产品质量的措施之一。

某钢厂近几批钢坯质量均不符合要求，被质量部要求返工。车间工艺员小江仔细研究工艺参数，发现本批次钢坯要求温度较高：(950±10)℃。高温下温度传感器外壳容易氧化，传热性差，导致温度测量误差较大。针对轧钢工艺钢坯温度的控制标准，初步判断温度参数控制误差大是出现次品的原因之一，应请维修部来检修或更换温度传感器。

模块二　温度测量

图 2-26　轧钢过程

任务分析

一般来说，轧钢温度较高（650～1000℃），热敏电阻温度传感器无法使用，铂电阻温度传感器无法长期使用。在该温度测量范围内，通常使用热电偶温度传感器进行温度测量，而且要根据使用环境定期更换传感器。热电偶温度传感器种类、结构多种多样，要根据使用环境正确选择。本任务将学习热电偶温度传感器测量温度的方法及判断温度传感器是否出现故障的方法，从而完成以上任务。

相关知识

一、热电偶的工作原理

热电偶由两种不同材料的金属导体丝或半导体组成。将两根不同材料的金属丝一端焊接在一起，作为热电偶的测量端，另一端与测量仪表相连，通过测量热电偶的输出电势，即可推算出所测温度值。测量原理如图 2-27 所示。图 2-28 为一种热电偶温度传感器的实物图。

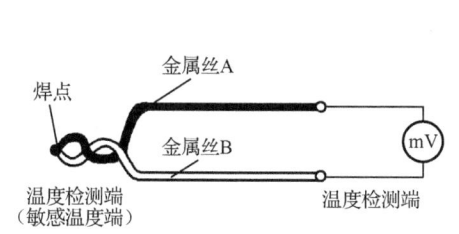

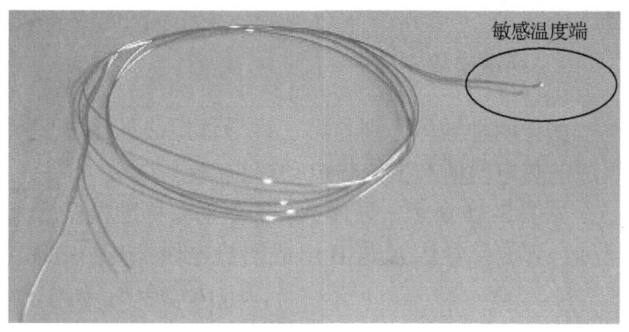

图 2-27　热电偶测量原理　　　图 2-28　热电偶温度传感器的实物图

热电偶的工作原理建立在导体热电效应的基础上。当由两种不同的导体或半导体 A 和 B 组成一个回路，其两端相互连接时（见图 2-29），只要两接点处的温度不同，回路中就将产生一个电动势，该电动势的方向和大小与导体的材料及两接点的温度有关。这种现象称为"热电效应"，一端温度为 t，称为工作端或热端；另一端温度为 t_0，称为自由端（也称参考端）或冷端。两种导体组成的回路称为"热电偶",这两种导体称为"热电极",产生的电动势则称为"热电动势"。

根据理论推导和实践经验,我们可以得出如下结论:

热电偶回路中热电动势的大小,只与组成热电偶的导体材料和两接点的温度有关,而与热电偶的形状、尺寸无关。当热电偶两电极材料固定后,热电动势只与两接点的温度有关。当冷端温度恒定,热电偶产生的热电动势只随热端(测量端)温度的变化而变化,即一定的热电动势对应着一定的温度。因此,我们只要用测量热电动势的方法就可达到测温的目的。

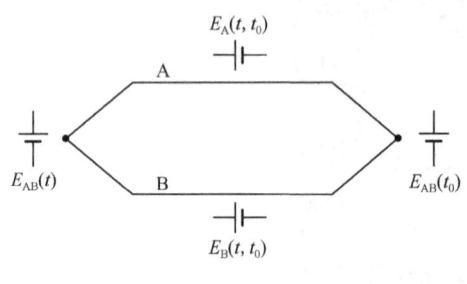

图 2-29 热电偶回路

同时,热电偶还遵循以下几个基本定律。

1. 均质导体定律

如果热电偶回路中的两个热电极材料相同,无论两接点的温度如何,热电动势都为零。

根据这个定律,可以检验两个热电极材料成分是否相同(称为同名极检验法),也可以检查热电极材料的均匀性。

2. 中间导体定律

在热电偶回路中接入第三种导体,只要第三种导体的两接点温度相同,则回路中总的热电动势不变。

如图 2-30 所示,在热电偶回路中接入第三种导体 C。导体 A 与 B 接点处的温度为 t,A 与 C、B 与 C 两接点处的温度相同,都为 t_0,则回路中的总电动势是不变的。

热电偶的这种性质在实用中有着重要的意义,我们可以方便地在回路中直接接入各种类型的显示仪表或调节器,也可以将热电偶的两端不焊接而直接插入液态金属中或直接焊在金属表面进行温度测量。

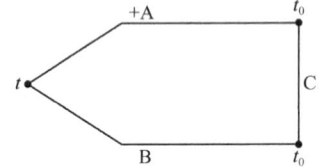

图 2-30 热电偶回路中接入第三种导体

3. 标准电极定律

如果两种导体分别与第三种导体组成的热电偶所产生的热电动势已知,则由这两种导体组成的热电偶所产生的热电动势也就已知。

如图 2-31 所示,导体 A、B 分别与标准电极 C 组成热电偶,若它们所产生的热电动势为已知,那么,导体 A 与 B 组成的热电偶,其热电动势可由下式求得:

$$E_{AB}(t,t_0) = E_{AC}(t,t_0) - E_{BC}(t,t_0)$$

图 2-31 三种导体分别组成热电偶

标准电极定律是一个极为实用的定律。可以想象，纯金属的种类很多，而合金类型更多。因此，要得出这些金属之间组合而成热电偶的热电动势，其工作量是极大的。由于铂的物理、化学性质稳定，熔点高，易提纯，所以我们通常选用高纯铂丝作为标准电极，只要测得各种金属与纯铂组成的热电偶的热电动势，则各种金属之间相互组合而成的热电偶的热电动势就可直接计算出来。

例如：热端为100℃、冷端为0℃时，镍铬合金与纯铂组成的热电偶的热电动势为2.95mV，而考铜与纯铂组成的热电偶的热电动势为-4.0mV，则镍铬和考铜组合而成的热电偶所产生的热电动势应为 2.95mV-（-4.0mV）=6.95mV。

4. 中间温度定律

如图2-32所示，热电偶在两接点温度为t、t_0时的热电动势等于该热电偶在接点温度为t、t_n和t_n、t_0时的相应热电动势的代数和。

中间温度定律可以用下式表示：

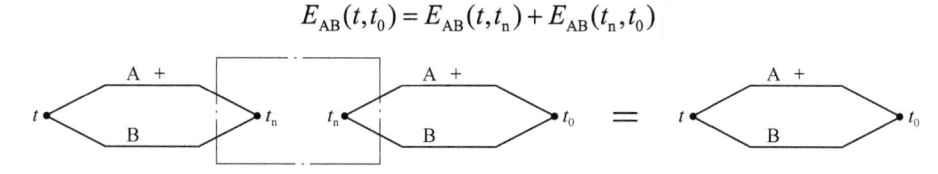

$$E_{AB}(t,t_0) = E_{AB}(t,t_n) + E_{AB}(t_n,t_0)$$

图 2-32 热电偶中间温度定律

中间温度定律为补偿导线的使用提供了理论依据。它表明：若热电偶的热电极被导体延长，只要接入的导体组成热电偶的热电特性与被延长的热电偶的热电特性相同，且它们之间连接的两点温度相同，则总回路的热电动势与连接点温度无关，只与延长后的热电偶两端的温度有关。

二、热电偶温度传感器的结构

热电偶温度传感器的结构与热电阻温度传感器类似，可以直接使用，也可以外加金属防护层。在工业测量过程中，为了防腐蚀，抗冲击，延长使用寿命，便于安装、接线，常采用以下结构形式：

1. 普通型热电偶的结构

在工业生产控制中普通型热电偶作为测量温度的传感器，通常和显示仪表、记录仪表和一些控制仪表配套使用。普通型热电偶温度传感器通常由热电极、绝缘管、保护套管和接线盒等几个主要部分组成，如图2-33所示。

热电极偶丝的长度则由使用情况、安装条件，特别是工作端在被测介质中插入的深度来决定，通常为300～2000mm，最长可达10m左右，其价格随长度增加而增加。常用的长度为350mm。保护套管一般由不锈钢制成，一方面起到耐高温、耐腐蚀、免受机械损伤的保护作用，另一方面起到热传导作用。

从安装固定方式来看，常见普通型热电偶有固定法兰式、活动法兰式、固定螺纹式、焊接固定式和无专门固定式几种，如图2-34所示。

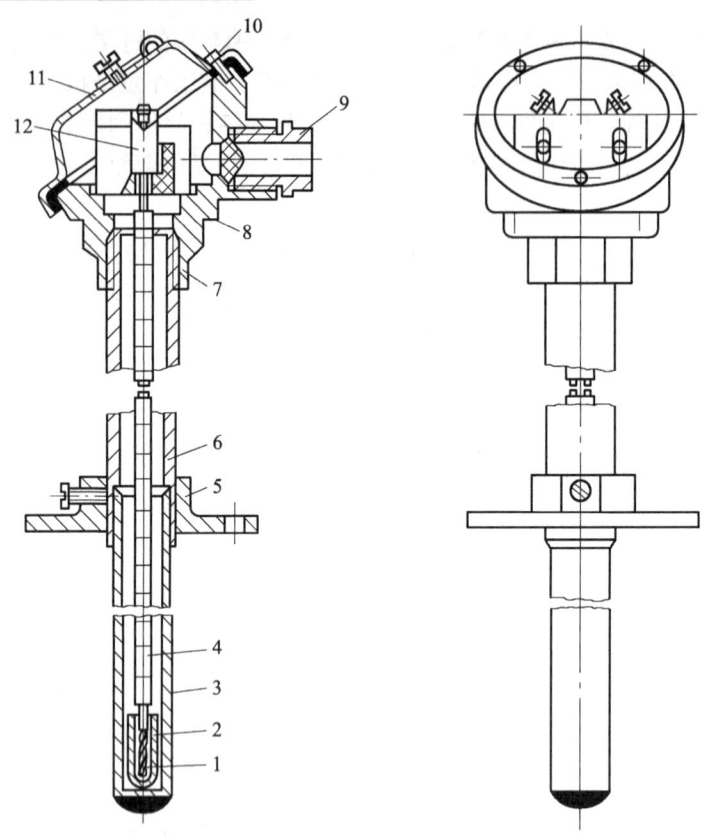

1—热电偶工作端；2—绝缘套；3—下保护套；4—绝缘珠管；5—固定法兰；6—上保护套；7—接线盒底座；
8—接线绝缘座；9—引出线套管；10—固定螺钉；11—接线盒外罩；12—接线柱

图 2-33 普通型热电偶温度传感器的内部结构

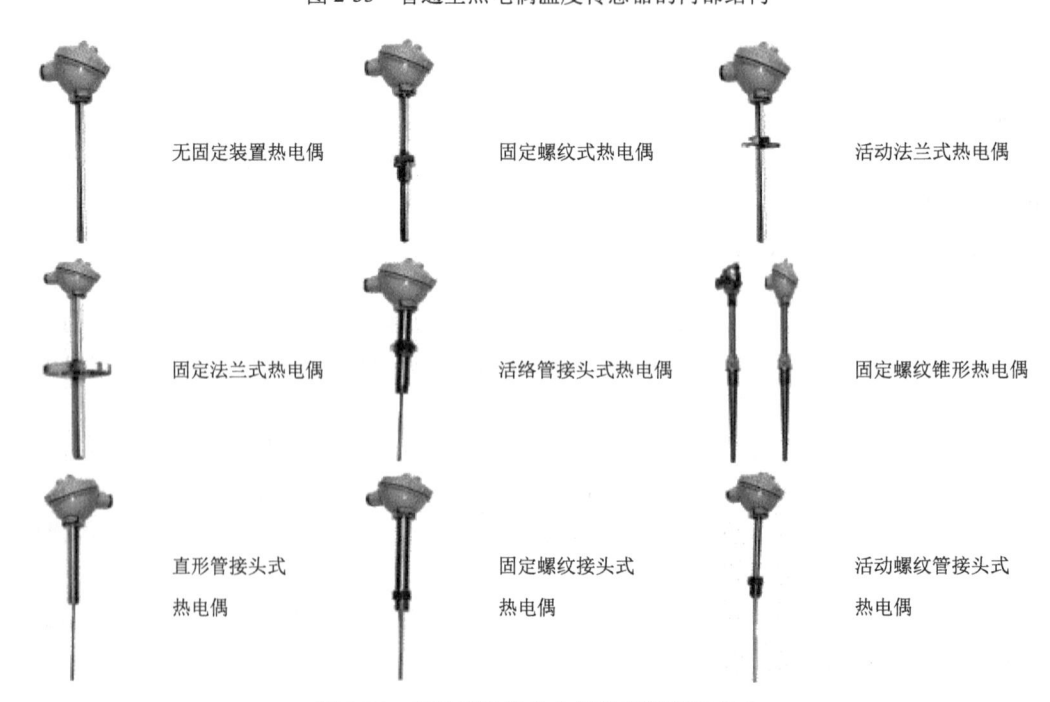

无固定装置热电偶　　　固定螺纹式热电偶　　　活动法兰式热电偶

固定法兰式热电偶　　　活络管接头式热电偶　　　固定螺纹锥形热电偶

直形管接头式
热电偶　　　　　　　固定螺纹接头式
热电偶　　　　　　　活动螺纹管接头式
热电偶

图 2-34 常见普通型热电偶的安装固定方式

2. 铠装热电偶的结构

铠装热电偶的结构与铠装热电阻的结构基本相同，是由热偶丝、绝缘材料、不锈钢套管经多次一体拉制而成。因使用环境及安装形式不同，铠装热电偶的外形结构多种多样，如图 2-35 所示。

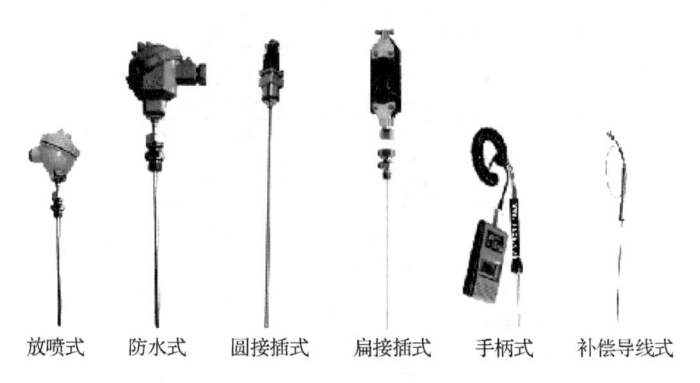

放喷式　防水式　圆接插式　扁接插式　手柄式　补偿导线式

图 2-35　各种铠装热电偶的外形结构

铠装热电偶具有能弯曲、耐高压、热响应时间快和坚固耐用等优点，尤其适宜安装在管道之间狭窄、弯曲和要求快速反应等特殊测温场合。

3. 薄膜热电偶的结构

薄膜热电偶是由两种薄膜热电极材料，用真空蒸镀、化学涂层等办法蒸镀到绝缘基板上面制成的一种特殊热电偶，薄膜热电偶的热接点可以做得很小（可薄到 0.01～0.1μm），如图 2-36 所示。具有热容量小、反应速度快等特点，热响应时间达到微秒级，适用于对微小面积上的表面温度以及快速变化的动态温度进行测量。

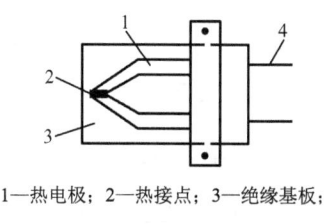

1—热电极；2—热接点；3—绝缘基板；4—引出线

图 2-36　薄膜热电偶的结构

三、热电偶的种类与特点

在温度测量中，热电偶的应用极为广泛，它具有结构简单、制造方便、测量范围广、精度高、热惯性小和输出信号便于远传等优点。由于热电偶是一种有源传感器，测量时不需外加电源，使用十分方便，所以常被用于测量炉子、管道内的气体或液体的温度及固体的表面温度。由于热电偶温度传感器的灵敏度与材料的粗细无关，用非常细的材料也能够做成温度传感器。这种细微的测温元件有极高的响应速度，可以测量快速变化的过程，如燃烧和爆炸过程等。

热电偶温度传感器也有缺陷，它灵敏度比较低，容易受到环境干扰信号的影响，也容易受到前置放大器温度漂移的影响，因此不适合测量微小的温度变化。

热电偶的种类很多。1991 年，我国开始采用国际计量委员会规定的"1990 国际温标"（简称 ITS—90）的新标准，按此标准，共有八种标准化的通用热电偶，见表 2-3。表中所列热电偶中，写在前面的热电极为正极，写在后面的热电极为负极。

表 2-3 八种标准化的通用热电偶

热电偶名称	分度号	使用温度/℃ 长期	使用温度/℃ 短期	适用环境	特点
铂铑$_{30}$-铂铑$_6$	B	0~1600	0~1800	可以在氧化性及中性气氛中长期使用，不能在还原性及含有金属或非金属蒸气的环境中使用	热电势比较小，当冷端温度低于50℃时，所产生的热电势很小，可不考虑冷端误差
铂铑$_{13}$-铂	R	0~1400	0~1600	可以在氧化性及中性气氛中长期使用，不能在还原性及含有金属或非金属蒸气的环境中使用	精度高、性能稳定、复现性好，热电势较小，高温下连续使用特性会变坏，价高，多用于高温高精度测量
铂铑$_{10}$-铂	S	0~1400	0~1600	可以在氧化性及中性气氛中长期使用，不能在还原性及含有金属或非金属蒸气的环境中使用	热电性能稳定、测温精度高，宜制作标准热电偶，测温范围大，热电势低，价格较贵
镍铬-镍硅	K	0~1000	0~1300	适用于氧环境，耐金属蒸气，不耐还原性环境	热电势高、热电特性近于线性，性能稳定、复制性好、价格便宜，精度次于铂铑$_{10}$-铂。做测量和二级标准用
镍铬-镍铜	E	0~600	0~800	适用于氧环境，耐金属蒸气，不耐还原性环境	热电势高、特性线性、价格便宜、测温范围较低、做测量用
铁-康铜	J	-200~600	-200~800	适用于还原性气体（对氢、一氧化碳也稳定）	价低、热电势大、线性好、均匀性差、易生锈，用于测低温
铜-康铜	T	-200~300	-200~350	适用于还原性气体（对氢、一氧化碳也稳定）	价廉、低温性能好、均匀性好
镍铬硅-镍硅	N	-200~1300	-200~1400	适用于氧化性或中性介质中使用，是工业测温中最常用的一种热电偶	高温抗氧化能力强，热电动势的长期稳定性及短期热循环的复现性好，耐核辐射，耐低温性能好，价格便宜

四、热电偶温度传感器的测量与使用方法

热电偶温度传感器的使用方法与一般温度传感器有所不同，在使用热电偶温度传感器时，应特别注意使用方法，否则会带来很大测量误差。

1. 热电偶分度表

热电偶分度表就是温度与电压值关系对应表，每种材料对应一个分度表。在使用没有温度指示的热电偶温度传感器时，则要根据传感器输出电压值推算出相应的温度值。首先我们要知道热电偶传感器所使用的热电偶材料，然后根据表2-2查出相应分度号，再查相应分度表，即可根据热电偶输出电压值查出温度值。一般厂家也会随产品附带相应的分度表。如镍铬-镍硅是"K"型热电偶，如果电压测量值为28.7mV，查"K"型热电偶分度表可得出 t=690℃。

2. 热电偶的冷端补偿

根据热电偶输出电压值，可通过分度表快速查出温度值。但热电偶的分度表都是以 t_0= 0℃作为基准进行分度的（即热电偶的冷端温度为0℃）。在实际使用过程中，热电偶的冷端温度往往不为 0℃，而为所处环境温度，这样给测量结果带来了较大温度误差。所以在使用热电偶的时候，必须消除环境温度对测量带来的影响，即须进行热电偶冷端补偿。

根据热电偶中间温度定律公式：

$$E_{AB}(t,t_0) = E_{AB}(t,t_n) + E_{AB}(t_n,t_0)$$

我们可以得到以下公式：
$$E_{AB}(t,0) = E_{AB}(t,t_n) + E_{AB}(t_n,0)$$
式中，$E_{AB}(t,t_n)$ 为热电偶在环境温度为 t_n 的测量值。我们只需测出热电偶冷端所处的环境温度 t_n，然后根据分度表查出 $E_{AB}(t_n,0)$，即可求出 $E_{AB}(t,0)$，查出较精确的温度值。

例：已知镍铬-镍硅（K）热电偶测炉温时，其冷端温度 t_0=30℃，现测得热电动势 $E(t,t_0)$ =38.505mV，求炉内温度 t 为多少？

解：镍铬-镍硅的分度号为 K，查 K 型热电偶分度表，得 E_{AB} (30℃,0)=1.203mV，则有
$$E_{AB}(t,0) = E_{AB}(t,t_0) + E_{AB}(t_0,0) = 38.505\text{mV}+1.203\text{mV}=39.708\text{mV}$$
反查 K 型热电偶分度表，求得 t=960℃。

热电偶冷端补偿方法很多，常用的补偿方法有以下几种：

（1）冰浴法

将热电偶的冷端置于装有冰水混合物的恒温容器中，使冷端的温度保持在 0℃不变。该方法只适用于实验室的温度测量。

（2）计算机修正法

先测出冷端温度 t_0，然后从该热电偶分度表中查出 $E_{AB}(t_0,0)$，由计算机自动与所测得的 $E_{AB}(t,t_0)$ 相加，便可测出 $E_{AB}(t,0)$，根据此值再在分度表中查出相应的温度值。

（3）补偿电桥法

将带有铜热电阻的补偿电桥与被补偿的热电偶串联，铜与热电偶的冷端置于同一温度场。0℃时，电桥输出为零，当冷端温度变化时，铜热电阻阻值变化，造成电桥不平衡输出。此不平衡输出电压对热电偶输出变化起到抵消作用，如图 2-37 所示。

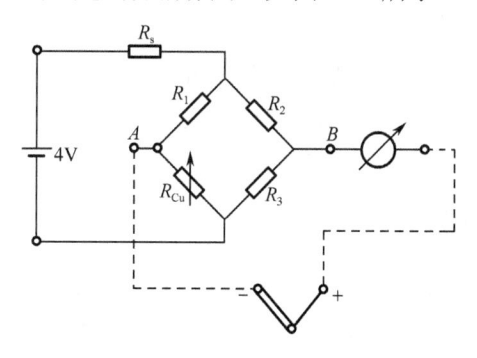

图 2-37 热电偶补偿电桥法

（4）选择参考端温度不需要补偿的热电偶

有些热电偶在一定温度范围内，不产生热电势或热电势很小。例如，镍钴-镍铝热电偶在 0～200℃时的热电势极小，在 300℃时也只有 0.38mV；镍铁-镍铜热电偶在-50℃以下的热电势几乎等于零；铂铑$_{30}$-铂铑$_6$ 热电偶在 0～50℃时，只有-2～3μV 的热电势，如果参考温度在这一温度范围内变化，将不改变热电偶输出的热电势，所以就不需要对冷端进行温度补偿。

3. 热电偶的冷端延长

实际测温时，由于热电偶长度有限，冷端温度将直接受到被测物体温度和周围环境温度的影响。例如，热电偶安装在炼钢炉壁上，而冷端在接线盒内，接线盒周围的温度不稳定，冷端的温度受之影响，将会造成测量误差。虽然热电偶可以做得很长，但这将增加测量系统

的成本，减少经济效益。工业生产中，一般采用补偿导线来延长热电偶的冷端，使之远离高温测量区。

补偿导线（A′、B′）由两种不同的金属材料组成，是价格相对比较低廉的金属导体，它们的自由电子密度比与所配热电偶的自由电子密度比相等。补偿导线测温电路图如图2-38所示。

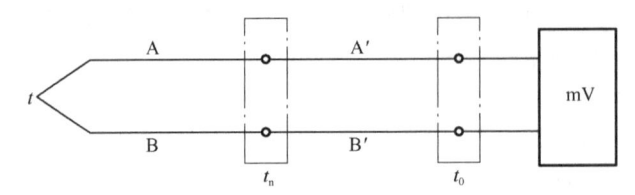

图2-38 补偿导线测温电路图

使用补偿导线时必须注意：
（1）各种补偿导线只能与相应型号的热电偶配用，不能互换。
（2）补偿导线与热电极连接时，应当正极接正极，负极接负极，极性不能反，否则会造成更大的误差。
（3）补偿导线与热电偶连接的两个接点必须靠近，使其温度相同，不会增加温度误差。
（4）补偿导线必须在规定的温度范围内使用。

使用补偿导线不仅可以延长热电偶的参考端，节省大量的贵金属，还可以选用直径粗、导电系数大的金属材料，减小导线单位长度的直流电阻，减小测量误差。

任务实施

在更换系统传感器时，要选择相同或相似温度的传感器进行更换。在更换选型时，要根据被测环境的温度范围、测量功能、精度要求及安装接口、安装尺寸进行选择，特别要注意的是电接口和安装尺寸必须与原系统一致。

一、工作条件分析与故障诊断

经过相关知识的学习，我们发现热电偶温度传感器的结构、安装形式和种类较多，分析轧钢炉的使用及安装要求和温度测量范围可知，原温度测量系统使用镍铬-镍硅（K型）热电偶作为温度敏感元件。测温装置如图2-39所示。

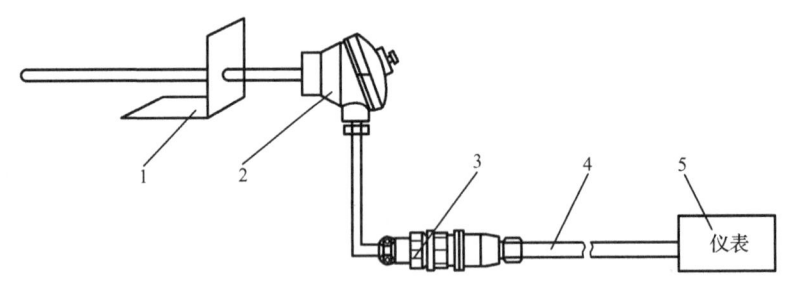

1—定位钢板；2—热电偶传感器；3—接插件；4—补偿导线；5—测量显示仪表

图2-39 轧钢炉测温装置示意图

热电偶温度传感器在校验期内，如果测量误差超出允许误差范围，则说明发生了故障。运行中常见故障、故障原因和处理方法见表2-4。

表2-4　运行中常见故障、故障原因和处理方法

常见故障	故障原因	处理方法
热电势比实际值低	1. 热电极短路 2. 热电偶接线柱处短路 3. 补偿导线间短路 4. 热电偶电极受损 5. 补偿导线与热电偶不匹配 6. 补偿导线与热电偶极性接反 7. 安装位置与插入深度不合理 8. 热电偶冷端补偿过度 9. 热电偶与显示仪表不匹配	1. 检查绝缘性能，若受潮，烘干；若受污，清除灰尘 2. 清洗接线柱 3. 加强绝缘，或更换补偿导线 4. 剪去少许热电极重新焊接或更换热电偶 5. 更换补偿导线 6. 重新接线 7. 重新按规定安装 8. 重新调试冷端补偿 9. 更换仪表或热电偶
热电势比实际值高	1. 热电偶与显示仪表不匹配 2. 补偿导线与热电偶不匹配	1. 更换仪表或热电偶 2. 更换补偿导线或热电偶
热电偶的输出误差大	1. 热电偶电极受损 2. 安装位置不当 3. 热电偶保护管受污	1. 更换热电偶 2. 改变安装位置 3. 清洗热电偶保护管
在首次使用时热电势偏低或偏高	热电极焊接后，未热处理	高温老化或使用一段时间可稳定

在检查时，先检查外观，如果保护管受污，则清洗热电偶保护管；如果受损变形，应该及时更换。

二、更换热电偶温度传感器

更换热电偶温度传感器时，最好选择相同型号传感器进行更换。选择替代传感器要注意系统的安装接口、安装尺寸。可以选择下面两个方案。

方案一：选择不加防护层的热电偶温度传感器。这种传感器体积小，价格低，响应时间短，不受安装空间的限制，便于维修更换。但不耐腐蚀，使用寿命短，需要定期更换，对于需要长期运转不停机的场合不适用。

一般传感器不易维修，系统出现故障时需更换传感器。但热电偶温度传感器很特殊，如果是因为外观受损变形，可以将损坏热电偶部分剪掉，重新焊接，又可以继续使用。因此，如果选择该方案，更换简单。

方案二：选择铠装热电偶温度传感器。这种传感器可以根据需要任意弯曲，便于测量炉内的各温度点，测量精度较高，使用寿命长，但价格较高。

此外，随着技术不断进步，可以选择更先进的温度传感器。在本案例中，由于温度较高，可以进行技术改进，选择非接触测量，如选用红外测温仪，其具有测量精度较高、使用寿命长等优点。

三、热电偶温度传感器的安装方法

普通型和铠装热电偶温度传感器的安装方法与热电阻温度传感器的安装方法基本相同。当测量金属表面温度时，热电偶丝可以直接固定在被测物表面。根据测量温度范围不同，可以采取以下形式安装：

（1）在200～300℃时，可用高温环氧胶将热电偶点固在金属壁面，工艺比较简单。

（2）测量温度较高时，为了提高可靠性，常常采用焊接的方法，将热电偶头部焊在金属

壁表面。焊接方式有 V 形焊、平行焊和交叉焊，如图 2-40 所示。但需特别注意，此时热电偶的接点被接地，所以在检测电路中必须采用差动放大器。

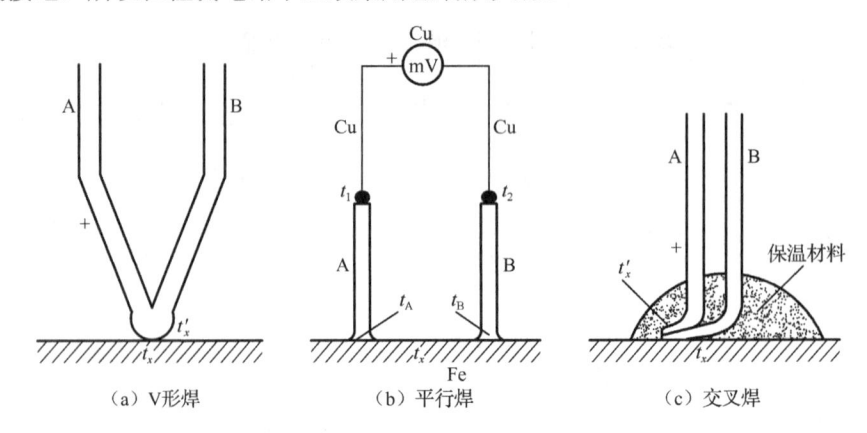

（a）V形焊　　（b）平行焊　　（c）交叉焊

图 2-40　热电偶在金属壁表面焊接方式

课题四　红外温度传感器

◆ **教学目标**

☒ 了解红外温度传感器基本工作原理。
☒ 熟悉红外温度传感器的适用场所。
☒ 掌握红外温度传感器的使用方法。

任务提出

红外技术发展到现在，已经为大家所熟知，这种技术在现代科技、国防、医疗和农业等领域获得广泛的应用。利用红外检测技术制成的红外探测器可以感受到红外辐射量并转化为另一种便于测量的物理量。

技术员小赵接到一个任务，要为商场设计一个红外线热像仪，要求测温精度高，可以长时间使用。

任务分析

任何物体只要温度超过绝对零度就能产生红外辐射，同可见光一样，这种辐射能够进行折射和反射，从而形成了红外技术。红外温度探测是用仪器接收被探测物发出或反射的红外线，从而掌握被探测物温度的技术。这种技术因其独有的优越性，在军事和民用领域得到广泛的应用，出现在制导、火控跟踪、目标侦察、工业设备监控、安全监视、医学热诊断等领域下。红外线热像仪及其产生的图像如图 2-41 所示

那么红外温度传感器的原理是怎样的？如何正确选择和使用？本课题将对此着重探讨。

模块二 温度测量

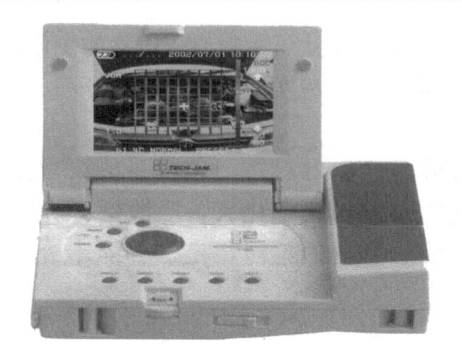

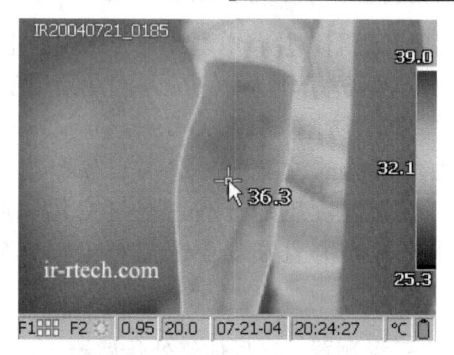

图 2-41 红外线热像仪及其产生的图像

相关知识

一、红外辐射与红外检测

自然界中，任何高于绝对温度（-273℃）的物体都将产生红外光谱。不同温度的物体，其释放红外能量的波长是不一样的，因此红外辐射与温度的高低相关。红外辐射俗称红外线，是波长范围大致在 0.76～1000μm 的不可见光。红外线检测的方法很多，有热电偶检测、光导纤维检测、量子器件检测等。

红外检测系统一般由光学系统、红外探测器、信号调理电路及显示单元等组成。红外探测器是其中的核心。红外探测器就是利用红外辐射与物质相互作用所呈现的物理效应来探测红外辐射的。

二、红外探测器的分类

红外探测器的种类很多，按探测原理的不同，分为热探测器和光子探测器两大类。

1. 热探测器

热探测器（见图 2-42）利用入射红外辐射引起敏感元件的温度变化，进而使其相关的物理参数发生相应变化，通过测量相关物理参数的变化可确定探测器所吸收的红外辐射强度。一般热探测器的灵敏度要比光子探测器低一到两个数量级，响应速度也慢得多；但热探测器的主要优点是响应波段宽，响应范围可扩展到整个红外区域，可以在常温下工作，使用方便，应用相当广泛。主要类型有：测辐射热器、辐射温差电偶型和热释电型等。目前国内一般采用热释电型。下面介绍它的工作原理及几种常用材料所制作的传感器的性能。

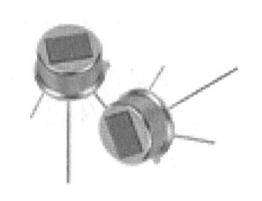

图 2-42 热探测器

热释电型红外探测器是根据热释电效应制成的，即电石、水晶等晶体受热产生温度变化时，其原子排列将发生变化，晶体自然极化，在其两表面产生电荷的现象。根据此效应制成的物体"铁电体"表面的电荷与其温度有关。当红外辐射照射到已经极化的"铁电体"薄片表面时，会引起薄片温度升高，使其极化强度降低，表面电荷减少，相当于释放了一部分电荷，因此叫作热释电型传感器。如果将负载电阻与铁电体薄片相连，则负载电阻上便产生电信号输出，输出信号的强弱取决于薄片温度变化的快慢，从而反映出入

43

射红外辐射的强弱，热释电型红外传感器的电压响应率正比于入射光辐射率的变化速率。这种材料的传感器适合于人体感应，因此常用于根据人体感应实现的自动电灯开关、自动洗手龙头开关、防火防盗报警开关等。

这种传感器的性能主要取决于热释电材料的性能，对热释电材料的要求是：吸收能量后可以使温度迅速升高，温度变化引起的自发极化变化大，吸收红外光的能力极强，介电常数小并且损耗小。热释电型红外线传感器的性能稳定，并能十分容易地改变中心波长。

2. 光子探测器（半导体红外传感器）

光子探测器（见图 2-43）是利用某些半导体材料在红外辐射的照射下，产生光子效应，使材料的电学性质发生变化，通过测量电学性质的变化可以确定红外辐射的强弱。其响应速度高，灵敏度具有理论极限，并与波长有关，而且大多数器件需冷却。按照光子探测器的工作原理，一般可分为内光电探测器和外光电探测器两种，内光电探测器又可分为光电导探测器、光电伏探测器和光磁电探测器。它们分别基于光电导效应、光生伏特效应和光磁电效应制备而成。半导体红外传感器广泛应用于军事领域，如红外制导、响尾蛇空对空及空对地导弹、夜视镜等。

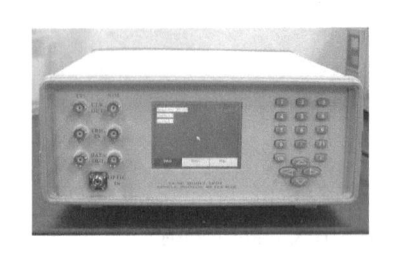

图 2-43 光子探测器

3. 其他类型的红外传感器

除了上述各种类型红外传感器外，现在还出现了液晶红外传感器、光读出红外传感器等。液晶红外传感器使用液晶聚合物热电材料，克服了使用 PZT 陶瓷制成的热电元件因热电晶体薄膜与基片间的热耦合所造成的振荡噪声的缺点。

三、红外传感器的使用注意事项

1. 使用红外传感器时，需要在其表面安装滤光片

为了防止可见光对热释电元件的干扰，必须在其表面安装一块红外滤光片。滤光片是在硅基板上镀多层滤光膜做成的，滤光片应选取 7.5～14μm 波段，因为在人的体表温度为 36℃时，人体辐射的红外线在 9.4μm 处最强。光子探测器在进行红外摄影时同样要加装红外滤镜。

2. 对信号处理电路的要求

人体运动速度不同，传感器输出信号的频率也是不同的。在正常行走速度下，其频率约为 6Hz 左右，当人体快速奔跑通过传感器面前时，频率可能高达 20Hz。考虑到日光灯的脉动频闪（人眼不易觉察）为 100Hz，所以信号处理电路中的放大器带宽不应太宽，应为 0.1～20Hz。放大器的带宽对灵敏度和可靠性有重要影响。带宽窄，干扰小，误判率低；带宽宽，则噪声电压大，可能引起误报警，但对快速和极慢速的移动物体响应好。

任务实施

热红外成像装置（见图2-44）的工作过程是被动地接受目标的热辐射，再通过其中的光学成像系统聚焦到探测元件上，进行光电转换、放大信号并数字化后，经多媒体图像技术处理，在屏幕上以伪色彩显示出目标的温度场——热红外图像（热图、热像）。热图像色调的明暗取决于物体表面温度及辐射率。它反映了目标的红外辐射能量分布情况，但是不能代表目标的真实形状。为获得足够的灵敏度，需要对探测器进行冷却。

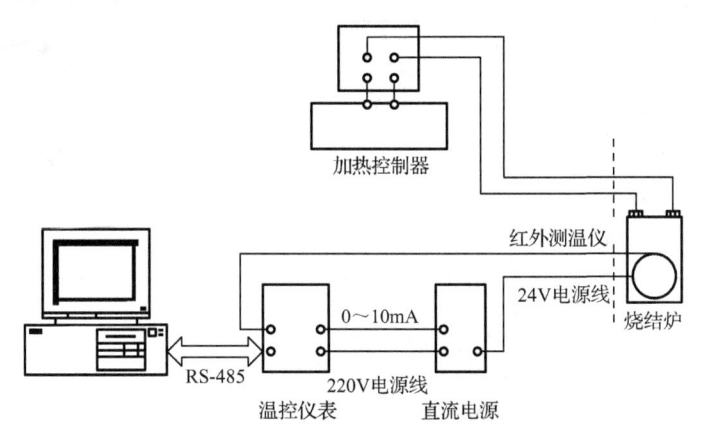

图2-44 热红外成像装置

结合相关介绍可知，在红外线热像仪中适宜使用光子探测器作为敏感元件。这种热像仪在工作过程中会像电视摄像机一样拍摄温度分布图像，分辨率高达0.1℃，直接测量图像中任意点的准确温度。拍摄图像中的不同颜色代表不同温度，即使被测人群在不停地走动，也可以在一秒内指出数十人中的高温者。

复习巩固

1. 什么是红外辐射？利用这种现象可以进行哪些检测工作？试用实例说明。
2. 热释电探测器和光子探测器的应用领域有何不同？
3. 红外传感器在使用中需要注意哪些事项？

知识链接

一、温度传感器的分类

温度传感器的种类多种多样，见表2-5，分类方法很多。按用途可分为标准温度计和工业温度计；按照测量方法可分为接触式和非接触式；按工作原理可分为膨胀式、电阻式、热电式、辐射式等。总之，温度测量的方法很多，迄今为止，人们仍在不断研发性能更出色的温度敏感元件。

表 2-5 温度传感器的种类

测温方式	物理效应	温度传感器种类			
非接触式测温仪表	光辐射热辐射	光学高温计		红外测温仪	
接触式测温仪表	体积热膨胀	气体温度计		压力式温度计	
		双金属温度计		普通玻璃温度计	
	电阻变化	铂热电阻		铜热电阻	
	热电效应	铠装热电偶		热电偶	
	PN结结电压	半导体集成电路温度传感器			

温度传感器的种类很多，每一种传感器都有各自的特点、测温范围及适用场所。我们在组建温度测量系统时，可以根据测量范围、被测对象、测量精度及结构、功能、价格等方面，选择相应的温度传感器进行温度检测。工业上常用的温度传感器见表2-6，表中列出了各种温度传感器的工作原理、名称、测温范围、精度和特点。

表2-6 工业上常用的温度传感器

物理效应	温度传感器种类		常用测温范围/℃	精度等级	分度值/℃	优 点	缺 点
光辐射热辐射	辐射式	辐射式	800～3500	1.5	5～20	测温时，不破坏被测温度场，适合超高温度的测量	低温段测量不准，环境条件会影响测温准确度。价格高
		光学式	700～3200	1～1.5	5～20		
		比色式	900～1700	1～1.5	5～20		
	红外线	热敏探测	-50～3200	1～1.5	1～20	测温时，不破坏被测温度场，响应快，测温范围大，适于测温度分布	易受外界干扰，标定困难，价格高
		光电探测	0～3500	1～1.5	1～20		
		热电探测	200～2000	1～1.5	1～20		
体积热膨胀	膨胀式	玻璃水银	-50～350	0.5～2.5	0.1～10	不需要外接电源，结构简单，使用方便，测量准确，价格低廉，耐用，适合低温测量	测温范围小，精度低，玻璃易碎，有汞污染，不能记录和远传
		双金属	-80～600	1，1.5，2.5	0.5～20	不需要外接电源，结构紧凑，牢固可靠，耐用	精度低，量程和使用范围有限。适合低温开关信号的测量
	压力式	液体	-30～600	1，1.5，2.5	0.5～20	耐震，坚固，防爆，价格低廉，适合低温测量	精度低，测温距离短，滞后大
		气体	-20～350				
		蒸汽	0～250				
电阻变化	热电阻	铂电阻	-200～500	0.1～1	1～10	测温精度高，便于远距离、多点、集中测量和自动控制。铂电阻一致性好，适合中温测量	需要接入桥路才能得到电压输出，须注意环境温度的影响。铜电阻测温范围小
		铜电阻	-50～150	0.3～1.5	1～10		
		热敏电阻	-50～300	0.5～3	1～10	体积小，价格低，适合批量生产。适用于小温度范围或固定点温度测量	精度低，温度性能分散性大，温度线性范围小
热电效应	热电偶	铂铑-铂	0～1600	0.2～0.5	5～20	自发电型，标准化程度高，品种多，测温范围大，便于远距离、多点、集中测量和自动控制。适合高温测量	需冷端温度补偿，在低温段测量精度较低。需将热电偶延长时，须使用相配的补偿导线
		镍铬-镍硅	0～1000	0.5～1	5～20		
		镍铬-考铜	0～600	0.5～1	5～20		
		钨铼	1000～2100	0.5～1	5～20		
PN结结电压	二极管、三极管的PN结		-50～150	0.5～1	1～10	体积小，线性好，灵敏度高，时间常数小（0.2～2s），适用于温度补偿	测温范围小，互换性差

续表

物理效应	温度传感器种类	常用测温范围/℃	精度等级	分度值/℃	优 点	缺 点
温度-颜色	示温涂料	-50～1300	0.5～1	5～20	适用于一般温度计无法或难以测量的场合，如连续运转的部件、复杂异形面物体、非等温表面物体等的温度测量	易失效，分辨力低
	液晶	0～100				

通常来说，接触式测温仪表比较简单、可靠，测量精度较高，但因测温元件与被测介质需要进行充分的热交换，需要一定的时间才能达到热平衡，所以存在测温的延迟现象；同时受耐高温材料的限制，不能应用于很高温度的测量。非接触式仪表测温是通过热辐射原理来测量温度的，测温元件不需与被测介质接触，测量范围广，不受测温上限的限制，也不会破坏被测物体的温度场，反应速度一般也比较快，但受到物体的发射率、测量距离、烟尘和水气等外界环境因素的影响，其测量误差较大。

二、温度传感器的选择原则

在进行测量工作时，首先要解决的问题是：根据具体的测量目标、测量对象以及测量环境，合理地选用温度传感器。系统测量精度的高低，在很大程度上取决于传感器的选用是否合理。选用温度传感器比选择其他类型的传感器所需要考虑的问题要多一些，大多数情况下，应主要考虑以下几个方面的问题：

（1）被测对象的温度是否需记录、报警和自动控制，是否需要远距离测量和传送

首先要根据测量对象及其所要求的测量功能来选定传感器的类型。因为测量系统的功能不同，要求传感器提供的信号也不同。比如，温度报警，仅要求在设定温度点具有较高灵敏度；温度测量，要求在测量范围内线性变化，两者选择使用的温度敏感元件完全不同。因此，需要根据被测量的特点和传感器的使用条件，初步确定采用何种原理的温度传感器。

（2）测温范围的大小和精度要求

选择温度传感器的重要依据是温度测量范围和测量精度。不同的测温敏感元件敏感的温度范围不同，合理选择温度敏感元件，可以提高传感器的灵敏度，使测量系统获得较高的信噪比，提高测量精度，使测量示值稳定、可靠。一般情况下，为提高传感器测量精度，便于信号处理，在测量范围相同的情况下，应尽量选择灵敏度较大的测温敏感元件。

（3）测量环境对传感器结构大小是否有要求和限制

温度传感器的结构多种多样。为了确保合理的测量精度，必须在规定的测量时间之内使温度敏感元件达到所测介质或被测物体表面的温度，而且要与环境的各种热源隔离，因此，必须通过温度传感器适当的结构设计与安装，使被测介质对敏感元件的热传导达到最佳状态。所以在选择温度传感器时，要根据温度传感器的安装位置及安装环境来选择温度传感器的类型与结构。比如，铠装热电偶温度传感器（见表 2-5），它的测温端可以随意弯曲而不会损坏内部温度敏感元件，特别适宜安装在管道之间狭窄、弯曲和要求反应迅速的测温场合；在空调出风口的温度传感器就可以选择体积特别小的热敏电阻作为测温敏感元件。

（4）在被测对象温度随时间变化较大的场合，温度传感器的动态响应时间能否适应测量要求

温度传感器的动态响应时间是选择传感器的另一个基本依据。当要监视某一环境温度的瞬间变化时，时间常数就成为选择传感器的决定因素。一般情况下，珠型热敏电阻和铠装露头型热电偶的时间常数相当小，而浸入式探头，特别是带有保护套的测温敏感元件，时间常数比较大。

（5）被测对象的环境条件对测温元件是否有损害

在某些生产现场常伴有各种易燃、易爆等化学气体、蒸气，在这样恶劣使用环境下，或被测介质对测温敏感元件有腐蚀损坏时，应考虑传感器的防爆性和耐腐蚀性。铠装温度传感器外保护管一般采用不锈钢，管内充满高密度氧化物质绝缘体，具有很强的抗污染能力和优良的机械强度，适合安装在与不锈钢兼容的恶劣场合。

（6）价格如何，使用是否方便

价格因素也是选择温度传感器的一个重要依据。特别是在批量生产中，价格因素至关重要。一般情况下，传感器的精度越高，价格就越昂贵，考虑到测量目的，应从实际出发来选择温度传感器类型，做到满足测量要求即可。

总之，在选用传感器时应尽可能兼顾结构简单、体积小、重量轻、价格便宜、易于维修、易于更换等条件。

思考与练习

1．什么是热电效应？
2．热电偶的工作原理是什么？
3．当热电偶冷端需要延长时，应采取什么方法？在实施时应注意什么？
4．热电偶应遵守哪几个定律？
5．用镍铬-镍硅热电偶（K型）测量温度，已知冷端温度 t_0 为40℃，用高精度数字电压表测得此时的热电势为29.186mV，求被测点温度值（提示：可查K型热电偶分度表）。

模块三　位移测量

在自动化生产与自动化控制中，位移测量应用很广，如测量物体的移动量、物体的变形量，零部件的位置、厚度等。另外，还可以通过测量位移量来反映其他参数，如力、扭矩、速度、加速度等的变化。因此，位移的测量是最基本的测试技术之一。测量时，应当根据不同的测量对象选择测量点、测量方向和测量系统，其中位移传感器的选择和精度有着重要作用。

根据传感器的变换原理，常用的位移测量传感器有电阻式、电感式、磁电感应式和光栅式等。

课题一　电阻式位移传感器

◆ **教学目标**

¤ 了解线绕电位器式位移传感器的基本工作原理。
¤ 掌握线绕电位器式位移传感器的主要输出特性。
¤ 掌握电子节气门的检查和调整方法。

任务提出

电子节气门（见图 3-1）是汽车中的重要部件，其作用是驾驶者通过控制踏板位移量控制节气门开启的角度，从而改变进入进气歧管的空气量，发动机电子控制单元 ECU（Electronic Control Unit,）再根据节气门的开启量来改变喷油器的喷油量，使混合气的空燃比维持在理想空燃比附近，从而改变发动机的转速和功率，以适应汽车行驶的需要。小张接到工作任务，要对一批电子节气门的质量进行检测。

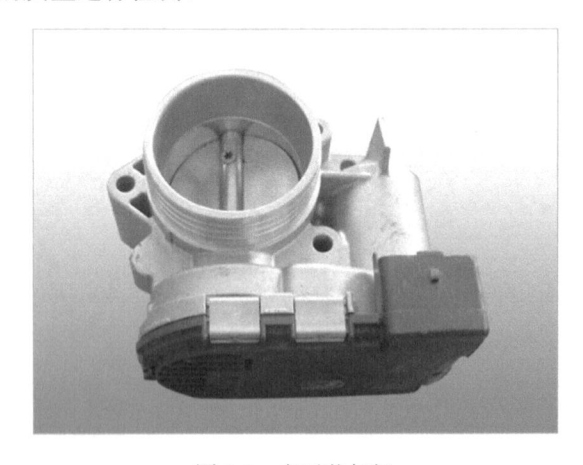

图 3-1　电子节气门

任务分析

电子节气门的核心是节气门位置传感器,而节气门位置传感器实际上是位移传感器,常用电位器式位移传感器。本任务将学习电位器式位移传感器的工作原理,以及其结构、特点,进而完成电子节气门的质量检测。

相关知识

一、电阻式位移传感器

电阻式位移传感器(见图 3-2)是将被测的非电量(如位移、加速度等)转换成电阻的变化量,并通过测量电路将电阻变换为电压、电流等易于测量的电信号。由于其具有结构简单、易于制造、价格低、性能稳定、输出功率大等特点,在检测技术中应用甚为广泛。电阻式位移传感器可以分为电位器式和电阻应变式两大类,电位器式主要用于测量较大量程的位移。电位器式位移传感器又可分为线绕式和非线绕式两种。

图 3-2 电阻式位移传感器

二、线绕电位器式位移传感器的结构与工作原理

电位器式位移传感器可以将机械位移变换为电阻值的变化量,也可以转换成电压的变化量。电位器式位移传感器虽然具有输出信号大、易于转换、便于维修的优点,但缺点是存在摩擦,分辨力有限,精度不够高,动态响应较差,仅适于测量变化较缓慢的量,常用作位置信号发生器。电位器式位移传感器按被测量的不同,可分为直线位移式和角位移式两类,如图 3-3 所示。

直线位移电位器中,线圈绕于绝缘骨架上,滑动触点(电刷)在移动过程中,从一匝滑到另一匝时,电阻值随位移发生变化。若线绕电位器的绕线截面积均匀,则电位器的总电阻沿长度的分布均匀(线性)。如图 3-4 所示,U_1 为工作电压,U_X 为负载电阻 R_X 两端的输出电压,对应于电刷移动量 X 的电阻值为

$$R_X = \frac{X}{L} R$$

式中　　X——滑臂离开始点距离；
　　　　L——滑臂最大直线位移；
　　　　R——电位器的总电阻。

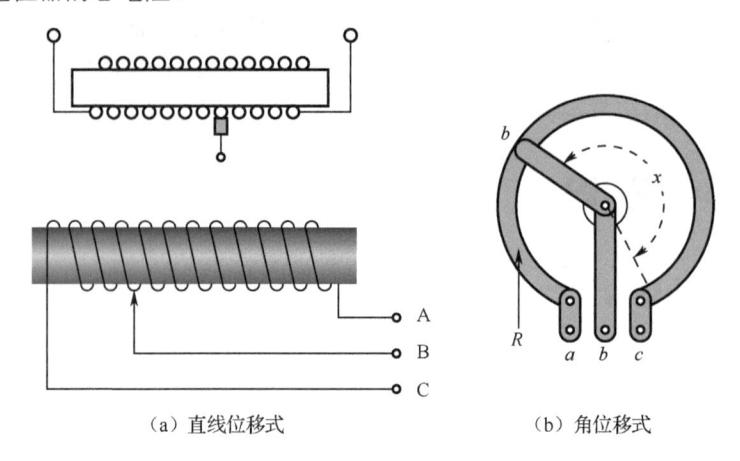

（a）直线位移式　　　　（b）角位移式

图 3-3　电位器式位移传感器

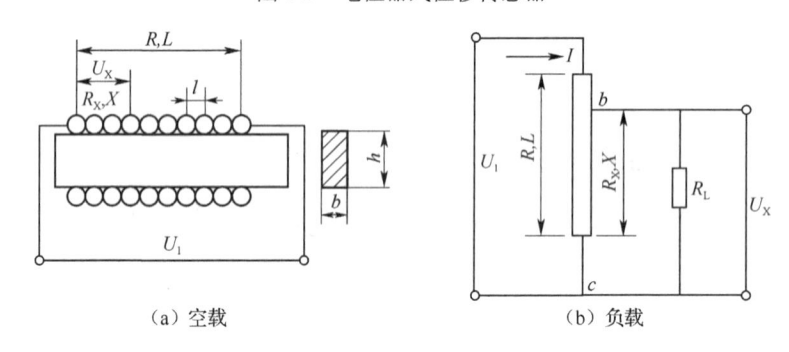

（a）空载　　　　（b）负载

图 3-4　直线位移电位器的工作原理

当电位器处于非空载状态时，根据分压原理得输出电压为

$$U_X = \frac{1}{\dfrac{L}{X} + \dfrac{R}{R_L}\left(1 - \dfrac{X}{L}\right)} U_1$$

式中　　R_L——负载的阻值。

若电位器为空载状态（R_L 趋于 ∞），根据分压原理得输出电压为

$$U_X = \frac{X}{L} U_1$$

同理，对于角位移电位器，其输出电压为

$$U_X = \frac{\alpha}{\alpha_{max}} U_1$$

式中　　α——滑臂离开始点的转角；
　　　　α_{max}——滑臂最大转角位移。

三、线绕电位器式位移传感器的输出特性

1. 阶梯特性

由线绕电位器的结构可知,当电刷在线圈上移动时,电位器的电阻值随电刷从一匝移动到另一匝而不连续变化,输出电压不连续变化,而是跳跃式地变化。电刷每移动一匝线圈使输出电压产生一次阶跃,移动 n 匝,则使输出电压产生 n 次阶跃,其阶跃值为

$$\Delta U = \frac{U_1}{n}$$

式中 U_1——最大输出电压。

当电刷从 $n-1$ 匝移至 n 匝时,电刷瞬间使两相邻匝线短接,使每一个电压阶跃中产生一次小阶跃,所以线绕电位器的输出具有阶梯特性(见图 3-5)。工程上总是将真实输出特性理想化为阶梯特性曲线或近似为直线。

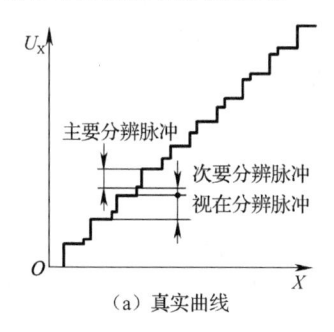

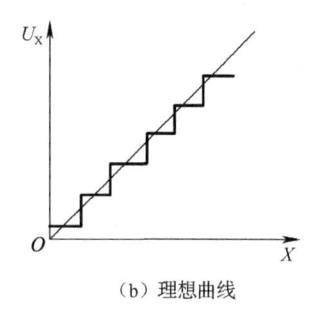

(a)真实曲线 (b)理想曲线

图 3-5 阶梯特性

2. 电压分辨率

线绕电位器的电压分辨率,是指在电刷行程内电位器输出电压阶梯的最大值与最大输出电压之比的百分数。对于具有理想阶梯特性的线绕电位器,其理论电压分辨率为

$$e = \frac{U_1/n}{U_1} \times 100\% = \frac{1}{n} \times 100\%$$

由上式可以看出,线绕电位器的匝数越多,其分辨率越高。

3. 阶梯误差

阶梯特性曲线围绕理论特性直线上下波动,产生的偏差称为阶梯误差。电位器阶梯误差 δ_j 通常用理想阶梯特性曲线对理论特性曲线的最大偏差值与最大输出电压之比的百分数表示。电位器阶梯误差为

$$\delta_j = \pm \frac{\frac{1}{2} \times \frac{U_1}{n}}{U_1} \times 100\% = \pm \frac{1}{2n} \times 100\%$$

4. 测量方法

线绕电位器是通过调整电阻百分比来分配外加电源的电压的，因此在选择电源时，要注意阻抗的匹配。

线绕电位器具有精度高、性能稳定、线性好等优点，但分辨率低、耐磨性差、寿命短。

四、非线绕电位器式位移传感器

随着工艺的不断改进，电位器式位移传感器的结构发生了变化，出现了以下三类常见的电位器式位移传感器。

1. 膜式电位器

膜式电位器通常分为碳膜电位器和金属膜电位器。碳膜电位器是在绝缘骨架表面涂了一层均匀电阻液，烘干聚合后形成电阻膜。电阻液由石墨、炭黑和树脂材料配置。其优点是分辨率高、耐磨性好、工艺简单、成本低，但接触电阻大。金属膜电位器是在玻璃等绝缘基体上喷涂一层铂铑、铂铜合金金属膜制成的。这种电位器温度系数小，适合高温工作，但功率小、耐磨性差、阻值小。

2. 导电塑料电位器

导电塑料电位器又称有机实心电位器，采用塑料和导电材料（石墨、金属合金粉末等）混合模压而成。优点是分辨率高、使用寿命长、旋转力矩小、功率大；缺点是接触电阻大，耐热、耐湿性能差。

3. 光电电位器

光电电位器是非接触式电位器，采用光束代替电刷。光束在电阻带、光电导层上移动时，光电导层受到光束激发，使电阻带和集电带导通，在负载电阻两端便有电压输出。光电电位器的优点是阻值范围宽（50Ω～15MΩ）、无磨损、寿命长、分辨率高；缺点是不能输出大电流，测量电路复杂。

五、节气门位置传感器

节气门位置传感器作为线绕电位器式位移传感器的一种，可以测量节气门的位置，其主要功能是检测发动机处于怠速工况还是负荷工况，加速工况还是减速工况，其结构如图3-6所示。它实质上是将一只可变电阻器和几个开关，安装于节气门体上，电阻器的转轴与节气门联动。它有两个触点：全开触点和怠速（IDL）触点。当节气门处于怠速位置时，怠速触点闭合，向计算机输出怠速工况信号；当节气门处于其他位置时，怠速触点张开，输出相对于节气门不同转角的电压信号，计算机便根据信号电压识别发动机的负荷。根据信号电压在一定时间内的变化率来识别是加速工况还是减速工况。计算机根据这些工况信息来修正喷油量，或者进行断油控制。

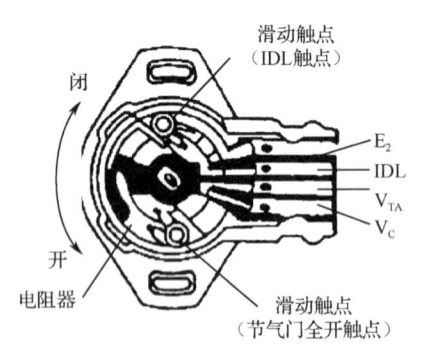

图3-6 节气门位置传感器的结构

任务实施

一、电子节气门的检查

电子节气门的检查主要包括以下几个方面。

1. 怠速触点导通情况检查

关闭点火开关,拔下节气门位置传感器的导线连接器,用万用表的电阻挡检查导线连接器上 IDL 触点的导通情况,见表 3-1。当节气门全关闭时,IDL—E_2 端子间应导通,电阻为零;当节气门打开时,IDL—E_2 端子间不导通,电阻趋于无穷大。否则应更换节气门位置传感器。

表 3-1 怠速(IDL)触点导通情况检查

限位螺钉与限位杆之间间隙	测量端子	电 阻 值
0	V_{TA}—E_2	0.34～6.30kΩ
0.45mm	IDL—E_2	0.50kΩ或更小
0.55mm	IDL—E_2	∞
节气门全开	V_{TA}—E_2	2.40～11.20kΩ
—	V_C—E_2	3.10～7.20kΩ

2. 传感器电阻检查

关闭点火开关,拔下节气门位置传感器的导线连接器,用万用表电阻挡测量 V_T 和 E_2 间电阻,其电阻值应随节气门开度的增大而线性增大。

3. 传感器电压检查

把导线连接器重新插好,打开点火开关,检查发动机 ECU 连接器上 IDL—E_2、V_C—E_2 间电阻值,应符合表 3-1 中规定。

二、节气门位置传感器的调整

松开节气门位置传感器的两个固定螺钉,如图 3-7 所示,在限位螺钉和限位杆之间插入 0.50mm 厚薄规片,同时用万用表检查 IDL 与 E_2 端子之间的导通情况。先逆时针转动节气门位置传感器,使怠速触点断开,然后沿顺时针方向慢慢转动节气门位置传感器,直到怠速触点闭合,这时万用表的电阻挡有读数显示,再拧紧两个固定螺钉。用 0.45mm 和 0.55mm 的厚薄规片先后插入限位螺钉和限位杆之间,测量 IDL 和 E_2 端子之间的导通情况。当用 0.45mm 厚薄规片时,IDL 和 E_2 端子间应导通;当用 0.55mm 厚薄规片时,IDL 和 E_2 端子间应不导通。否则,应再次调整节气门位置传感器。

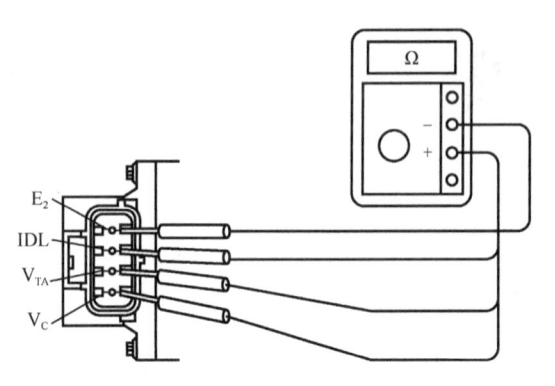

图 3-7　节气门位置传感器的调整

思考与练习

1．电阻式传感器有哪些基本类型？
2．简述线绕电位器式位移传感器的工作原理。
3．简述电位器式位移传感器的输出特性对测量结果的影响。

课题二　电感式位移传感器

◆ 教学目标

¤ 了解电感式位移传感器的基本工作原理。
¤ 掌握电感式位移传感器的测量方法。

任务提出

对于许多旋转机械，包括蒸汽轮机、燃气轮机（见图 3-8）、水轮机、离心式和轴流式压缩机、离心泵等，轴向位移是一个十分重要的信号。轴向位移是指机器内部转子沿轴心方向，相对于止推轴承的间隙而言的位移。过大的轴向位移将会引起过大的机构损坏。轴向位移的测量，可以指示旋转部件与固定部件之间的轴向间隙或相对瞬时的位移变化，用以防止机器损坏。小李接到的工作任务，就是找到一种合适的传感器和测量方法，对轴向位移进行测量。

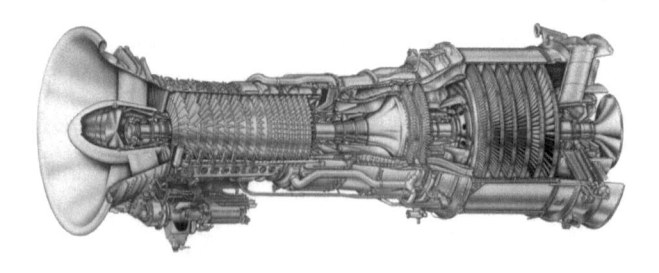

图 3-8　燃气轮机

任务分析

对位移的测量，应使用位移传感器。位移传感器有多种类型，除了上一课题中讲过的电阻式位移传感器，还有电感式、电磁式、光栅式等。本任务通过介绍各种类型的电感式位移传感器，以及传感器特性和传感器适用场所，学会根据测量需求选择合适的传感器类型，最终找到位移的测量方法。

相关知识

一、电感式位移传感器的分类

电感式位移传感器（见图3-9）分为变磁阻式、差动变压器式和电涡流式三种。变磁阻式位移传感器主要利用磁路的变化反映位移的变化。差动变压器式位移传感器利用电磁感应原理，其本质是一个变压器，利用线圈的互感作用把位移量转化为感应电动势的变化量。电涡流式位移传感器则是利用了金属的涡流效应。

图3-9 电感式位移传感器

二、变磁阻式位移传感器

变磁阻式位移传感器由线圈、铁芯和衔铁三部分组成（见图3-10）。铁芯和衔铁由导磁材料如硅钢片或坡莫合金制成，在铁芯和衔铁之间有气隙。传感器的运动部分与衔铁相连，当衔铁移动时，气隙厚度发生改变，引起磁路中磁阻变化，从而导致电感线圈的电感值发生变化，因此只要能测出这种电感量的变化值，就能确定衔铁位移量的大小和方向。

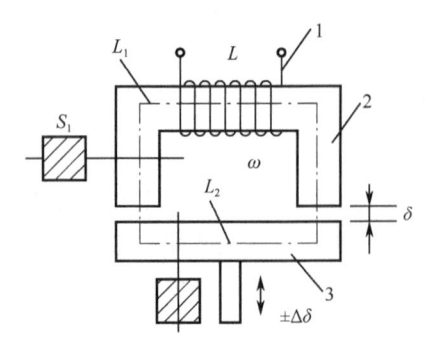

1—线圈；2—铁芯（定铁芯）；3—衔铁（动铁芯）

图 3-10　变磁阻式位移传感器的组成

三、差动变压器式位移传感器

1. 差动变压器式位移传感器的工作原理

差动变压器式位移传感器是由一个可动铁芯 1、初级线圈 2 及次级线圈 3 和 4 组成的变压器，如图 3-11 所示。次级线圈 3 和 4 反极性串联，接成差动形式。当在初级线圈 2 上加上交流电压 U 时，在次级线圈 3 和 4 上分别产生感应电压 e_3 和 e_4，则输出电压 $e=e_3-e_4$。

当两个次级线圈完全一致，铁芯位于中间时，输出电压为 0。当铁芯向上运动时，$e_3>e_4$；当铁芯向下运动时，$e_3<e_4$。随着铁芯上下移动，输出电压 e 发生变化，其大小与铁芯的轴向位移成比例，其方向反映铁芯的运动方向。这样输出电压 e 就可以反映位移变化。

差动变压器的输出特性如图 3-12 所示。由图可见，单一线圈的感应电压 e_3 或 e_4 与位移 s 成非线性，而差动形式的输出电压则与铁芯的位移成线性。

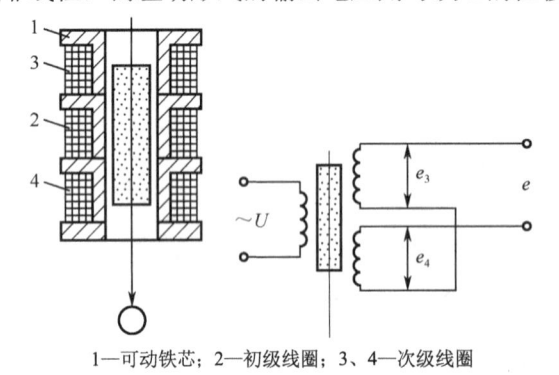

1—可动铁芯；2—初级线圈；3、4—次级线圈

图 3-11　差动变压器式位移传感器的工作原理　　图 3-12　差动变压器的输出特性

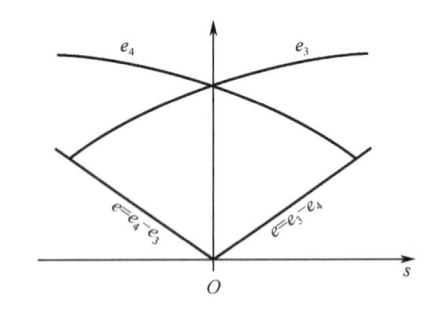

铁芯应该采用导磁良好的材料制作。最常用的铁芯材料是纯铁，但纯铁在高频时损耗较大。因此，电源频率为 500Hz 以上的传感器，其铁芯可以用玻莫合金或铁氧体制作。线圈架常采用热膨胀系数小的非金属材料，如酚醛塑料、陶瓷或聚四氟乙烯制作。

2. 差动变压器式位移传感器的等效电路

忽略差动变压器中的涡流损耗和耦合电容等，得其等效电路，如图 3-13 所示。图中，L_P、R_P 为初级线圈电感与有效电阻；M_1 和 M_2 为互感；E_P 为激励电压相量；E_s 为输出电压相量；ω 为激励电压的频率。

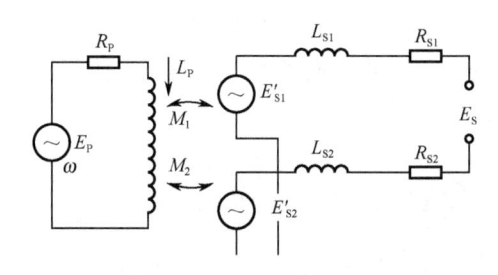

图 3-13　差动变压器式位移传感器的等效电路

3. 差动变压器式位移传感器的测量电路

（1）相敏整流电路（相敏检波电路）

相敏整流电路（见图3-14）是通过二极管整流，输出直流电压信号的。相敏整流电路的特点是输出电压的极性能反映铁芯位移的方向，即铁芯位置从零点向左、右移动，对应输出电压符号为负极性或正极性。这种电路要求比较电压 E_k 与差动变压器的输出电压 E_s 具有相同频率和相位。

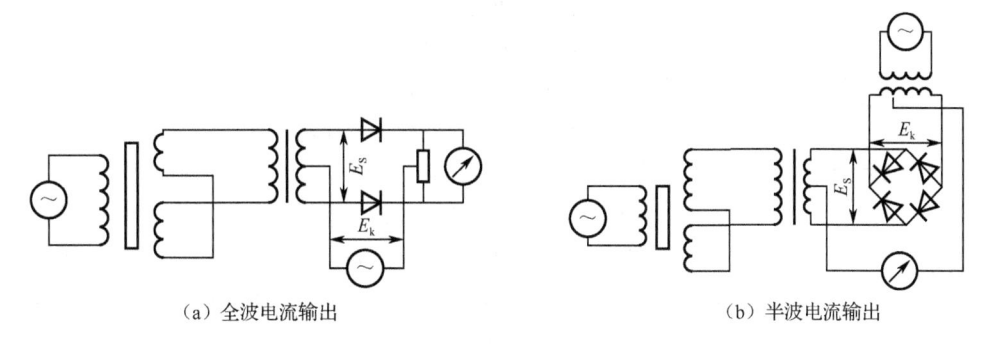

（a）全波电流输出　　　　　　（b）半波电流输出

图 3-14　相敏整流电路

（2）差动整流电路

差动整流电路又分为全波电流输出、半波电流输出、全波电压输出和半波电压输出。这种电路的原理是把差动变压器的两个次级电压分别整流后，以它们的差作为输出，次级线圈电压的相位和零点残余电压都不必考虑。差动整流电路的优点是能消除零点误差的影响，不需要移相器，电路简单，能够使差动变压器的线性范围得到扩展。当次级线圈阻抗高、负载电阻小、接入电容器进行滤波时，差动整流后输出电压的线性度与不经整流的次级输出电压的线性度相比，铁芯位移增大时其输出线性度增加。

（3）小位移测量电路

对于满量程为数微米到数十微米的小位移测量，一般输出信号需经放大后再进行测量。在放大电路中加入深度的负反馈，以提高放大器的稳定性和线性关系。振荡器将输出的电压调制后送入放大器放大，然后通过相敏整流电路整流得到原始位移信号。

四、电涡流式位移传感器

1. 电涡流式位移传感器的工作原理

将金属板置于变化的磁场中，或者在固定磁场中运动时，金属体内就要产生感应电流，这种电流的流线在金属体内是闭合的，所以叫作涡流。电涡流式位移传感器（见图3-15）通过自身线圈产生变化的磁场，金属体在磁场内产生涡流，传感器再通过电磁感应感受涡流的变化来实现对参数的测量。

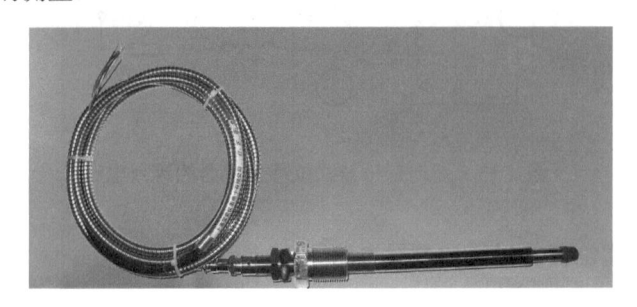

图 3-15 电涡流式位移传感器

电涡流式位移传感器主要可分为高频反射式涡流传感器和低频透射式涡流传感器两类。高频反射式涡流传感器的应用较为广泛。

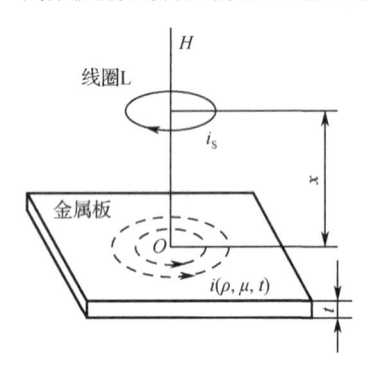

图 3-16 涡流的产生

如图3-16所示，传感器线圈L与厚金属板的距离为x。线圈通以高频电流i_s，产生的高频电磁场作用于金属板的表面。金属板表面感应产生涡流，其产生的电磁场又反作用于线圈L上，使线圈电感等效变化，变化程度取决于线圈L的外形尺寸、线圈L和金属板之间的距离x，金属板材料的电阻率ρ和导磁率μ（ρ及μ均与材质及温度有关），以及i_s的频率等。由于集肤效应，高频电磁场不能透过具有一定厚度t的金属板，而仅作用于表面的薄层内，这就保证了传感器感应的信号来自于金属板反射，故名高频反射式涡流传感器。对非导磁金属（$\mu \approx 1$）而言，若i_s及电感等参数已定，金属板的厚度远大于涡流渗透深度时，则表面感应的涡流几乎只取决于线圈L至金属板的距离，而与板厚及电阻率的变化无关。

2. 电涡流式位移传感器的测量电路

电涡流式位移传感器的测量电路可分为电桥法和谐振法两类。电桥法原理如图3-17所示。它将传感器线圈阻抗的变化转化为电压或电流的变化。传感器线圈的阻抗作为传感器电桥的一个臂接入电路。测量时，传感器阻抗变化使电桥失去平衡，产生与输入量成正比的输出信号。

谐振法是将传感器线圈的等效电感变换为电压或电流的变化。传感器线圈与电容组成LC并联谐振电路。当电感L变化时，回路的等效阻抗和谐振频率都将随L的变化而变化，可以通过测量回路等效阻抗和谐振频率测出电感变化。谐振法可以分为定频电路和调频电路。

定频电路的测量原理如图3-18所示。稳频稳幅正弦波振荡器的输出信号经由电阻R加到传感器上，使电路产生谐振。电感线圈感应的高频电磁场作用于金属板表面，由于金属板表面的涡流反射作用，使线圈的电感L降低，并使回路失谐，从而改变了检波电压U的大小。此时，L-x的关系就转换成U-x的关系。通过对检波电压U进行测量，就可以确定距离x的大小。当x趋近于无穷大时，回路处于并联谐振状态。

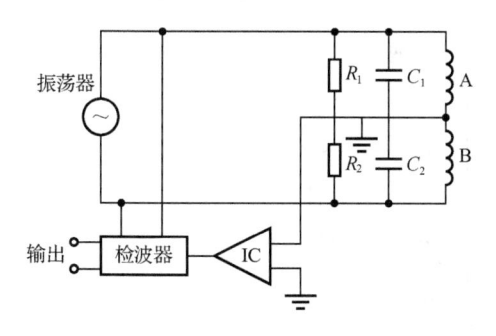

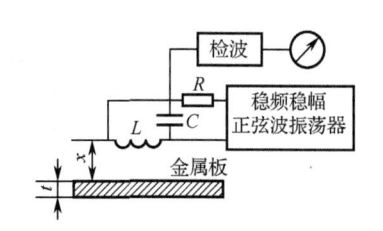

图 3-17　电桥法原理　　　　　　　图 3-18　定频电路的测量原理

调频电路原理如图 3-19 所示。传感器作为一个 LC 振荡器的电感。当传感器线圈与被测物体间的距离 x 变化时，将使传感器线圈的电感 L 发生变化，从而使振荡器的频率改变，然后通过鉴频器将频率变化转换成电压输出。

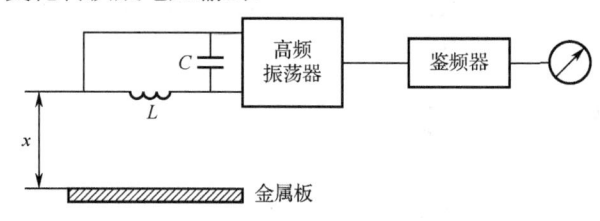

图 3-19　调频电路原理

3. 电涡流式位移传感器的应用范围

电涡流式位移传感器可通过测量金属物体与探头端面的相对位置，将其处理成相应的电信号输出。传感器可长期可靠工作、灵敏度高、抗干扰能力强、非接触测量、响应速度快、不受油水等介质的影响，在对大型旋转机械的轴位移、轴振动、轴转速等参数进行长期实时监测中被广泛应用。

任务实施

一、传感器的选择

轴向位移的测量要涉及旋转部件，为避免对设备造成影响及设备运行对测量产生影响，最好采用非接触的连续测量方式。对比前面学过的几种位移传感器的特点，可以发现电涡流式位移传感器能很好地满足这一需求。因此，在实际应用中，常使用电涡流式位移传感器进行轴向位移的测量。

二、测量的基本原理和方法

测量轴向位移时，被测面应该与轴是一个整体，这个被测面是以探头中心线为中心，宽度为 1.5 倍探头头部直径的圆环（在停机时，探头只对正了这个圆环的一部分；机器启动后，整个圆环都会变成被测面），整个圆环应满足被测面的要求，如图 3-20 所示。

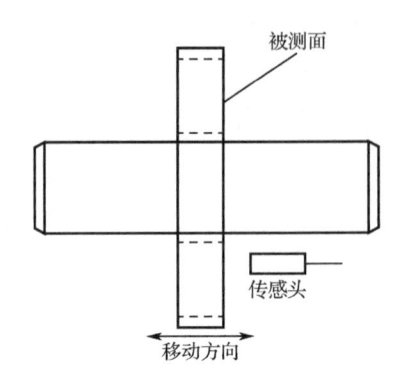

图 3-20　用电涡流式位移传感器测量轴向位移

在停机时安装传感器探头（传感头），由于轴通常都会移向工作推力的反方向，因而传感器探头的安装间隙应该偏大，应保证：当机器启动后，轴处于其轴向窜动的中心位置时，传感器应工作在其线性工作范围的中点。

思考与练习

1. 简述差动变压器式位移传感器的工作原理。
2. 电涡流式位移传感器在使用中应注意哪些问题？

课题三　磁电感应式位移传感器

◆ **教学目标**

☐ 了解磁电感应式位移传感器的工作原理。
☐ 了解磁电感应式位移传感器的类型。
☐ 掌握磁电感应式位移传感器的测量方法。

任务提出

汽车是靠发动机气缸内的可燃混合气点火做功而工作的，且是在压缩冲程末开始点火的，那么发动机 ECU 是如何知道哪个气缸该点火的呢？这就需要通过曲轴位置传感器和凸轮轴位置传感器的信号来判断。通过曲轴位置传感器，可以知道哪个气缸活塞处于上止点；通过凸轮轴位置传感器，可以知道哪个气缸活塞在压缩冲程中。这样，ECU 就知道该什么时候给哪个气缸点火。

选择哪种原理的传感器比较好呢？小李的任务就是找到一种合适的传感器，实现上述功能。

任务分析

对曲轴位置的测量（见图 3-21），实质上就是对位移的测量，采用位移传感器即可实现。位移传感器有多种类型，如电阻式、电感式、电磁式、光栅式等。本任务将学习磁电感应式位移传感器，通过对测量需求和传感器特性的对比，选择合适的传感器类型和测量方法。

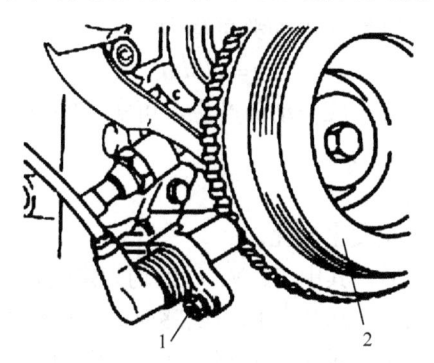

1—曲轴位置传感器；2—汽车轮胎

图 3-21 对曲轴位置的测量

相关知识

磁电感应式位移传感器简称感应式传感器，也称电动式传感器，如图 3-22 所示。它把被测物理量的变化转变为感应电动势，是一种机-电能量变换型传感器，不需要外部供电电源，电路简单，性能稳定，输出阻抗小，又具有一定的频率响应范围（一般为 10～1000Hz），适用于振动、转速、扭矩等的测量。其中惯性式传感器不需要静止的基座作为参考基准，它直接安装在振动体上进行测量，因而在地面振动测量及机载振动监视系统中获得了广泛的应用，但这种传感器的尺寸和质量都较大。

图 3-22 磁电感应式位移传感器

一、磁电感应式位移传感器的工作原理

磁电感应式位移传感器是以电磁感应原理为基础的。根据法拉第电磁感应定律可知，当运动导体在磁场中切割磁力线或线圈使所在磁场的磁通变化时，导体中的磁通量 Φ 发生变化，在导体中产生感应电动势 e，当导体形成闭合回路时就会出现感应电流。导体中感应电动势 e 的大小与回路所包围的磁通量的变化率成正比，则 N 匝线圈在变化磁场中的感应电动势为

$$e = -N\frac{d\Phi}{dt}$$

当线圈垂直于磁场方向运动，以速度 v 切割磁力线时，感应电动势为

$$e = -NBlv$$

式中　l——每匝线圈的平均长度；

B——线圈所在磁场的磁感应强度。

若线圈以角速度ω转动,则感应电动势可写为

$$e = NBl\omega$$

只要磁通量发生变化,就有感应电动势产生,可实现的方法很多,主要有:

(1)线圈与磁场发生相对运动;

(2)磁路中磁阻发生变化;

(3)恒定磁场中线圈的面积发生变化。

当传感器的结构参数确定后,其中B、N、l、S均为定值,则感应电动势e与线圈相对于磁场的运动速度或角速度成正比。所以可用磁电感应式位移传感器测量线速度和角速度,对测得的速度进行积分或微分就可以求出位移和加速度。但由上述工作原理可知,磁电感应式位移传感器只适用于动态测量。

二、磁电感应式位移传感器的类型

按工作原理不同,磁电感应式位移传感器可分为变磁通式和恒定磁通式,即动圈式传感器和磁阻式传感器。

1. 变磁通式

变磁通磁电感应式传感器的线圈和磁铁固定,利用铁磁性物质制成齿轮(或凸轮)与被测物体相连而运动。在运动中,齿轮(或凸轮)不断改变磁路的磁阻,从而改变线圈的磁通,在线圈中产生感应电动势。这类传感器在结构上有开磁路和闭磁路两种,一般用来测量旋转物体的角速度,产生的感应电动势的变化频率作为输出。

如图3-23所示为开磁路变磁通式传感器结构示意图,线圈3和永久磁铁5静止不动,测量齿轮2(导磁材料制成)安装在被测旋转体1上,随之一起转动,每转过一个齿,它与软铁4之间构成的磁路磁阻变化一次,磁通也就变化一次,线圈3中产生的感应电动势的变化频率等于测量齿轮2上齿轮的齿数和转速的乘积。

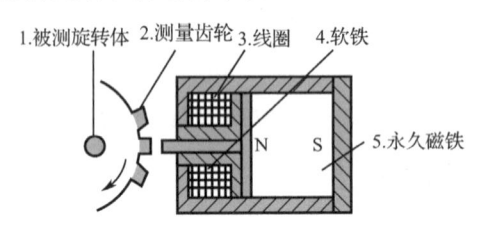

图3-23 开磁路变磁通式传感器结构示意图

这种传感器结构简单,但需在被测对象上加装齿轮,使用不方便,且因在高速轴上加装齿轮会产生不平衡问题,不宜用来测量高转速。

此类传感器对环境条件要求不高,能在-150℃~90℃的温度下工作,不影响测量精度,也能在油、水雾、灰尘等条件下工作。但它的工作频率下限较高,约为50Hz,上限可达100kHz。

2. 恒定磁通式

恒定磁通磁电感应式传感器由永久磁铁(磁钢)、线圈、金属骨架、柔软弹簧和壳体等组成。磁路系统产生恒定的磁场,磁路中的工作空气间隙是固定不变的,因而空气间隙中的磁

通也是恒定不变的。它们的运动部件可以是线圈也可以是磁铁，因此又分为动圈式和动铁式两种类型。

如图 3-24 所示，在动圈式中，永久磁铁 4 与壳体 5 固定，线圈 3 和金属骨架 1（合称线圈组件）用柔软弹簧 2 支撑；在动铁式中，线圈组件（包括 3 和 1）与壳体 5 固定，永久磁铁 4 用柔软弹簧 2 支撑。两者的阻尼都是金属骨架 1 与磁场发生相对运动而产生的电磁阻尼。这里动圈、动铁都是相对于传感器壳体而言的。动圈式和动铁式的工作原理是相同的。

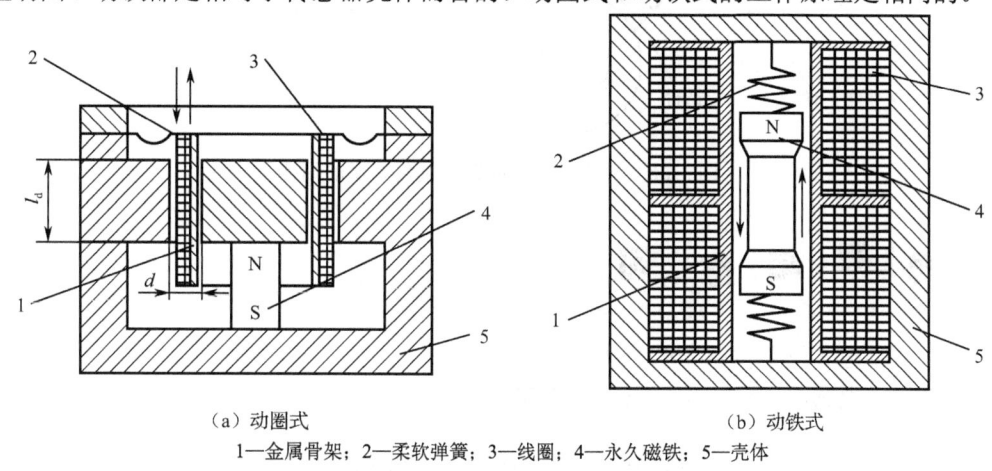

（a）动圈式　　　　　　　　　　（b）动铁式

1—金属骨架；2—柔软弹簧；3—线圈；4—永久磁铁；5—壳体

图 3-24　恒定磁通磁电感应式传感器结构及原理

不同结构的恒定磁通磁感应式传感器的频率响应特性是有差异的，但一般频率响应范围为几十赫兹到几百赫兹，低的可到 10Hz 左右，高的可达 2kHz 左右。

三、磁电感应式位移传感器检测电路

磁电感应式位移传感器直接输出感应电动势，且传感器通常具有较高的灵敏度，所以一般不需要高增益放大器，但传感器的输出信号与速度成正比例关系，若要获取被测位移或加速度信号，则需要配用积分或微分电路，其组成框图如图 3-25 所示。

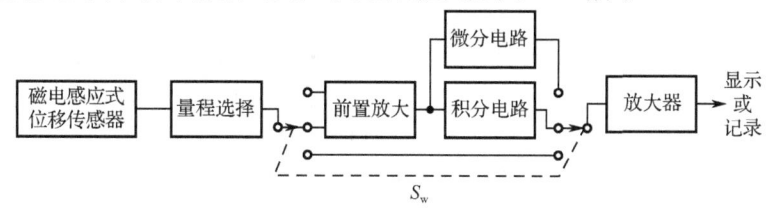

图 3-25　磁电感应式位移传感器检测电路的组成框图

任务实施

通过对变磁通式磁电感应式位移传感器的介绍可以发现，该传感器适用于因测量对象的旋转而使磁通发生周期性变化的情况，因此可作为曲轴位置传感器使用。

在汽油机上应用的一般电磁式曲轴位置传感器的结构如图 3-26 所示。传感器由信号转子和线圈组成，转子固定在分电器轴上，线圈固定在分电器壳体上。永久磁铁的磁力线经转子、线圈、托架组成封闭回路,当转子随分电器轴转动时,永久磁体和铁芯、线圈的空气间隙不断发生变化,通过线圈的磁通也不断变化,于是在线圈中便产生感应电压,并以交流的形式输出,ECU通过检测脉冲电压间隔,就可以检测出发动机曲轴的位置。

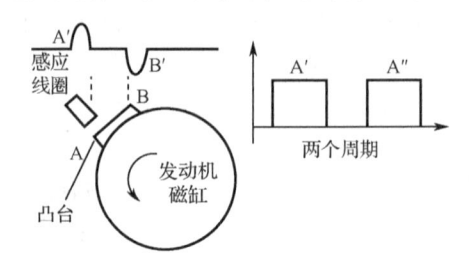

图 3-26　一般电磁式曲轴位置传感器的结构

思考与练习

1. 磁电感应式位移传感器的分类及工作原理。
2. 简述磁电感应式位移传感器检测电路的组成。

课题四　光栅式位移传感器

◆ **教学目标**

☼ 了解光栅式位移传感器的工作原理。
☼ 掌握光栅线位移传感器的安装使用方法和注意事项。
☼ 了解三坐标测量仪的使用方法。

任务提出

在机械制造、电子、汽车和航空航天等工业领域广泛应用的三坐标测量仪(见图 3-27),不仅能测量工件的尺寸,还可测量工件的形状。它可以实现零件和部件的尺寸、形状及相互位置的检测,例如箱体、导轨、涡轮、叶片、缸体凸轮、齿轮和形体等空间型面的测量。此外,其还可以用于划线、定中心孔及光刻集成线路,并对连续曲面进行扫描等。

图 3-27　三坐标测量仪

某工厂设备的齿轮破损，需要更换，为降低成本，技术部决定自行加工该配件，小李的工作任务就是利用三坐标测量仪对齿轮进行测绘。

任务分析

要用三坐标测量仪测量零件的尺寸，必须要在空间范围内给零件定位。要给零件定位就要知道它的三维坐标，即 X、Y、Z 坐标。测量仪的核心器件是光栅式位移传感器。本任务就是学习光栅式位移传感器的基本知识，并在此基础上，学习三坐标测量仪的基本使用方法。

相关知识

一、光栅式位移传感器

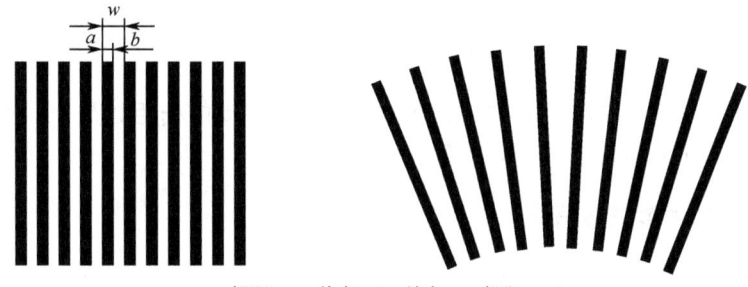

光栅式位移传感器（见图3-28）在玻璃尺或玻璃盘上类似于刻线标尺或度盘那样，进行长刻线（一般为10～12mm）的密集刻划，得到如图3-29所示的黑白相间、间隔相同的细小条纹，没有刻划的白的地方透光，刻划的黑的地方不透光，这就是光栅。

图3-28 光栅式位移传感器

w—栅距；a—线宽；b—缝宽，一般取 $a = b$

图3-29 光栅条纹

1. 莫尔条纹

将栅距相同的两块光栅的刻线面相对重叠在一起，并且使两者栅线有很小的交角，这样就可以看到在近似垂直栅线方向上出现明暗相间的条纹，称为莫尔条纹（见图3-30）。

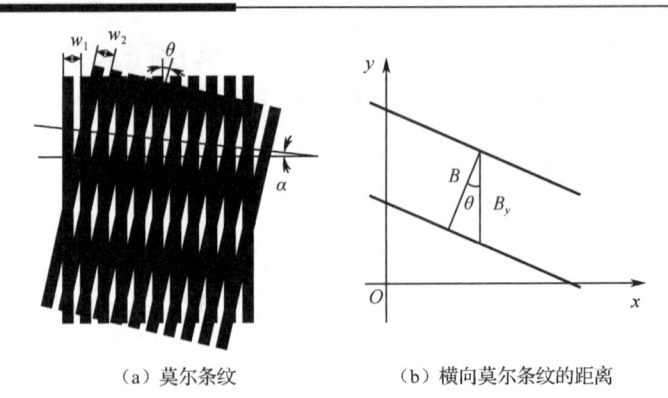

(a) 莫尔条纹　　　　　　　　（b) 横向莫尔条纹的距离

图 3-30　莫尔条纹

莫尔条纹是基于光的干涉效应产生的。当光栅副中任一光栅沿垂直于刻线的方向移动时，莫尔条纹就会沿近似垂直于光栅移动的方向运动。当光栅移动一个栅距时，莫尔条纹就移动一个条纹间隔 B；当光栅改变运动方向时，莫尔条纹也随之改变运动方向，两者具有相对应的关系。因此可以通过测量莫尔条纹的运动来判别光栅的运动。

2. 用莫尔条纹测量位移的原理

根据莫尔条纹的性质，在理想情况下，对于一固定点的光强，随着主光栅相对于指示光栅的位移 x 变化而变化的关系如图 3-31 所示。光栅副中留有间隙、光栅的衍射效应、栅线质量等因素的影响，使光电元件的输出信号近似于正弦波。主光栅移动一个栅距 w，输出信号 u 变化一个周期 2π。

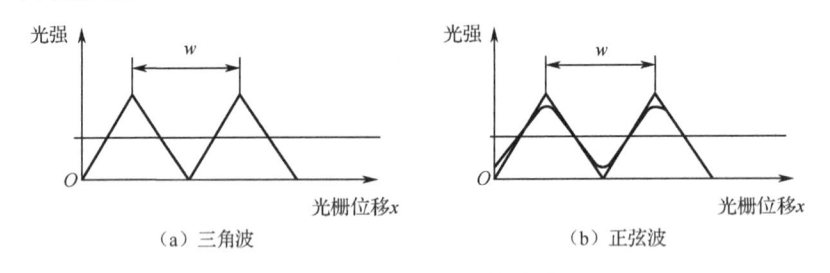

(a) 三角波　　　　　　　　　　（b) 正弦波

图 3-31　光强与位移的关系

输出信号经整形变为脉冲，脉冲数、条纹数、光栅移动的栅距数是一一对应的，因此位移量为 $x=Nw$，其中 N 为条纹数，w 是栅距。

3. 光栅式位移传感器的结构

通常光栅式位移传感器是由光源、透镜、主光栅、指示光栅和光电接收元件组成的。

（1）主光栅和指示光栅

主光栅又叫标尺光栅，是测量的基准，另一块光栅为指示光栅，两块光栅合称光栅副。

主光栅比指示光栅长。在光栅测量系统中，指示光栅固定不动，主光栅随测量工作台（或主轴）一起移动（或转动）。但在使用长光栅尺的数控机床中，主光栅往往固定在床身上不动，而指示光栅随拖板一起移动。主光栅的尺寸常由测量范围决定，指示光栅则为一小块，只要能满足测量所需的莫尔条纹数量即可。

（2）光栅副

光栅副是光栅式位移传感器的主要部分，整个测量装置的精度主要由主光栅的精度来决定。两块光栅互相重叠错开一个小角度，以便获得莫尔条纹。

（3）光电接收元件

光电接收元件将光栅副形成的莫尔条纹的明暗强弱变化转换为电量输出。

（4）光源

光源供给光栅式位移传感器工作时所需的光能。

（5）透镜

透镜将光源发出的光转换成平行光。

4. 光栅式位移传感器的使用注意事项

（1）光栅式位移传感器与数显表插头座进行连接插、拔时应关闭电源。

（2）尽可能外加保护罩，并及时清理溅落在尺上的切屑和油液，防止任何异物进入传感器壳体内部。

（3）定期检查各安装连接螺钉是否松动。

（4）为延长防尘密封条的寿命，可在密封条上均匀涂上薄层硅油，注意勿溅落在玻璃光栅刻划面上。

（5）为保证光栅式位移传感器使用的可靠性，可每隔一定时间用乙醇混合液清洗擦拭光栅表面，保持玻璃光栅表面清洁。

（6）严禁剧烈振动及摔打，以免破坏光栅，如光栅断裂，光栅式位移传感器就失效了。

（7）不要自行拆开光栅式位移传感器，更不能任意改动主光栅与指示光栅的相对间距。否则，一方面可能破坏传感器的精度；另一方面还可能造成主光栅与指示光栅的相对摩擦，损坏了铬层，也就损坏了栅线，从而造成光栅报废。

（8）应注意防止油污及水污染光栅尺面，以免破坏光栅尺线条纹分布，引起测量误差。

（9）应尽量避免在有严重腐蚀性的环境中工作，以免腐蚀光栅铬层及光栅表面，破坏光栅尺质量。

二、光栅式位移传感器的安装

光栅式位移传感器的安装比较灵活，可安装在机床的不同部位。一般将主尺（主光栅）安装在机床的工作台（滑板）上，随机床走刀而动，读数头（指示光栅）固定在床身上，尽可能使读数头安装在主尺的下方。安装时必须注意切屑、切削液及油液的溅落方向。如果由于位置限制必须采用读数头朝上的方式安装，则必须增加辅助密封装置。另外，一般情况下，读数头应尽量安装在相对机床静止的部件上，此时输出导线不移动、易固定，而主尺则应安装在相对机床运动的部件上（如滑板）。

1. 光栅式位移传感器安装基面

安装光栅式位移传感器时，不能直接将传感器安装在粗糙不平的机床身上，更不能安装在打底涂漆的机床身上。光栅主尺及读数头应分别安装在机床相对运动的两个部件上。用千分表检查机床工作台的主尺安装面与导轨运动方向的平行度。千分表固定在床身上，移动工作台，要求平行度在 0.1mm/1000mm 以内。如果不能达到这个要求，则需设计加工一件光栅主尺基座。

基座要求做到：

（1）应加一件与光栅主尺尺身长度相等的基座（最好基座长出光栅主尺 50mm 左右）。

（2）该基座通过铣、磨工序加工，保证其平面平行度在 0.1mm/1000mm 以内。

（3）需加工一件与主尺尺身基座等高的读数头基座。读数头基座与主尺尺身基座高度的总误差不得大于±0.2mm。安装时，调整读数头位置，达到读数头与光栅主尺尺身的平行度在 0.1mm/1000mm 以内，读数头与光栅主尺尺身之间的间距为 1～1.5mm。

2. 光栅式位移传感器主尺的安装

将光栅主尺用 M4 螺钉装在机床的工作台安装面上，但螺钉不要上紧，把千分表固定在床身上，移动工作台（主尺与工作台同时移动）。用千分表测量主尺平面与机床导轨运动方向的平行度，调整主尺 M4 螺钉位置，主尺平行度在 0.1mm/1000mm 以内时，把 M4 螺钉彻底上紧。

在安装光栅主尺时，应注意如下三点：

（1）在装主尺时，如安装超过 1.5m 的光栅时，不能像桥梁式只安装两端头，需在整个主尺尺身中有支撑。

（2）在有基座情况下，安装好后，最好用一个卡子卡住尺身中点（或几点）。

（3）不能安装卡子时，最好用玻璃胶粘住光栅尺身。

3. 光栅式位移传感器读数头的安装

在安装读数头时，首先应保证读数头的基面达到安装要求，再安装读数头，其安装方法与主尺相似。最后调整读数头，使读数头与光栅主尺平行度保证在 0.1mm/1000mm 之内，读数头与主尺的间隙控制在 1～1.5mm。

4. 光栅式位移传感器限位装置

光栅式位移传感器全部安装完以后，一定要在机床导轨上安装限位装置，以免机床加工产品移动时读数头冲撞到主尺两端，从而损坏光栅主尺。另外，用户在选购光栅式位移传感器时，应尽量选用超出机床加工尺寸 100mm 左右的光栅主尺，以留有余量。

5. 光栅式位移传感器的检查

光栅式位移传感器安装完毕后，可接通数显表，移动工作台，观察数显表计数是否正常。

在机床上选取一个参考位置，来回移动工作点至该位置，数显表读数应相同（或回零）。另外也可使用千分表（或百分表），将千分表与数显表同时调至零点（或记忆初始数据），往返多次后回到初始位置，观察数显表与千分表的读数是否一致。

通过以上工作，光栅式位移传感器的安装就完成了。但对于一般的机床加工环境来讲，铁屑、切削液及油污较多，因此传感器应附带加装护罩。护罩的设计是按照传感器的外形截面放大后留一定的空间尺寸确定的，护罩通常采用橡皮密封，使其具备一定的防水、防油能力。

任务实施

三坐标测量仪是一种可向三个方向移动的探测器，可在三个相互垂直的导轨上移动，此探测器以接触或非接触等方式传送信号，根据三个轴位移量经计算机计算出工件的各点坐标（X, Y, Z）。

1. 测量前准备

（1）检查空气轴承压力是否足够。
（2）安装工件。

2. 测头选择及安装

（1）将适当的测头装于 Z 轴承接器上。
（2）检视 Z 轴是否会自动滑落（如果会自动滑落则应调整红色压力平衡调整阀）。
（3）锁定各轴的适当位置。

3. 测量操作

（1）开启处理机电源。
（2）按下打印机开关。
（3）参考操作手册，选择所需功能的指令。
（4）进行测量，并读出测量值。

4. 完成后注意事项

（1）Z 轴移至原来位置后，锁定。
（2）X、Y 轴各移至中央，锁定。
（3）关电源及压力阀。
（4）取下测头。
（5）做适当的保养。

思考与练习

1. 什么是莫尔条纹？其工作原理是什么？
2. 简述光栅式位移传感器的组成及其特点。

知识链接

一、位移传感器的分类

位移传感器的种类很多，按工作原理可分为电阻式、应变式、电感式、电容式、霍尔元件、超声波式、电涡流式、计量光栅式、磁栅式以及角度编码器等（见表 3-1），每种传感器的结构特点、适用场所各不相同。

表 3-1 位移传感器的种类

型　式	位移传感器种类	型　式	位移传感器种类
电阻式		电容式	
应变式		霍尔元件	
电感式		超声波式	
计量光栅式		磁栅式	
电涡流式		角度编码器	

二、各种位移传感器的测量方法及特点

各种位移传感器的测量方法及特点见表 3-2。

表 3-2 各种位移传感器的测量方法及特点

类型		测量范围	准确度	直线性	特点
电阻式	滑线式，线位移	1~300mm	±0.1%	±0.1%	分辨率较高，可用于静态或动态测量。机械结构不牢固
	角位移	0°~360°	±0.1%	±0.1%	
	变阻器，线位移	1~1000mm	±0.5%	±0.5%	结构牢固，寿命长，但分辨率低，电噪声大
	角位移	0~60rad	±0.5%	±0.5%	
应变式	非粘贴	±0.15%应变	±0.1%	±1%	不牢固
	粘贴	±0.3%应变	±2%~3%	—	
	半导体	±0.25%应变	±2%~3%	满刻度20%	牢固，使用方便，需温度补偿和高绝缘电阻
电感式	自感式变气隙型	±0.2mm	±1%	±3%	只宜用于微小位移测量
	螺管型	1.5~2mm	—	0.15%~1%	测量范围较宽，使用方便可靠，动态性能较差
	特大型	200~300mm	—	—	
	差动变压器	±0.08~75mm	±0.5%	±0.5%	分辨率高，受到杂散磁场干扰时需屏蔽
	涡电流式	±2.5~±250mm	±1%~3%	<3%	分辨率高，受被测物体材料、形状、加工质量影响
	同步机	360°	±0.1°~±7°	±0.5%	可在 1200r/min 的转速下工作，坚固，对温度和湿度不敏感
	微动同步器	±10°	±1%	±0.05%	线性误差与变压比、测量范围有关
	旋转变压器	±60°	—	±0.1%	
电容式	变面积	0.001~100mm	±0.005%	±1%	介电常数受环境湿度、温度的影响
	变间距	0.001~10mm	±1%		分辨率很高，但测量范围很小，只能在小范围内近似保持线性
霍尔元件		±1.5mm	0.5%		结构简单，动态特性好
感应同步器	直线性	0.001~10000mm	2.5μm/250mm	—	模拟和数字混合测量系统，数字显示（直线式感应同步器的分辨率可达 1μm）
	旋转式	0°~360°	±0.5	—	
计量光栅式	长光栅	0.001~10000mm（还可接长）	3μm/1m	—	同上，长光栅分辨率为 0.1~1μm
	圆光栅	0°~360°	±0.5 角·秒	—	
磁栅式	长磁栅	0.001~10000mm	5μm/1m		测量时工作速度可达 12m/min
	圆磁栅	0°~360°	±1 角·秒		
角度编码器	非接触式	0°~360°	0.000001rad	—	分辨率、可靠性高
	接触式	0°~360°	0.00000001rad		

位移传感器的种类很多,每一种传感器都有自己的特点、测温范围及适用场所。在组建位移测量系统时,可以根据测量范围、被测对象、测量精度及结构、功能、价格等方面,选择相应的位移传感器进行检测。

三、位移传感器的选择原则

在进行测量工作时首先要解决的问题是:根据测量目标、测量对象及测量环境合理地选用位移传感器。选用位移传感器应主要考虑以下几个方面的问题:

(1)线性精密度。
(2)产品的使用寿命。
(3)重复性和耐用性。
(4)价格。
(5)具体应用时,还有一些指标需要考虑:低扭矩,抗冲击和振动性能等。

模块四 位置测量

在各类电气控制元器件中,有一类是具有位置"感知"能力的传感器——位置传感器,利用这类传感器对物体进行的测量称为位置测量。位置测量和位置传感器在机床加工、自动化生产线、工业机器人等领域有着广泛的应用,其中又以开关量输出的接近开关最为常用,起到限位、过程保护等作用。

课题一 电感式接近开关

◆ **教学目标**

☐ 了解电感式接近开关的工作原理。
☐ 了解电感式接近开关的主要技术参数。
☐ 掌握电感式接近开关的安装、使用方法。

任务提出

龙门刨床(见图4-1)是通用的机床设备,它的工作特点决定了其工作台必须经常减速、换向,做自动往复运行。这使得刨床中起限位作用的行程开关反复做碰触动作,机械可动部分易损坏,电气触点频繁烧蚀,成为机床故障频发的原因之一,对这类机床的减速换向系统进行改造势在必行。要求小李在本任务中利用开关电源、非接触式接近开关、LED小灯和试验铁块(模拟刨床的滑枕),模拟实现刨床换向系统中的位置控制功能。

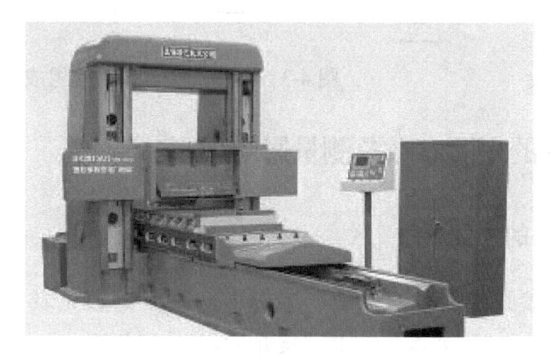

图4-1 龙门刨床

任务分析

对龙门刨床换向系统改造的关键环节是用电感式接近开关等非接触式接近开关代替原有

行程开关,解决机械磨损、触点烧蚀问题。本任务将首先学习电感式接近开关的原理、参数等基本知识,从而根据任务相关参数选择合适的电感式接近开关,并进一步学习电感式接近开关、电源和 LED 小灯的连接方法,电感式接近开关的安装方法,传感器与试验铁块距离的调整方法等,从而完成以上任务。其中电感式接近开关的安装、距离调整是实施过程中的关键点。若传感器与被测物体的相互位置调整不好,有可能会出现输出信号时有时断的现象。

相关知识

一、电感式接近开关的工作原理

接近开关是指利用接近物体的敏感特性达到控制电路通断目的的传感器,常用的有电感式、光电式、电容式、霍尔式等。电感式接近开关也称电涡流式接近开关或电感开关(见图 4-2),是利用电涡流效应工作的接近开关,常用于检测从传感器侧向水平接近或者迎面垂直接近的被测物体。

电感式接近开关的内部由振荡电路、检波电路、放大电路、整形电路,以及输出电路组成(见图 4-3)。检测用的敏感元件为检测线圈,在线圈中引入高频电流,于是在线圈工作面附近存在一个交变磁场。当金属物体靠近检测线圈时,物体中会产生电涡流,其生成的磁场反过来使得检测线圈中的电流振荡幅度减弱以至停振,用检测电路将振荡与停振两种状态转换成开关信号后输出。因此,这种传感器的输入为金属物体与检测线圈的距离,输出为相关端子间的"通""断"状态。

图 4-2 电感式接近开关

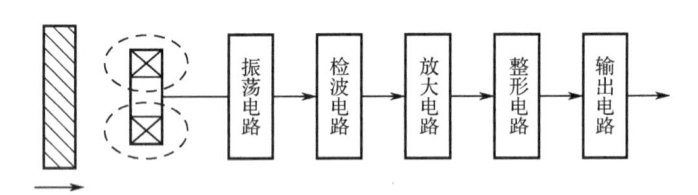

图 4-3 电感式接近开关的组成及工作原理

二、电感式接近开关的主要参数及测量影响因素

1. 电感式接近开关的主要参数

电感式接近开关的参数较多,产品说明中提供的主要参数见表 4-1。

表 4-1 电感式接近开关的主要参数

参　数	要　求	参　数	要　求
检测距离	1.5(1±20%)mm	工作电压	直流型:DC 10～30V
设定距离	0～1mm	静态电流	DC 三线式:≤2.5mA
回差值	小于检测距离的 10%	响应频率	800Hz

续表

参　数	要　求	参　数	要　求
安装形式	埋入式	电流输出	100mA
标准检测体	9mm×9mm×1mm 铁	防护等级	IP65
输出形式	直流 NPN 三线	指示灯	动作显示（红色 LED）

（1）检测（动作）距离。在规定条件下测定的接近开关的动作距离，可理解成传感器能够做出反应的最大距离。额定检测距离指接近开关检测距离的标称值。

（2）设定（工作）距离。接近开关在实际使用中被设定的安装距离范围，一般为检测距离的 80%左右。

（3）复位距离。接近开关动作后，再次复位时与被测物体的距离。

（4）响应（动作）频率。每秒钟连续进入接近开关的检测距离后又离开的被测物体个数或次数。如这项参数太低，被测物体运动较快时可能会造成漏检。

（5）回差值。也称滞差，是检测距离与复位距离之差的绝对值。

（6）标准检测体。获得上述参数时使用的检测物体的尺寸和材料。实际物体与标准物体有差异时，检测距离等参数会有不同。

（7）输出形式。常用的形式有直流二线、直流 NPN 三线、直流 PNP 三线、交流二线等。

（8）安装形式。分为埋入式和非埋入式。埋入式的接近开关在安装上为齐平式安装，非埋入式的则为非齐平式安装。

2. 影响检测距离的因素

（1）被测物体尺寸

被测物体厚度确定，物体尺寸较小时，电感式接近开关的检测距离受尺寸影响较大；当被测物体边长大于 30mm 时，检测距离基本不再受被测物体边长的影响。

（2）被测物体材料

电感式接近开关是利用电磁原理工作的，因此只对金属导电物敏感，对木块、塑料、陶瓷等非金属物体不起作用。其检测距离也因被测金属的不同而差距较大，表 4-2 以铁为参考，列出了常用金属被测物对电感式接近开关检测距离的影响情况。

表 4-2　常用金属被测物对电感式接近开关检测距离的影响情况

材　料	铁	镍铬合金	不锈钢	黄铜	铝	铜
检测距离	100%	90%	85%	30%～45%	20%～35%	15%～30%

（3）被测物体厚度

被测物体的厚度对检测距离有较大影响。对铜、铝等非磁性材料，随着被测物体厚度增大，检测距离明显减小；而对铁、镍等磁性材料，物体厚度超过 1mm 时，检测距离稳定。

（4）金属表面镀层

金属材料表面镀层对检测距离的影响如表 4-3 所示。可看出，多数情况下镀层会使电感式接近开关的检测距离缩小，因此在选用传感器时要考虑镀层的影响，在允许的情况下可以事先清除检测位置的镀层。

表 4-3 金属材料表面镀层对检测距离的影响

镀层种类	厚度/μm	检测距离变化率/%
锌（Zn）	5～15	90～120
铜（Cu）	10～20	70～95
铜（Cu）+镍（Ni）	5～10，10～20	75～95

三、电感式接近开关的使用

1. 电感式接近开关的安装

安装方式分为齐平式安装和非齐平式安装，如图 4-4 所示。埋入式接近开关头部带有屏蔽，可以采用齐平式安装，电感式接近开关表面可与被安装的金属物件形成同一表面，不易被碰坏，但灵敏度较低；非埋入式接近开关采用非齐平式安装，安装时把感应头露出一定高度，以使得检测距离较长。一般可以采用齐平式安装的接近开关也可以采用非齐平式安装，但采用非齐平式安装的接近开关不能采用齐平式安装。

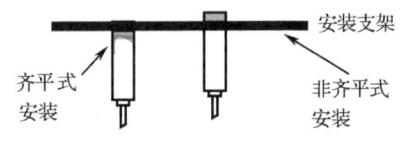

图 4-4 电感式接近开关的安装方式

需要长期运行时，多采用支架（或安装板）安装，短期检测使用时也可用磁性表座安装，并吸附在机座上。

2. 输出部分结构

工业自动化行业中使用的各类接近开关，大量采用直流三线式的输出形式。其输出部分在结构上广泛采用 OC 门（Open Collector Door，集电极开路门）的方式，根据采用的三极管不同又有 PNP 和 NPN 之分（见图 4-5）。下面以 NPN、常开型接近开关为例说明其结构和工作过程。

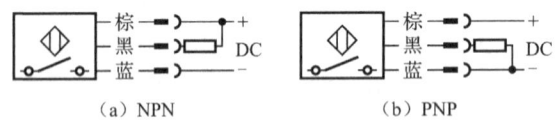

(a) NPN　　　　(b) PNP

图 4-5 直流三线式电感式接近开关输出形式

如图 4-6 所示为三线式电感式接近开关输出部分框图，接近开关输出端 U_o 连接 OC 门的基极，OC 门的集电极连接到 OUT 端，发射极连接到 GND 端。被测物体未靠近接近开关时，$I_b = 0$，OC 门截止，OUT 端为高阻态；当被测物体靠近到检测距离范围内时，OC 门的 OUT 端对地导通，该端口对地为低电平。通常接近开关在 V_{CC} 和 OUT 端之间内部连接有电阻和发光二极管，OC 门导通时二极管亮，否则熄灭。据此可以判断是否有物体靠近接近开关。

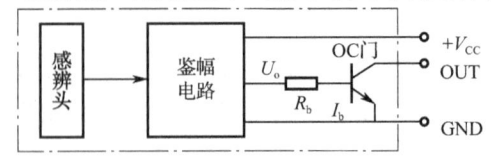

图 4-6 三线式电感式接近开关输出部分框图

3. 接近开关与负载的连接

采用直流三线式时，通常棕色引线为电源正极、蓝色为接地（电源负极）、黑色为输出端，有常开、常闭之分。接近开关与负载的典型连接方式如下。

（1）接近开关与继电器等电器连接

如图4-7（a）所示为接近开关与中间继电器连接。中间继电器 KA 跨接在 V_{CC} 和 OUT 端之间，作为控制电路的负载，且并联续流二极管 VD。接近开关动作后，OC 门导通，KA 线圈得电，触点动作并控制其他回路工作；接近开关复位，KA 产生的瞬间高压形成的电流经续流二极管中和，不会使 OC 门击穿。

（2）接近开关与 PLC 连接

如图4-7（b）所示为接近开关与日系 PLC（Programmable Logic Controller，可编程逻辑控制器）（如三菱、欧姆龙等）连接。OUT、GND 端分别与 PLC 输入端和对应的 COM 端连接，V_{CC} 连 PLC 的+24V 输出端或外接电源。与欧美系（如西门子）的 PLC 共用时多采用 PNP 型的接近开关。

（a）接近开关与中间继电器连接　　　　（b）接近开关与日系PLC连接

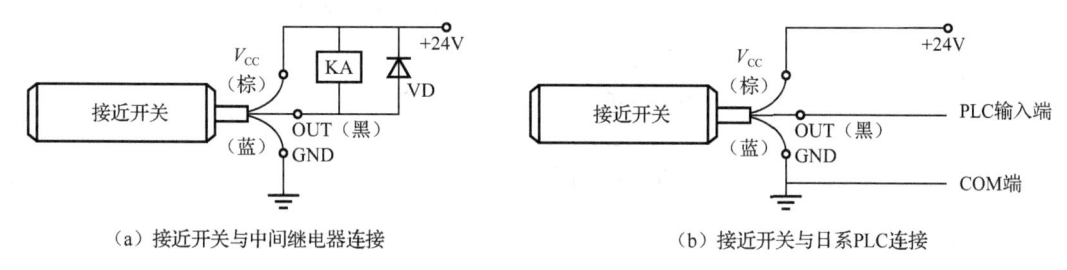

图 4-7　直流三线式电感式接近开关与负载的连接

4. 使用要求

（1）不要将电感式接近开关置于强磁场环境下使用，以免造成误动作。

（2）为了保证不损坏接近开关，在接通电源前注意检查接线是否正确，核定电压是否为额定值。

（3）为了使接近开关长期稳定工作，要进行定期维护，维护内容包括被测物体和接近开关的安装位置是否有移动或松动、接线和连接部位是否接触不良、接近开关表面是否有金属粉尘黏附等。

（4）直流二线式电感式接近开关受工作条件的限制，导通时开关本身产生一定压降，截止时又有一定的剩余电流流过。在要求较高的场合下，可改用直流三线式。

（5）直流型接近开关使用电感性负载（如前文所述的继电器线圈）时，要在负载两端并接续流二极管。

任务实施

一、电路分析

本任务的目的和过程较为简单，是利用电感式接近开关、试验铁块模拟实现刨床换向系统中的位置控制功能。接近开关固定在试验铁块运行的轨迹中某处，由+24V开关电源供电，用LED数码管显示铁块靠近接近开关的状态。各部分的连接电路如图4-8所示。

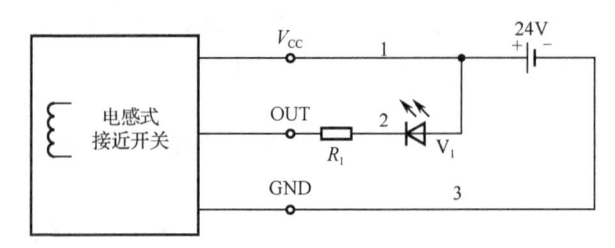

图 4-8　电感式接近开关试验的连接电路

（1）电感式接近开关

选择接近开关主要考虑检测距离、供电电源、输出形式等电气参数和安装条件、成本、使用环境等，要求检测距离 $d \leq l/1.5$，l 为物体尺寸。试验铁块尺寸为 30mm×50mm×20mm，从技术上选择任意电感式接近开关都可以；电路设计上要求为 24V 直流 NPN 三线常开型输出；成本上要求价格低。因此选择了直径较小的 LC1.5-1K 型电感式接近开关（见图4-9）。检测距离为 1.5mm，尺寸为 M8×35mm。

图 4-9　LC1.5-1K 型电感式接近开关

（2）LED 小灯

选择超高亮白色 LED 小灯，需要的电压一般在 3V 左右，电流为 8～15mA。

（3）限流电阻

$$R = \frac{V_{CC} - U_v - V_{ces}}{I} = \frac{24 - 3 - 0.3}{I}\Omega \approx (1.4{\sim}2.6)\text{k}\Omega$$

式中，V_{ces} 为接近开关 OUT 和 GND 端的导通压降，为 0.3V 左右；U_v 为二极管 V_1 两端电压；I 为支路 2 中的电流；V_{CC} 为电源电压。选择 $R=2\text{k}\Omega$。

二、试验过程

（1）将接近开关安装在铝合金制作的支架（或安装板）上，支架上钻 M8.5 的孔，将直径为 M8 的接近开关放入，设置接近开关与试验铁块的距离在 1mm 左右，用螺母在两端预锁紧。

（2）按图4-8所示进行电路连接，用万用表采用电阻法检查接线的可靠性。

（3）通电后，将试验铁块从侧面缓慢靠近接近开关，通过进入检测距离、离开检测距离范围的全过程，观察接近开关端部红色小灯及电路中 LED 小灯的变化情况。

（4）如果该过程中两灯均出现"灭→亮→灭"的现象，则说明电路连接正确。重复步骤（3）的过程，体会接近开关在电路中的作用：如果两灯均不亮，可将试验铁块放到接近开关的正对面，把锁紧螺母松开，调整两者的距离，直到灯亮为止；如果接近开关红色小灯有变化，而电路中的 LED 小灯无变化，则说明支路 2 有问题。

（5）结论：电感式接近开关可以对金属导电物的运动位置进行检测，起到刨床换向系统中行程开关的作用。

三、电感开关在龙门刨床换向系统中的使用

龙门刨床换向系统改造中接近开关的使用可采取表 4-4 所示的几种方案。实施较多的方案 4 采用 4 个三线式电感式接近开关代替原有行程开关，起到前减速、前换向、后减速、后换向的作用。保留前、后保护行程开关，起到限位保护作用，但使用不频繁。

表 4-4 龙门刨床换向系统改造中接近开关的使用方案

方案序号	接近开关功能	特 点
1	○ 换向	1. 安装比较容易 2. 占用输入点少，但 PLC 程序编制较复杂 3. 利用编码器和 PLC 高速计数功能可实现减速等功能，但 PLC 程序编制更复杂 4. 较大型刨床换向冲击较大 5. 适用于皮带刨床及轻型刨床改造
2	○　　　○ 前换向　后换向	1. 安装比较容易 2. 占用输入点少，但 PLC 程序编制较复杂 3. 若实现减速或慢速切入功能，PLC 程序复杂程序加大 4. 可靠性高、操作方便，成本较低 5. 适用于皮带刨床及轻型刨床改造
3	○　　○　　○ 前减速　换向　后减速	1. 安装比较容易 2. 占用输入点较少，PLC 程序编制较简单 3. 减速、换向位置较直观，用户接受程度较高 4. 可靠性高、操作方便，成本较高 5. 适用于所有标准龙门刨床
4	○　　○　　○　　○ 前减速 后换向 前换向 后减速	1. 安装较复杂 2. 占用 PLC 输入点较多，程序编制较简单 3. 减速、换向位置直观，用户接受程度高 4. 可靠性高、现场操作方便，改造成本高 5. 适用于所有标准龙门刨床，特别是大型刨床

知识链接

一、常用接近开关类型

（1）自感式、差动变压器式。只对导磁物体起作用。

（2）电涡流式（俗称电感式接近开关）。只对导电良好的金属起作用。

（3）电容式。对接地的金属或地电位的导电物体起作用，对非地电位的导电物体灵敏度较低。

（4）光电式（俗称光电开关）。有多种形式，可对光线传播条件较好的各类物体起作用。

（5）干簧管磁性开关（也称干簧管）。只对磁性较强的物体起作用。
（6）霍尔式。只对磁性物体起作用。

许多非接触式的传感器均能用作接近开关，如微波、超声波传感器等。因其检测距离较大，可达数米甚至数十米，常归入电子开关类型。

二、接近开关的特点及结构形式

与传统的机械开关相比，接近开关具有如下特点：
（1）非接触检测，不影响被测物的运行工况。
（2）无触点、无电火花、无噪声，不产生机械磨损和疲劳损伤。
（3）响应快，动作频率高，响应时间可达几毫秒或十几毫秒。
（4）采用全密封结构，防潮、防尘性能较好，工作可靠性强。
（5）输出信号较大，易于与计算机或PLC等连接。
（6）体积小，安装、调整方便。
（7）触点容量较小，输出短路时易烧毁。

接近开关有多种不同的结构形式。如图4-10（a）所示的形式便于调整与被测物的间距，多用于位置检测；如图4-10（b）、图4-10（c）所示的形式可用于板材的检测；如图4-10（d）、图4-10（e）所示的形式常用于线材的检测。

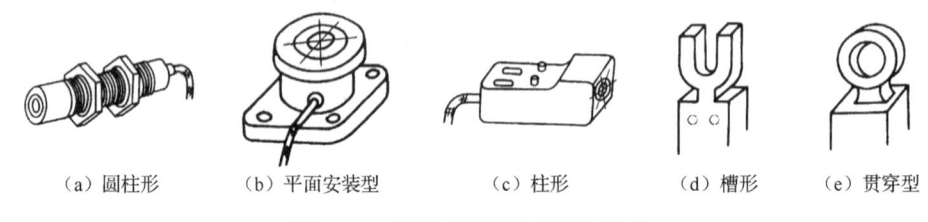

（a）圆柱形　　（b）平面安装型　　（c）柱形　　（d）槽形　　（e）贯穿型

图4-10　接近开关的几种结构形式

思考与练习

1. 试说明常用的开关型位置检测开关类型及应用场合。
2. 试利用图4-3解释电感式接近开关的工作过程。
3. 说明表4-1中电感式接近开关工作参数的含义。
4. 电感式接近开关如何与三菱FX_{2N}类型的PLC连接？画出接线图。

课题二　光　电　开　关

◆ **教学目标**

☐ 了解光电开关的工作原理。
☐ 了解光电开关的主要技术参数。
☐ 掌握光电开关的安装、使用方法。

任务提出

啤酒厂为及时掌握酒瓶的破碎率、日产量等指标，常常需要在灌装生产线的多个环节安装计数器（见图4-11），当酒瓶通过计数器时，会被计数器检测到，显示的酒瓶个数自动加1。常用的计数方式之一是采用光电式接近开关（光电开关），即利用发射光束和接收光束确定传送带上是否有酒瓶通过，记录数量。为了掌握这种计数方式，小李在本任务中的工作是利用开关电源、光电开关、LED小灯设计一个模拟试验，检验光电开关对透明瓶装物体的检测效果，并研究光电开关在啤酒生产线计数中的使用方法。

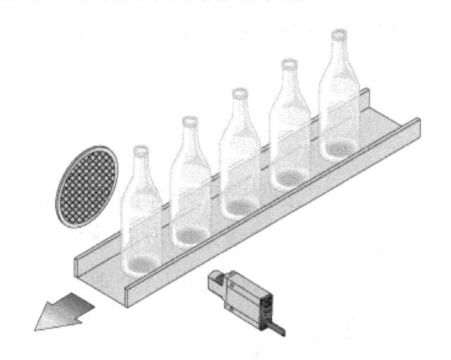

图4-11　啤酒灌装生产线上的计数器

任务分析

本任务的核心元器件是光电开关，和上一课题中所学电感式接近开关相比，在使用上有相似之处，但工作原理和相关参数有所不同。本任务将首先学习光电开关的原理、参数等基础知识，从而为任务所用电气元器件的选型提供依据，进而完成试验电路（尤其是光电开关的输出电路）的设计、光电开关的安装调试等任务，并分析光电开关在啤酒生产线计数中的使用要求。

相关知识

一、光电开关的工作原理

光电式接近开关，俗称光电开关（见图4-12），是能够将光束发射器和接收器之间光的强弱变化转化为电流变化，以达到探测目的的传感器。

光电开关由发射器、接收器和检测电路三部分组成。各类光电开关从原理上看，都是在发射器中用光电元件（发光二极管或激光二极管）将输入电流转换为光信号射出，利用被测物体对光束的遮挡或反射，由接收器中的光敏元件（光敏二极管或光敏三极管）根据接收到的光线强弱或有无对目标物体进行探测。多数光电开关选用的传播光线是波长接近可见光的近红外和红外线光波。

图4-12　光电开关

光电开关能够检测的物体不限于金属,适用于具有良好光线传播环境的所有物体;同时光电开关的输出回路和输入回路在电气上隔离,因此它在许多场合下都得到广泛应用。

二、光电开关的分类

根据检测方式的不同,光电开关可分为:

1. 漫反射式光电开关

漫反射式光电开关是一种集发射器和接收器于一体的传感器,其检测示意图如图4-13所示。当有被测物体经过时,将光电开关发射器发射的足够量的光线反射到接收器,于是光电开关就产生了开关信号。当被测物体表面光亮或其反射率较高时,漫反射式光电开关是首选的检测元器件。

2. 镜反射式光电开关

镜反射式光电开关也是集发射器与接收器于一体的传感器,其检测示意图如图4-14所示。光电开关发射器发出光线,在发射器与反射镜之间没有物体时,光线经过反射镜反射回接收器;当被测物体经过且完全阻断光线时,接收器接收不到光线,就会产生开关量的变化。

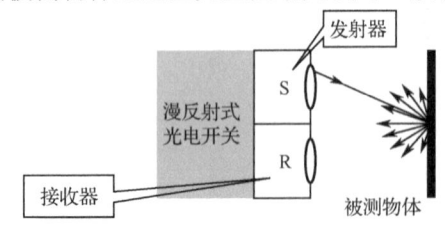

图4-13 漫反射式光电开关检测示意图 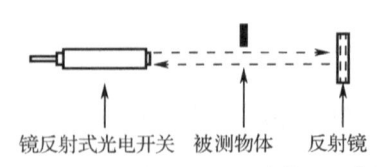　　图4-14 镜反射式光电开关检测示意图

在对表面光亮的物体进行检测时,另有一种偏振反射式光电开关,可以减少玻璃反射造成的错误响应。

3. 对射式光电开关

对射式光电开关(也称遮挡式光电开关),包含在结构上相互分离且光轴相对放置的发射器和接收器。如图4-15所示,发射器与接收器间没有物体遮挡时,发射器发出的光线直接进入接收器;当被测物体经过发射器和接收器之间且阻断光线时,光电开关就产生了开关信号。当被测物体不透明、距离较远时,多采用对射式光电开关,但这种装置消耗高,发射和接收单元都需要敷设电缆。

4. 槽式光电开关

槽式光电开关通常是标准的U形结构,其检测示意图如图4-16所示。发射器和接收器分别位于U形槽的两边,并形成一光轴,当被测物体经过U形槽且阻断光轴时,光电开关就产生了开关信号。槽式光电开关适合检测高速运动的物体和分辨透明与半透明物体。

5. 光纤式光电开关

光纤式光电开关采用塑料或玻璃光纤传感器来引导光线,以实现被测物体不在相近区域时的检测,其检测示意图如图4-17所示。通常光纤传感器也分为对射式和漫反射式。

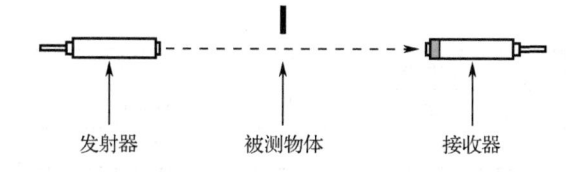

图 4-15 对射式光电开关检测示意图

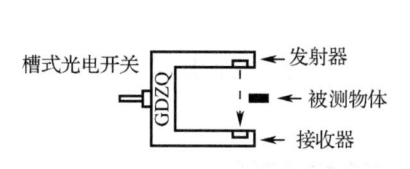

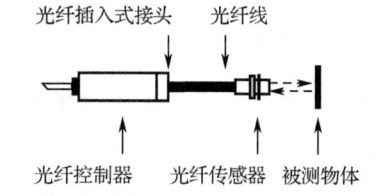

图 4-16 槽式光电开关检测示意图　　　图 4-17 光纤式光电开关检测示意图

除此以外，光电开关还有其他多种传感模式和输出方式，选型时主要从检测对象和工作环境两方面来选择采用何种传感模式最合适。

三、光电开关的参数

与电感式接近开关类似，光电式接近开关的技术指标也主要由以下参数构成：

（1）检测距离。被测物体按一定方式移动使得接近开关动作时，从光电开关的感应表面到被测面的空间距离。

（2）复位距离。接近开关动作后，再次复位时与被测物体的距离。

（3）回差距离。动作距离与复位距离之差的绝对值。

（4）响应频率。在规定的 1s 时间间隔内，允许光电开关动作循环的次数。

（5）输出状态。分常开和常闭两种。当无检测物体时，常开型光电开关所接通的负载，由于光电开关内部的输出三极管截止而不工作；当检测到物体时，三极管导通，负载得电。

（6）检测方式。可分为漫反射式、镜反射式、对射式等。

（7）输出形式。有直流 NPN 二线、NPN 三线、NPN 四线、PNP 二线、PNP 三线、PNP 四线、交流二线、交流五线（自带继电器）等常用的输出形式。

（8）表面反射率。表示光电开关发射的光线被待测物表面反射回来的比率，对于漫反射式光电开关，检测距离和物体的表面反射率决定了光电开关能否感受到物体的变化。表面反射率与物体材料、表面粗糙度等有关，常用材料的表面反射率如表 4-5 所示。

表 4-5 常用材料的表面反射率

材　料	表面反射率	材　料	表面反射率
白画纸	90%	不透明黑色塑料	14%
报纸	55%	黑色橡胶	4%
餐巾纸	47%	黑色布料	3%
包装箱硬纸板	68%	未抛光的白色金属表面	130%
洁净松木	70%	有光泽、浅色的金属表面	150%
干净粗木板	20%	不锈钢	200%
透明塑料杯	40%	木塞	35%

续表

材　料	表面反射率	材　料	表面反射率
半透明塑料瓶	62%	啤酒泡沫	70%
不透明白色塑料	87%	人的手掌心	75%

（9）环境特性。光电开关应用的环境也是影响其长期可靠工作的重要条件。

四、光电开关的安装

光电开关的安装方式如图 4-18 所示。图中 S_n 为光电开关的额定检测距离，d 为光电开关检测面直径。

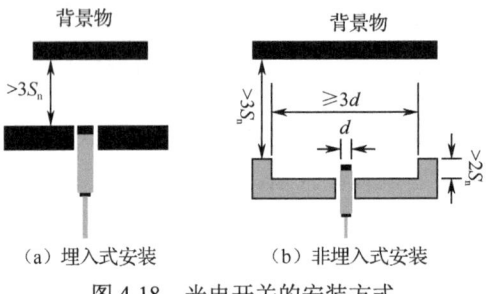

(a) 埋入式安装　　(b) 非埋入式安装

图 4-18　光电开关的安装方式

五、光电开关使用注意事项

（1）采用反射式光电开关时，被测物体的表面和大小对检测距离和动作区有影响。

（2）检测微小物体时，检测距离要比检测较大物体时短一些。

（3）被测物体表面的反射率越大，检测距离越长。

（4）采用反射式光电开关时，最小检测物体的大小由透镜的直径决定。

（5）防止相互干扰的方法有：

① 发射器、接收器相互交叉安装。

② 反射式光电开关并列使用时，需维持相互间隔在检测距离的 1.4 倍以上。

③ 对射式光电开关并列使用时，需维持相互间隔在检测距离的 40%以上。

（6）高压线、动力线与光电开关的配线在同一配管中，或用线槽进行配线，会使光电开关有感应，有时造成误动作，因此一般要求另行配线和使用单管配管。

（7）不要在灰尘较多的场所，腐蚀性气体较多的场所，水、油、药剂直接溅散的场所，室外太阳下有强光直射的场所使用光电开关。

（8）检查安装是否稳固，是否存在因振动、冲击等产生的松动或偏斜。

任务实施

一、试验设计

1. 电路设计

用与前面类似的方法，选用直流 NPN 三线常开型光电开关，配合 24V 电源和 LED 小灯，组建试验电路如图 4-19 所示。

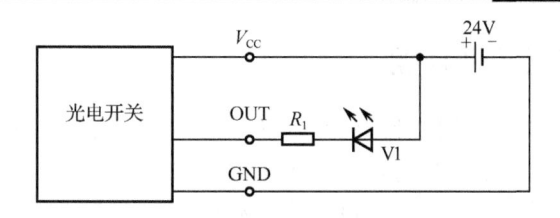

图 4-19 光电开关试验电路

2. 光电开关选型

光电开关的检测模式丰富，在检测玻璃等表面光亮的物体时，可选用偏振反射式光电开关。如图 4-20 所示，该类光电开关有两个偏振镜头，分别安装在发射器和接收器镜头前面。发射光经发射器偏振镜头偏振后，变成垂直振动的光波，经带几何棱镜的反射镜反射（去偏振）后，变为水平振动的光波，通过接收器的水平偏振镜头被接收器接收。本任务中选择 BR85-BP-ST7X/E 型光电开关，配 BRT-3 型反射镜。该光电开关具有 ABS 外壳、DC 10~48V 供电、双极性 NPN 输出。

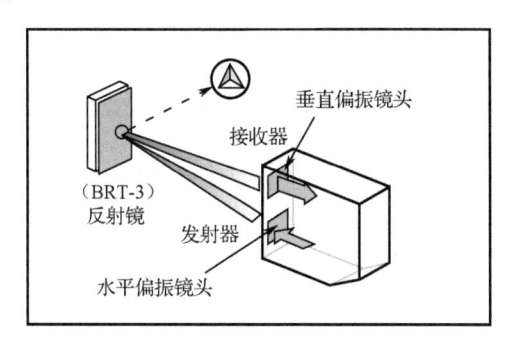

图 4-20 偏振反射式光电开关示意图

二、光电开关的安装和调试

反射式光电开关在使用中最重要的是进行合理的安装、调试，保证发射器发射的光束经过反射镜反射后能够被接收器接收到，引起光电开关内部的触发器动作；同时，在光电开关和反射镜之间有物体时，又要避免由物体反射回强束束。装调步骤如下：

（1）通过支架将光电开关与反射镜分别固定在微型传送带的两侧。

（2）按照图 4-19 所示进行电路连接。

（3）用万用表检查各接线端子连接是否正确、可靠，确认正确后通电。

（4）在光电开关和反射镜间进行对光，调整两者间的距离和角度，保证中间没有物体时光电开关的尾部红色 LED 灯和电路中高亮 LED 灯发光。

（5）在两者中间放一个小玻璃瓶，观察放入前后 LED 灯的变化，如果仍然发光则需要再调整光电开关的位置和角度（一般将光电开关相对检测面倾斜 5°～15°安装）。调节光电开关端盖下的调节旋钮改变传感器的灵敏度整定值；调节传感器端盖下的拨码开关选择暗态输出方式。

（6）调整好后可以实现生产线计数需要的每通过一个酒瓶、光电开关动作一次的目的。

三、用光电开关进行生产线计数

用光电开关进行啤酒瓶生产线计数的示意图如图 4-21 所示。酒瓶在传送带上运行时，不断遮挡光路，产生一个个电脉冲信号，用计数电路和控制器检测、计数和显示出来的即为产品的数量。目前多采用以单片机为控制核心的计数装置。

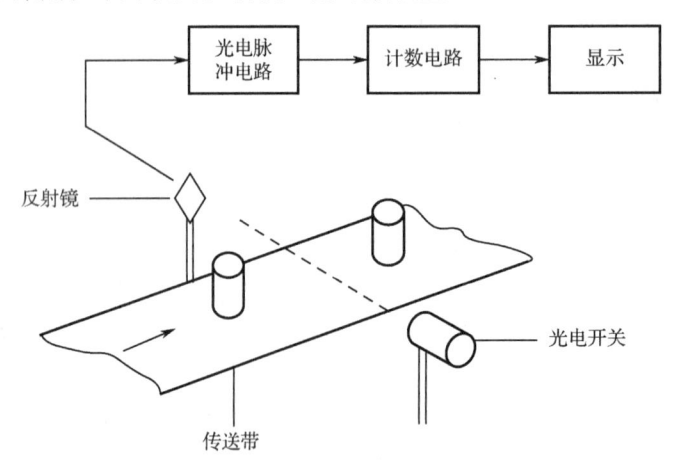

图 4-21 用光电开关进行啤酒瓶生产线计数的示意图

为避免传送带在运行中抖动产生两个以上的计数脉冲，可以在比较器电路中加入具有"史密特"特性的滞差电压比较器，使得光电开关动作后只产生一个计数脉冲，微小的干扰无法使其复位。也可以在同一平面内布置两只光电开关，两只开关均动作时，才使计数器内部标志位置 1，以保证准确计数。

思考与练习

1. 简述光电式接近开关的主要类型及工作过程。
2. 漫反射式光电开关为什么可以用来辨别蓝色和黑色的工件？辨别过程与光电开关和被测物体的检测距离有没有关系？
3. 偏振反射式光电开关与普通镜反射式光电开关有何区别？
4. 小李想用漫反射式光电开关、51 单片机、七段数码管、按键开关等，设计一个简单的生产线计数器，请帮助他设计方案框图。

课题三　电容式接近开关

◆ 教学目标

☐ 了解电容式接近开关的工作原理。
☐ 了解电容式接近开关的主要技术特性。
☐ 掌握电容式接近开关与 PLC 共用时的线路连接。

任务提出

工业生产中，常需要根据物料的材料、颜色、形状等进行归类，物料分拣自动化生产线就是完成这些任务的自动化设备。如图 4-22 所示，某物料分拣自动化生产线运行时，供料盘振动使物料下滑到位置 A，由机械手送至位置 B。传送带运行，将物料输送到位置 C。该处的电感式接近开关检测到物料为金属，则由推出气缸推下斜槽；若检测不到物体（材质为塑料等非金属），则继续向前传送，由位置 D 处的电容式接近开关进行检测，并控制推出气缸将物体推下斜槽。电容式接近开关在物料分拣控制中起到检测非金属物体的作用。现要求小李利用一套小型模拟物料分拣装置，选择合适的电容式接近开关，安装、连接电路和调试传感器，实现前面所述的分拣结果。

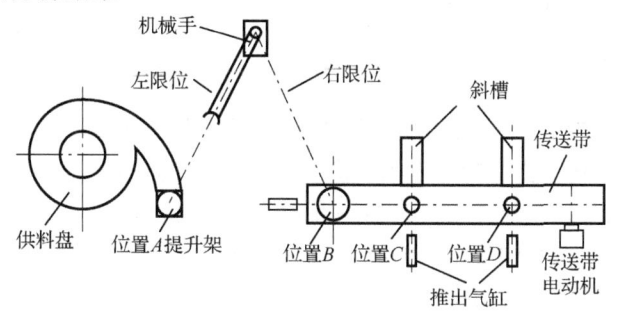

图 4-22 物料分拣自动化生产线

任务分析

本任务中三个位置的传感器都起到位置检测作用，都可以在物体到达传感器附近时，使电路发生变化，但是三个传感器敏感的物体材质或颜色不同。因此完成本任务的关键环节是熟悉电容式接近开关的工作参数和影响参数的因素；会在分拣装置中用合适的机械机构安装传感器；掌握电容式接近开关与 PLC 控制器的电气连接方法；合理调整传感器的设定距离，保证检测效果。

相关知识

一、电容式接近开关工作原理及结构

1. 工作原理

如图 4-23 所示，电容式接近开关是以单个极板为检测端的静电电容式传感器。它由振荡电路、检波电路、放大电路、整形电路及输出电路组成（见图 4-24）。

平时检测电极与大地之间存在一定的电容量，成为振荡电路的组成部分。当被测物体靠近检测电极时，被测物体会被极化。被测物体越靠近检测电极，检测电极上的电荷就越多，随着电荷增多，检测电极的静电电容 C 增大，从而使振荡电路的振荡减弱，甚至停振。振荡电路的振荡与停振的状态通过检测电路转换为开关信号后向外部输出。

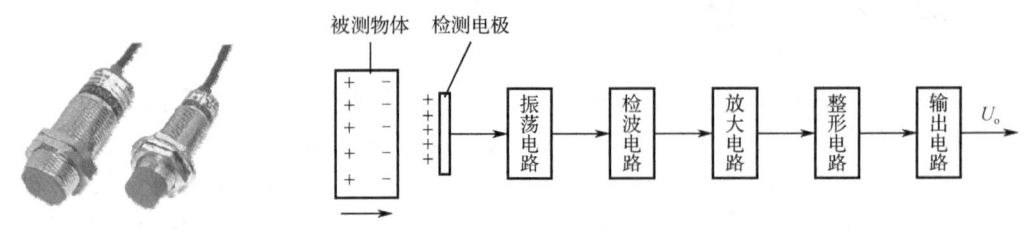

图 4-23 电容式接近开关

图 4-24 电容式接近开关结构框图

从上述工作原理中可以看出：与其他开关型位置传感器类似，电容式接近开关的输入是检测电极与被测物体之间的距离，输出是开关信号；电容式接近开关对金属和非金属被测物体都可以起作用，因此其检测范围较广。

2. **典型结构**

电容式接近开关的形状及结构随用途的不同而不同。圆柱形电容式接近开关结构示意图如图 4-25 所示，其主要由检测电极、检测电路、引线及外壳等组成。检测电极设置在传感器最前端，检测电路装在外壳内并由树脂灌封。在传感器内部还设有灵敏度调节电位器，当被测物体和电极之间有灵敏度不高的物体时，可通过调节电位器来调整工作距离。电路中还装有工作指示灯，当传感器动作时，该指示灯点亮。

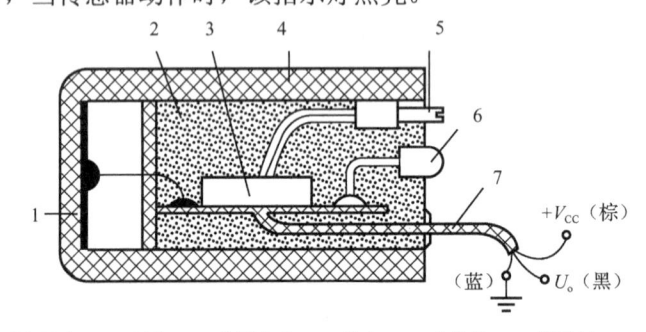

1—检测电极；2—树脂；3—检测电路；4—外壳；5—电位器；6—指示灯；7—引线

图 4-25 圆柱形电容式接近开关结构示意图

二、电容式接近开关的特性

1. **电容变化与工作距离的关系**

通过试验发现，当实际工作距离超过数毫米时，电容式接近开关检测电极的电容变化急剧下降，要求选型和安装时一定要注意传感器的额定检测距离及其影响因素。

2. **检测距离与被测物体的关系**

电容式接近开关的检测距离与被测物体的材质、尺寸、吸水率等有很大关系。当被测物体是接地金属时，振荡电路很容易停振，灵敏度最高，检测距离最大；当被测物体为玻璃、塑料等绝缘体时，依靠极化原理来使振荡电路停振，灵敏度较低，检测距离需要乘以修正系数（见图 4-26）。也可以利用灵敏度调节电位器，适当提高灵敏度以增大检测距离。

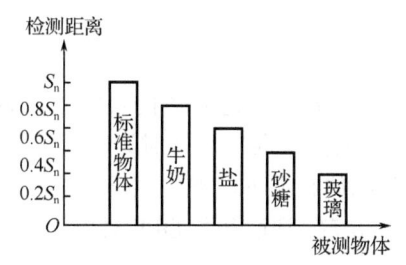

图 4-26 电容式接近开关不同被测物体的修正系数

3. 动作频率

电容式接近开关有直流型和交流型。直流型接近开关的动作频率一般为 100～200Hz，而交流型接近开关的动作频率为 10～20Hz。

4. 技术参数/指标

电容式接近开关的结构和工作特性决定了其技术参数，主要参数与其他接近开关相同，包括工作电压、安装方式、外形尺寸、检测距离、输出类型、输出状态、输出电压、输出电流等。

三、电容式接近开关的安装

1. 安装距离要求

电容式接近开关的安装要求如图 4-27 所示，各部分尺寸标注的含义如表 4-6 所示。

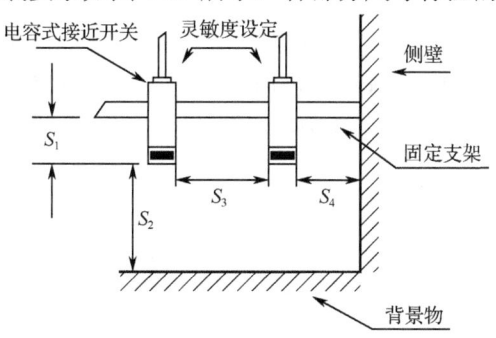

图 4-27 电容式接近开关的安装要求

表 4-6 电容式接近开关安装中的尺寸标注的含义

标　号	安装距离	说　明
S_1	$\geq S_n$	检测面与支架的间距
S_2	$\geq 3S_n$	检测面与背景物的间距
S_3	$\geq 5S_n$	多传感器并列安装的间距
S_4	$\geq 3S_n$	检测面与侧壁的间距

其中 S_n 为电容式接近开关的额定检测距离。高防水等级的产品均不具备灵敏度调节功能，其检测距离为标准值的 1/2 或 1/3。

2. 灵敏度调整

安装过程中可根据需要调整电容式接近开关的灵敏度，以适合不同被测物体。电位器向右旋转时，灵敏度和检测距离增大，向左旋转时则变小，如图 4-28（a）所示。调节过程如图 4-28（b）所示，在无被测物体状态下，把电位器慢慢向右旋转，到达开关 ON 时停止，然后在被测物体接近时慢慢向左旋转，到达开关 OFF 时停止，将电位器调至 ON 和 OFF 中间，调整完毕。

（a）调节方法　　　　　　　　　　（b）调节过程

图 4-28　电容式接近开关灵敏度调节

四、电容式接近开关使用中注意的问题

1. 检测对象

当被测物体为金属时，可优先选择电感式接近开关；当被测物体为玻璃、塑料、陶瓷等非金属时，电容式接近开关得到更多使用；当检测对象为高介电常数的物体时，检测距离会明显减小，即使调整灵敏度也往往起不到效果。

2. 外部干扰

电容式接近开关的工作原理决定其易受周围环境的干扰。在使用过程中要注意周围金属物体和含水绝缘物的影响；注意高频电场的干扰，多只电容式接近开关共用时相互间不能靠得太近；不要将接近开关置于强直流磁场环境下使用，以免造成误动作。

3. 输出模式

与大多数接近开关一样，电容式接近开关也具有多种输出模式。交流二线式电容式接近开关使用电感性负载（如灯、电动机等）时，瞬态冲击电流大，可利用交流继电器的触点转换拖动；直流二线式电容式接近开关使用中会有一定的电流泄漏，要求较高时可采用三线式。

4. 维护保养

电容式接近开关受潮湿、灰尘等因素的影响比较大，要做好定期的维护，包括检查安装是否松动、接线和连接部位是否接触不良、检测面是否有粉尘黏附等。

任务实施

一、传感器的选型

前面介绍过，本任务中的物料分拣自动化生产线在位置 C 处使用了电感式接近开关分拣导电金属物体,在位置 D 处就可以采用电容式接近开关分拣非金属物体。根据检测距离、工作电压等参数选择了 CLF5-1K 圆柱形电容式接近开关,尺寸为 M18×60mm,塑料外壳,直流三线 NPN 常开型。其主要工作参数如表 4-7 所示。

表 4-7 电容式接近开关主要工作参数

参　数	要　求	参　数	要　求
安装形式	埋入式	工作电压	直流型:DC 10～30V
检测距离	5(1±20%)mm	静态电流	DC 三线式:≤2.5mA
设定距离	0～4.0mm	响应频率	50Hz
回差值	小于检测距离的 20%	电流输出	300mA
标准检测体	25mm×25mm×1mm 铁	防护等级	IP65
残留电压	DC 三线式:≤DC 1.5V;AC 二线式:≤AC 8V		

二、传感器的安装

利用直角型支架将电容式接近开关安装在传送带侧面,旋转传感器锁紧螺母,调整其与待测物体间的距离。使用中可根据材质调节开关后部的多圈电位器,选择合适的感应灵敏度。

三、线路连接

如图 4-29 所示,该生产线采用三菱 FX$_{2N}$ 系列 PLC 作为控制器,NPN 接近开关与 PLC 接线时采用共阴极的方式,即将棕色线接到+24V 电源或 PLC 的+24V 输出,黑色线接到分配的 PLC 端口 X1 上,蓝色线接 PLC 输入侧 COM 端,也可以根据设计要求接到与 PLC 相连的接线端子板上。

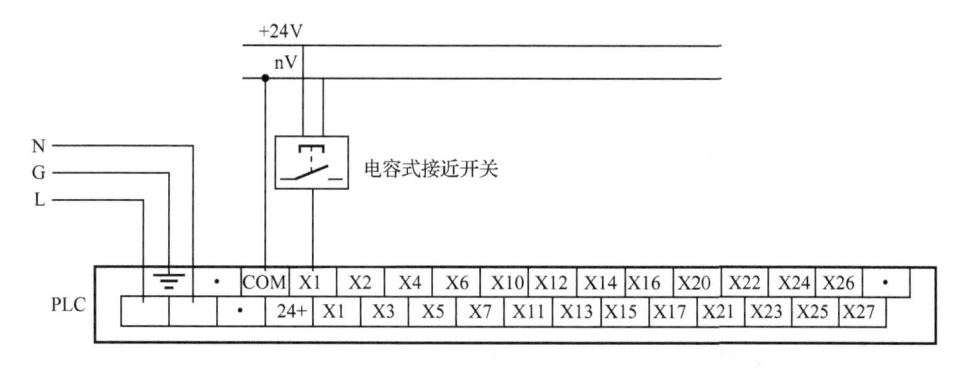

图 4-29 PLC 接线图

四、调试运行

静态调试:将一个塑料工件放到物料分拣自动化生产线电容式接近开关前面,观察接近开关尾部工作指示灯和 PLC 输入侧 LED 指示灯的状态,调整传感器的锁紧螺母,保证两灯均亮。

联机调试:连接好其他电气回路,进行软、硬件的调试。用传送带将被测工件从侧面输送到接近开关前面,观察两指示灯的状态,保证物体到来时有开关信号输送给 PLC。

思考与练习

1. 选用位置传感器时如何区别电容式接近开关和电感式接近开关？两者各有何优缺点？
2. 电容式接近开关在检测铁块和玻璃块时的检测距离一样吗？产品说明书上的检测距离是以什么作为标准物体的？被测物体与标准件材质不同时怎么办？
3. 电容式接近开关对外部环境干扰敏感吗？如何减少干扰造成的影响？
4. 电容式接近开关在物料分拣自动化生产线中起什么作用？试利用电感式接近开关、电容式接近开关、三菱PLC、直流电动机，设计一个简单的物料分拣系统。

课题四 霍尔式接近开关

◆ 教学目标

- 了解霍尔效应及霍尔式接近开关的工作原理。
- 了解霍尔式接近开关的适用场合。
- 熟悉霍尔式接近开关的输出接口电路。

任务提出

在数控车床的各类硬件中，电动刀架是最关键的部件之一。常见的车床前置式四方刀架如图4-30所示，其工作过程为：在得到换刀信号后，PMC（Programmable Machine Controller，可编程机床控制器）通过驱动放大器控制伺服电机正转，刀架抬起；电机继续正转，刀架转过一个工位，用霍尔式接近开关检测是否为所需刀位；若是，则电机停转、延时、再反转，刀架下降、锁紧；若不是，电机继续正转，刀架转到所需刀位后重复上述动作。

霍尔式接近开关（见图4-31）在刀架转动控制中起到检测与反馈的作用。小李要完成该传感器的安装、调试任务，模拟实现换刀的控制过程。

图4-30 常见的车床前置式四方刀架　　　　图4-31 霍尔式接近开关

任务分析

本任务将首先学习霍尔式接近开关的工作原理、连接、使用等基本知识，从而完成霍尔式接近开关的选型、安装和调试，并分析霍尔式接近开关在数控车床前置式四方刀架中的应用。

相关知识

一、霍尔式接近开关的工作原理

1. 霍尔效应

如图 4-32 所示，在金属或半导体薄片中通入电流 I，在与薄片垂直的方向上施加磁感应强度为 B 的磁场，则在垂直于电流和磁场方向的薄片两侧会产生电动势 U_H，U_H 的大小正比于 I 和 B，这种现象称为霍尔效应。利用霍尔效应制成的传感元件称霍尔元件。

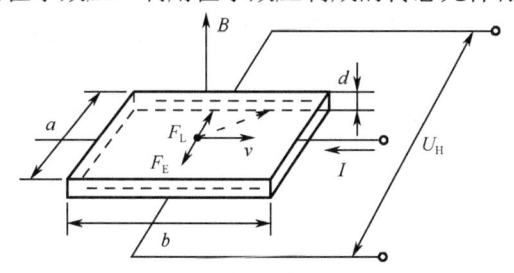

图 4-32 霍尔效应原理图

霍尔电动势 U_H 可表示为

$$U_H = K_H IB \cos\theta$$

式中，K_H 为霍尔元件灵敏度；θ 为霍尔元件法线方向的夹角。

可见，U_H 与控制电流 I、磁感应强度 B、霍尔元件灵敏度 K_H，以及 B 与霍尔元件法线方向的夹角 θ 有关。K_H 与霍尔元件的厚度有关，霍尔元件越薄，K_H 越大。

2. 霍尔式接近开关

开关型霍尔传感器（霍尔开关）是在霍尔效应的基础上，利用集成封装工艺制作而成的，具有无触点、功耗低、寿命长、响应频率高等特点，用于制作接近开关、压力开关、里程表等。其中霍尔式接近开关可用于位置检测、计数、速度检测等场合。

霍尔式接近开关的内部结构如图 4-33 所示，图中 A 是霍尔元件，B 是放大器，C 是触发器，D 是集电极开路晶体管，有三个引出端，分别为电源 V_{CC}、接地 GND 和输出 OUT。输入电压 V_{CC} 经稳压器稳压后，加在霍尔元件两端，产生控制电流。当霍尔元件周围无磁场或磁场强度较小时，晶体管截止，OUT 输出高电平；当磁场强度达到霍尔开关的工作点时，霍尔元件产生的电动势 U_H 经放大器放大、触发器整形，电路发生翻转，晶体管导通，OUT 输出低电平。由此识别附近磁性物体的存在。

可见，这类开关的输入是霍尔元件与磁性物体的距离，输出为 OUT 端电平信号。当晶体管 D 截止时，输出漏电流很小，输出电压和 V_{CC} 相近；晶体管导通时，OUT 端和公共端 GND 短路，必须接负载电阻 R 来限制电流，使它不超过最大允许值（20mA 左右）。

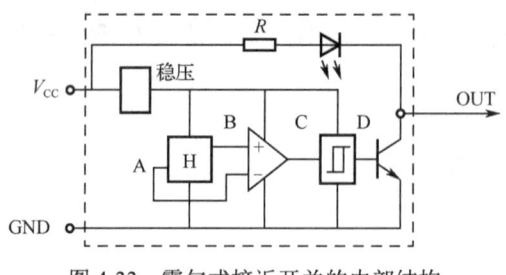

图 4-33 霍尔式接近开关的内部结构

二、霍尔式接近开关与外电路的接口

1. 输出形式

霍尔式接近开关的输出形式主要有直流 NPN 三线常开、直流 NPN 三线常闭、直流 PNP 三线常开和直流 PNP 三线常闭。对于常用的 NPN 型的输出，使用规则和任何相似的 NPN 接近开关相同。

霍尔元件的开关反应非常迅速，典型的上升时间和下降时间在 400ns 范围内，优于任何机械开关。

2. 电路接口

如图 4-34 所示为霍尔开关与各种常用电路的连接示例。其中图 4-34（a）表示与 TTL 电路连接，图 4-34（b）表示与 CMOS 电路连接，图 4-34（c）表示与 LED 数码管连接，图 4-34（d）表示与继电器连接。图 4-34（d）中，连接继电器等感性负载时，要在负载两端并联二极管，以防止输出截止时继电器产生的瞬间高反向电压击穿输出晶体管。

（a）与TTL电路连接　　（b）与CMOS电路连接　　（c）与LED数码管连接　　（d）与继电器连接

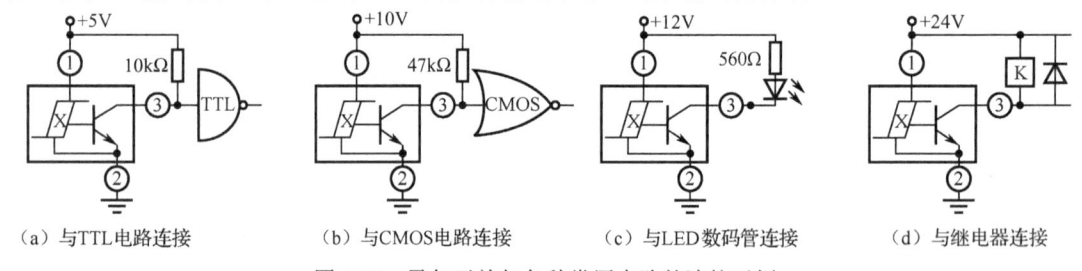

图 4-34 霍尔开关与各种常用电路的连接示例

与这些电路连接时所需的负载电阻的阻值估算，可以图 4-34（c）所示与 LED 数码管连接为例加以说明。若在负载支路中流过的电流 I_0 为 20mA，发光二极管正向压降 $V_{LED}=1.4V$，电源电压 $V_{CC}=12V$，则所需的负载电阻的阻值为

$$R = \frac{V_{CC} - V_{LED}}{I_0} = \frac{12 - 1.4}{0.02} = 530\Omega$$

和这个阻值最接近的标准电阻为 560Ω，可取 560Ω 电阻作为负载电阻。

三、霍尔式接近开关的使用

1. 工作磁场的产生

霍尔式接近开关是用磁场作为感受被测物体运动和位置的条件的，因此需要采用永久磁钢来产生工作磁场。例如，用 5mm×4mm×2.5mm 的钕铁硼Ⅱ号磁钢，就可以在它的磁极表面得到约 2.3T 的磁感应强度。磁钢一般粘贴或固定在被测物体上。

2. 被测物体与和霍尔式接近开关间的运动方式

因为霍尔式接近开关需要工作电源，在做运动或位置检测时，一般令磁体随被测物体一起运动，而将霍尔式接近开关固定在工作系统的适当位置，用它去检测工作磁场。被测物体与霍尔式接近开关间的运动方式主要有：垂直移动、侧面移动、旋转、遮断，如图 4-35 所示。

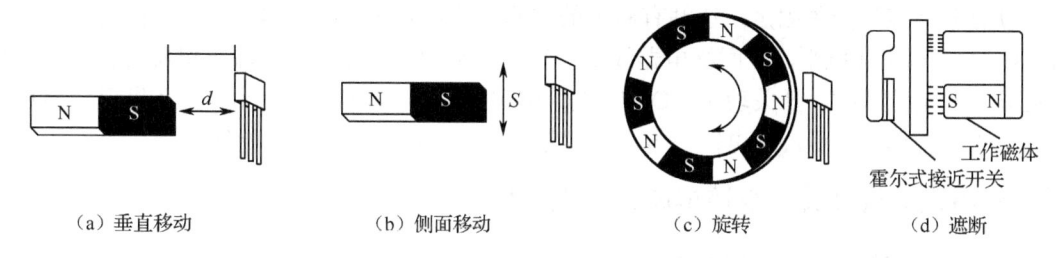

（a）垂直移动　　　　（b）侧面移动　　　　（c）旋转　　　　（d）遮断

图 4-35　霍尔式接近开关和被测物体间的运动方式

3. 注意事项

（1）工作电压一般为 DC 5～24V，过高的电压会引起霍尔式接近开关的温升，变得不稳定；过低的电压容易使外界温度变化，影响磁场特性，引起电路误动作。
（2）采用不同的磁性磁铁，检测距离会与产品说明上的额定值有所不同。
（3）在接通电源前要检查接线是否正确，工作电压是否为额定值。

任务实施

一、试验方案确定

为了模拟实现数控车床换刀的效果，选用了霍尔式接近开关 H、+24V 输出的开关电源、中间继电器 KA、续流二极管 V_1、小型直流电机 M 等元器件，电路如图 4-36 所示。

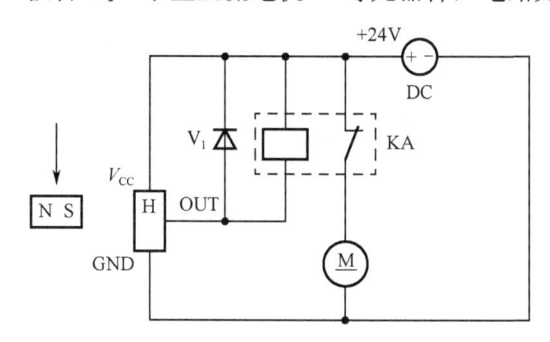

图 4-36　模拟数控车床刀架控制电路

用直流电机的旋转模拟刀架伺服电机的转动，人为移动磁钢模拟刀架在电机拖动下的运动，霍尔式接近开关模拟刀架上的位置检测元器件。

二、传感器选型

试验电路中采用的是普通直流 NPN 三线式接近开关，考虑检测距离和成本，选用了 HA10-1K 型 M8×20mm 霍尔式接近开关，额定检测距离为 10（1±20%）mm，工作电源为 DC 3～28V，响应频率为 5000Hz。

三、试验过程

使霍尔式接近开关固定，让贴有磁钢的被测物体从侧面向传感器靠近。当两者相距较远时，OUT 端输出高电平，中间继电器线圈不得电，常闭触点闭合，直流电机旋转；当物体距接近开关一定位置时，开关动作，OUT 端输出低电平，继电器线圈得电，触点断开，电机停转；当被测物体移开后，继电器失电，常闭触点恢复导通，电机又开始转动。

四、霍尔式接近开关在数控车床刀架上的使用

对于四方刀架，一般在四个工位上各安装一个霍尔式接近开关，在刀架转动过程中，小磁块固定不动，四个工位上的霍尔式接近开关跟随刀架旋转。霍尔式接近开关与控制刀架转动的 PMC 接线如图 4-37 所示。

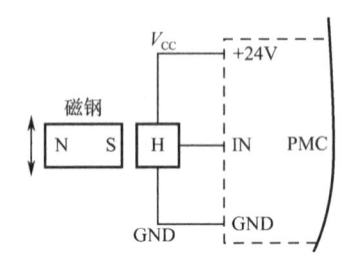

图 4-37　霍尔式接近开关与控制刀架转动的 PMC 接线

思考与练习

1. 霍尔式传感器利用什么效应工作？开关型霍尔传感器的工作原理是什么？
2. 简述霍尔式接近开关的适用场合、工作特点和应用领域。
3. 霍尔式接近开关与电容式接近开关的输出形式有何异同？
4. 霍尔式接近开关连接 LED 发光二极管，采用+24V 电源时需要配多大的限流电阻？

模块五 速度测量

速度的测量主要是指应用速度传感器将机件的速度转变成电信号。速度测量可以分为线速度的测量及角速度（转速）的测量，常用的测量方法有发电机测速、编码器测速、计数测速和超声波测速等。

课题一 发电机测速

◆ **教学目标**

¤ 了解测速发电机的工作原理。
¤ 了解测速发电机的主要技术指标。
¤ 掌握测速发电机的使用方法。

任务提出

在工业控制中，龙门刨床（见图5-1）速度控制系统是按照反馈控制原理进行工作的。通常，当龙门刨床加工表面不平整的毛坯时，负载会有很大的波动，但为了保证加工精度和表面光洁度，一般不允许刨床速度变化过大，因此必须对速度进行控制。龙门刨床对速度的测量和控制主要是利用测速发电机来实现的。

某工厂要对旧的龙门刨床进行改造，安装限速装置（分两挡：低挡限速 6~60m/min，高挡限速 9~90m/min），当刨床刀具超速时，刨床自动停车。小李接受了该任务，要利用测速发电机测量龙门刨床的速度。

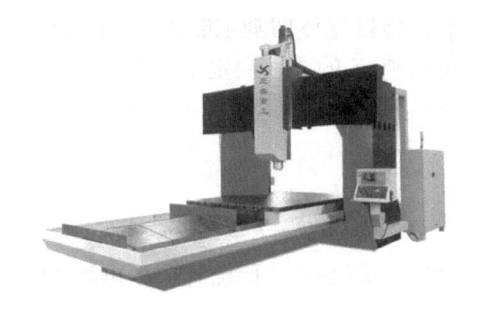

图5-1 龙门刨床

任务分析

在自动控制系统中，测速发电机常作为检测元件、解算元件、角加速度信号元件等。例如，在速度控制系统中，测速发电机常作为速度敏感元件，根据其输出电信号的变化来反映系统速度的微小变化，达到检测或通过反馈信号自动调节电动机的转速的目的，以提高系统的跟随稳定性和精度。测速发电机还可代替测速计，直接测量运动机械的转速。但无论采用哪种原理的测速发电机，它们都具有一个共同的特点，那就是它们将自身运动部分的运动（直线运动或旋转运动）速度转换成电信号（电压幅值或者频率）输出，而且输出的电信号和机械运动的速度成线性关系。本任务将首先学习测速发电机的基本原理，再进一步掌握测速发电机的基本使用原则和注意事项。

相关知识

一、测速发电机

测速发电机分为直流测速发电机和交流测速发电机两大类。

1. 直流测速发电机的工作原理

（1）基本结构

直流测速发电机在结构上与普通小微型直流发电机相似，如图 5-2 所示。通常是两极电机，分为电磁式和永磁式两种。

电磁式测速发电机的磁极由铁芯和励磁绕组构成，在励磁绕组中通入直流电便可以建立极性恒定的磁场。它的励磁绕组电阻会因电机工作温度的变化而变化，使励磁电流及其生成的磁通随之变化，产生线性误差。

图 5-2 直流测速发电机

永磁式测速发电机的磁极由永久磁铁构成，不需励磁电源。磁极的热稳定性较好，磁通随电机工作温度的变化而变化的程度很小，但易受机械振动的影响而引发不同程度的退磁。

（2）基本工作原理

直流测速发电机的工作原理可由图 5-3 来说明。当励磁电压 U_f 恒定且主磁通 Φ 不变时，测速发电机的电枢与被测机械连轴随之以转速 n 旋转，电枢导体切割主磁通 Φ 而在其中生成感应电动势 E。电动势 E 的极性决定于测速发电机的转向，电动势 E 的大小与转速成正比，即 $E = C_e \Phi n$，其中 C_e 为常数。

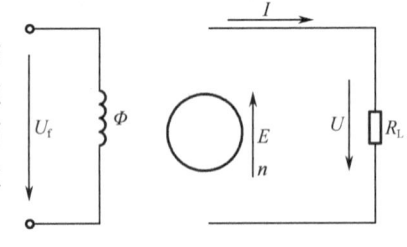

图 5-3 直流测速发电机的工作原理

测速发电机空载时，其输出电压 U 为

$$U = E = C_e \Phi n$$

测速发电机负载电阻 R_L 时，电枢绕组中因流过电枢电流 I 而在电枢电阻 r_a 上产生电压降 Ir_a，如果忽略电枢反应、工作温度对主磁通 Φ 的影响，忽略电刷与换向器之间的接触压降，则有 $U = E - Ir_a = E - \dfrac{U}{R_L} r_a$，得

$$U = \frac{E}{1 + \dfrac{r_a}{R_L}} = \frac{C_e \Phi}{1 + \dfrac{r_a}{R_L}} \cdot n$$

由上式可见，只要主磁通 Φ、电枢电阻 r_a、负载电阻 R_L 为常数，则输出电压 U 与电机的转速 n 成线性关系。输出电压 U 随电机转速 n 变化而变化的关系曲线 $U = f(n)$，称为输出特性，如图 5-4 所示。负载电阻 R_L 的值越大，$U = f(n)$ 的斜率越大，测速发电机的灵敏度越高。

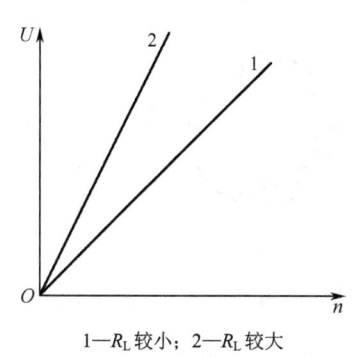

1—R_L 较小；2—R_L 较大

图 5-4 直流测速发电机的输出特性

2. 交流测速发电机的工作原理

异步测速发电机是自动控制系统中应用较多的一种交流测速发电机，它的结构与交流伺服电动机相似，主要由定子、转子组成，根据转子结构的不同分为笼式转子和空心杯转子两种。空心杯转子的应用较多，它由电阻率较大、温度系数较小的非磁性材料制成，以使测速发电机的输出特性线性度好、精度高。杯壁通常只有 0.2～0.3mm 的厚度，转子较轻，以使测速发电机的转动惯性较小。

空心杯转子异步测速发电机（见图 5-5）的定子分为内、外定子。内定子上嵌有输出绕组，外定子上嵌有励磁绕组，并使两绕组在空间位置上相差 90°的电角度。内、外定子的相对位置是可以调节的，可通过转动内定子的位置来调节剩余电压，使剩余电压为最小值。

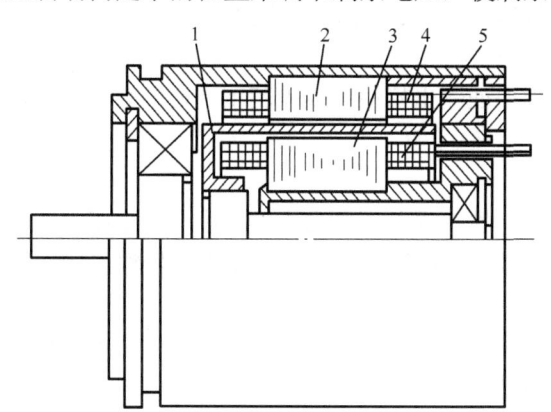

1—空心杯转子；2—外定子；3—内定子；4—励磁绕组；5—输出绕组

图 5-5 空心杯转子异步测速发电机

异步测速发电机的工作原理可以由图 5-6 来说明。图中 N_1 表示励磁绕组，N_2 表示输出绕组。由于转子电阻较大，为分析方便，忽略转子漏抗的影响，认为感应电流与感应电动势同相位。

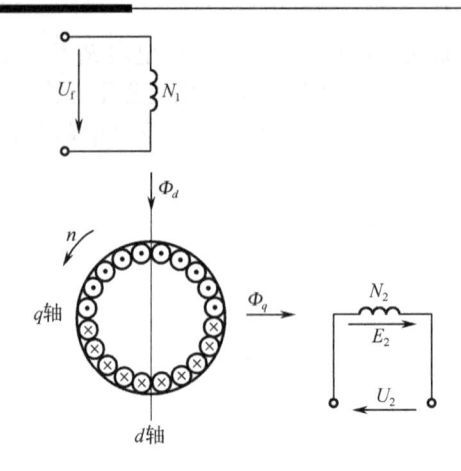

图 5-6 异步测速发电机的工作原理

给励磁绕组 N_1 加频率 f 恒定、电压 U_f 恒定的单相交流电,测速发电机的气隙中便会生成一个频率为 f、方向为励磁绕组 N_1 轴线方向(即 d 轴方向)的脉振磁动势及相应的脉振磁通,分别称为励磁磁动势及励磁磁通。

二、测速发电机的技术指标

1. 直流测速发电机的技术指标

(1)线性误差

线性误差指在工作转速范围之内,实际输出电压与理想输出电压之差的最大值与理想输出电压最大值的比值。直流测速发电机的线性误差一般在 0.5%左右。

(2)输出斜率

输出斜率指在额定励磁条件下,单位转速(1000r/min)时的输出电压。此值越大,测速发电机对转速的灵敏度就越高。对于直流测速发电机,增大负载电阻,可以提高输出斜率。

(3)最大线性工作转速

最大线性工作转速指保证输出特性在误差范围之内的转子最高转速。一般额定转速就是最大线性工作转速。

(4)负载电阻

负载电阻指保证输出特性在误差范围之内的最小负载电阻值。实际使用时负载电阻应不小于此值,否则电枢电流过大,电枢反应的去磁作用将使输出特性的线性度变差。

(5)不灵敏区

不灵敏区指由于电刷和换向器间的接触压降而导致输出特性斜率显著下降的转速范围。在不灵敏区内,电枢电动势主要用于平衡接触压降,输出电压基本为零。

(6)不对称度

不对称度指在相同转速下,测速发电机正、反转时输出电压绝对值之差与两者平均值的比值。正、反转输出特性不对称是由于电刷没有严格地与几何中性线上的元件(换向元件)相连接所致的,一般不对称度为 0.35%~2%。

(7)纹波系数

纹波系数指在一定转速下,输出电压交流分量的峰值与直流分量之比。

2. 交流测速发电机的技术指标

（1）线性误差

异步测速发电机在控制系统中的用途不同，对线性误差的要求也不同。一般作为阻尼元件时，线性误差可以大一些，约为千分之几到百分之几；作为解算元件时，线性误差则必须很小，约为万分之几到千分之几。目前，高精度的异步测速发电机线性误差可以小于 0.05%。

（2）相位误差

在自动控制系统中，往往希望异步测速发电机的输出电压与励磁电压同相位误差不超过 1°，但实际上两者之间总是存在相位差。在规定的转速范围之内，输出电压与励磁电压之间的相位差称为相位误差。相位误差可以在输出回路中应用移相电路来补偿。

（3）输出斜率

交流测速发电机的输出斜率一般为（0.5~5）V/单位转速（1000r/min）。

（4）剩余电压

剩余电压指发电机转子不转时的输出电压，又称为零速电压。异步测速发电机的剩余电压一般只有几十毫伏，但是它的存在却使输出特性不再从坐标原点出发，如图 5-7 所示。它是异步测速发电机输出特性误差的主要部分。

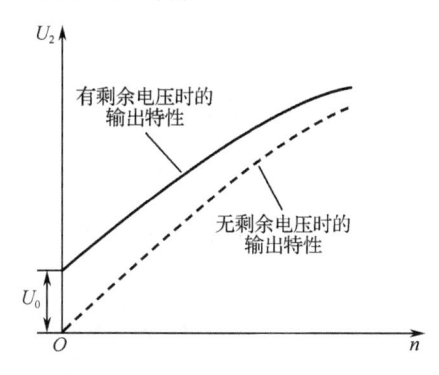

图 5-7　剩余电压对输出特性的影响

四、测速发电机转速自动调节系统

如图 5-8 所示为转速自动调节系统原理图。测速发电机耦合在电动机轴上作为转速负反馈元件，其输出电压作为转速反馈信号送回到放大器的输入端。调节转速给定电压，系统可达到所要求的转速。当电动机的转速由于某种原因（如负载转矩增大）减小时，测速发电机的输出电压减小，转速给定电压和测速反馈电压的差值增大，差值电压信号经放大器放大后，使电动机的电压增大，电动机开始加速，测速发电机输出的反馈电压增大，差值电压信号减小，直到近似达到所要求的转速为止；同理，若电动机的转速由于某种原因（如负载转矩减小）增大时，测速发电机的输出电压增大，转速给定电压和测速反馈电压的差值减小，差值信号经放大器放大后，使电动机的电压减小，电动机开始减速，直到近似达到所要求的转速为止。通过以上分析可以了解到，只要系统转速给定电压不变，无论由于何种原因想要改变电动机的转速，由于测速发电机输出电压反馈的作用，将使系统能自动调节到所要求的转速（有一定的误差，近似于恒速）。

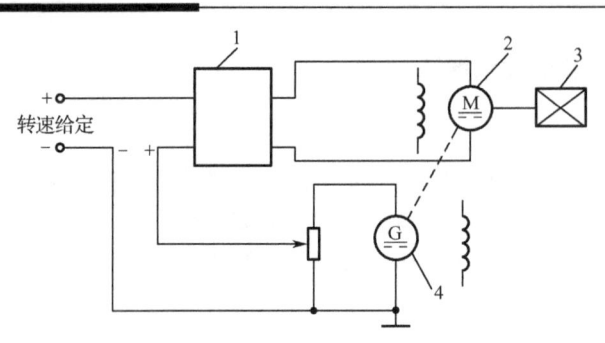

1—放大器；2—电动机；3—负载；4—测速发电机

图 5-8 转速自动调节系统原理图

任务实施

一、测速发电机的选用

依据前面所学的直流、交流测速发电机的主要技术指标，根据所测龙门刨床的情况选择合适的测速发电机。

二、测速发电机的使用

测速发电机的使用方法在其他课程中已经学过，在使用过程中，应注意以下原则。

1. 直流测速发电机使用原则

（1）测速发电机与伺服电动机之间相互耦合的齿轮间隙必须尽可能小，或者选用同轴连接的直流伺服-测速机组。

（2）当作为解算元件或用于恒速控制时，应首先考虑其线性误差和纹波系数，即选择精度高或线性误差小、输出电压稳定的直流测速发电机，对输出斜率的要求则放在第二位。

（3）当作为阻尼元件或测速用时，应首先考虑其输出斜率，即选择静态放大倍数大的直流测速发电机，而对其线性误差和纹波系数的要求则放在第二位。

（4）如确定选用直流测速发电机，则还要在电磁式和永磁式中进行选择。在低速伺服系统中，一般应选用永磁式低速直流测速发电机作为速度反馈元件，因为它具有耦合刚度好、灵敏度高、反应快、低速精度高等优点。

2. 交流测速发电机使用原则

（1）测速发电机与伺服电动机之间相互耦合的齿轮间隙必须尽可能小，或者选用同轴连接的交流伺服-测速机组。

（2）测速发电机的输出阻抗较大时，要求其负载阻抗不能太大，一般应小于 100kΩ。

（3）测速发电机的输入阻抗较小，要求其励磁电源（包括馈线）的阻抗也应尽可能小一些。

（4）在精密伺服系统中，必须保持电源电压和频率的稳定。

三、发电机测速使用注意事项

（1）测速发电机的输出端应配有高阻抗且稳定不变的负载。负载阻抗越大，输出特性曲线越直，测速误差越小。

（2）更换电刷时，选用接触压降较小的电刷。

（3）安装永磁式测速发电机时，必须采用防振措施。

（4）直流测速发电机的励磁电源，必须采用稳压措施。

（5）直流测速发电机的电刷与换向器的压力调整要合适。

思考与练习

1. 简述直流测速发电机的基本结构和工作原理。
2. 简述交流测速发电机的基本结构和工作原理。
3. 直流测速发电机按励磁方式分为哪几种？各有什么特点？

课题二 编码器测速

◆ **教学目标**

- 了解编码器的主要类型。
- 掌握编码器测速的工作原理。
- 掌握编码器的使用注意事项。

任务提出

风力发电机（见图 5-9）不仅暴露于自然环境中，而且必须保证在最恶劣的条件下可靠运行。即使在运行 20 或 30 年后，人们仍然希望其能够在任何天气中保持最佳的运行状态，提供最高的经济效益，并具有最短的停机时间。要实现这些目标，需要采用精密、安全、性能可靠的传感器技术，必须同时满足可靠性和耐用性方面的苛刻要求。在这种恶劣的自然环境中，应该选用什么样的速度传感器？传感器的技术参数应该满足系统怎样的工作要求？这就是小李这次接到的工作任务。

图 5-9 风力发电机

任务分析

为了确保风力发电机实现顶级性能和最佳效率，必须根据风力、风向调节转子速度。用于监测转速的增量式传感器可直接安装在转子轮毂上或者安装在风力发电机的传动系统上，用以获取当前的转子速度，并将信息传输至主控制器。本任务将学习编码器测速传感器（见

图 5-10，简称编码器）的种类、原理等基本知识，并通过对测量需求进行分析，选择合适的传感器类型。

图 5-10 编码器测速传感器

相关知识

一、编码器的种类

1. 根据检测原理分类

可分为光电式、电磁式、感应式和电容式，此处只介绍前两种。

（1）光电式编码器

光电式编码器的最大特点是非接触测量，允许高速转动，它是采用光电原理制成的。

（2）电磁式编码器

在数字式传感器中，电磁式编码器是近年发展起来的一种新型电磁敏感元件，它是随着光电式编码器的发展而发展起来的。光电式编码器的主要缺点是对潮湿气体和污染敏感，可靠性差；而电磁式编码器不易受尘埃和结露影响，同时其结构简单紧凑，可高速运转，响应速度快（达 500~700kHz），体积比光电式编码器小，而成本更低，且易将多个元件精确地排列组合，比用光学元件和半导体磁敏元件更容易构成新功能器件和多功能器件。

2. 根据其刻度方法及信号输出形式分类

可分为增量式、绝对式以及混合式三种。

（1）增量式编码器

增量式编码器是直接利用光电转换原理输出三组方波脉冲 A、B 和 Z 相的；A、B 两组脉冲相位差 90°，从而可方便地判断出旋转方向，而每转发出一个脉冲的 Z 相，用于基准点定位。它的优点是构造简单，机械平均寿命可在几万小时以上，抗干扰能力强，可靠性高，适用于长距离传输。其缺点是无法输出轴转动的绝对位置信息。

（2）绝对式编码器

绝对式编码器是直接输出数字量的传感器，在它的圆形码盘上沿径向有若干条同心码道，每条码道由透光和不透光的扇形区相间组成，相邻码道的扇区数目是双倍关系，码盘上的码道数就是它的二进制数码的位数，码盘的一侧是光源，另一侧对应每条码道有一个光敏元件；当码盘处于不同位置时，各光敏元件根据受光照与否转换出相应的电平信号，形成二进制数。

这种编码器的特点是不需要计数器，在转轴的任意位置都可读出一个固定的与位置相对应的数字码。显然，码道越多，分辨率就越高，对于一个具有 N 位二进制分辨率的编码器，其码盘必须有 N 条码道。目前国内已有 16 位的绝对式编码器产品。

绝对式编码器是利用自然二进制或循环二进制（格雷码）方式进行光电转换的。绝对式编码器与增量式编码器的不同之处在于圆盘上透光、不透光的线条图形，绝对式编码器可有若干编码，通过读出码盘上的编码，检测绝对位置。编码的设计可采用二进制码、循环码、二进制补码等。它的特点是：

① 可以直接读出角度坐标的绝对值；

② 没有累积误差；

③ 电源切除后位置信息不会丢失，但是分辨率是由二进制的位数来决定的，也就是说精度取决于位数，目前有 10 位、14 位、16 位等多种。

（3）混合式编码器

混合式编码器，它输出两组信息：一组信息用于检测磁极位置，带有绝对信息功能；另一组信息则与增量式编码器的输出信息完全相同。

二、编码器的结构及测速工作原理

1. 光电式编码器的结构

光电式编码器的最大特点是非接触测量，允许高速转动，它是采用光电原理制成的。主要包括：LED 光源、圆形径向光栅（码盘）、与码盘相对应的遮光板、光敏元件、聚光透镜、处理电路等，如图 5-11 所示。

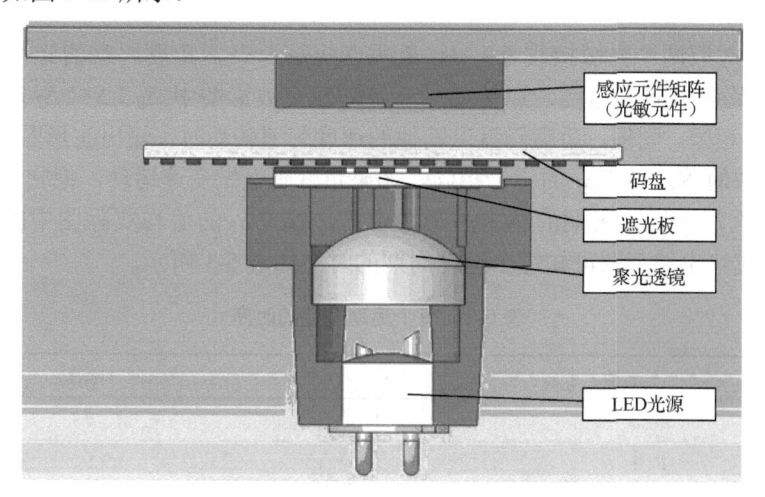

图 5-11 光电式编码器的结构

光电式编码器的码盘是一块圆形的光学玻璃，采用照相腐蚀工艺，在码盘上刻出透光和不透光的码形，并采用光敏元件代替接触式编码器的电刷。

2. 光电式编码器的工作原理

光电式编码器是一种通过光电转换将输出轴上的机械几何位移量转换成脉冲或数字量的传感器。这是目前应用最多的传感器。码盘是在一定直径的圆板上等分地开通了若干个长方形孔。由于码盘与电动机同轴，电动机旋转时，码盘与电动机同速旋转，经光敏元件组成的检测装置检测输出若干脉冲信号，其原理示意图如图 5-12 所示。通过计算每秒光电式编码器输出脉冲的个数就能反映当前电动机的转速。此外，为判断旋转方向，码盘还可提供相位相差 90° 的两路脉冲信号。

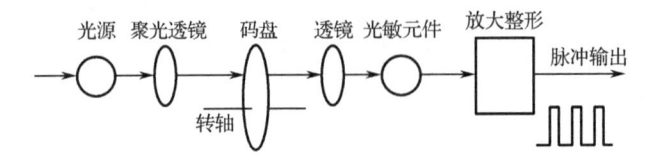

图 5-12 光电式编码器原理示意图

3. 增量式编码器的工作原理

如图 5-13 所示为增量式编码器的工作原理示意图。

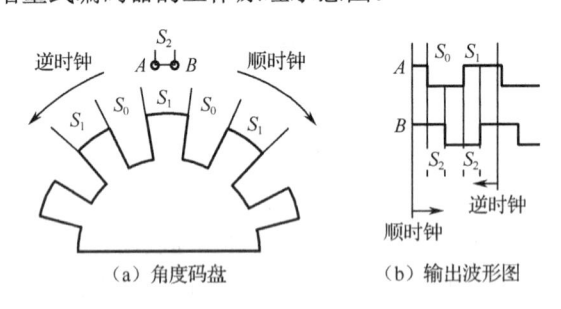

图 5-13 增量式编码器的工作原理示意图

A、B 两点对应两个光敏接收管，A、B 两点间距为 S_2，角度码盘的光栅间距分别为 S_0 和 S_1。当角度码盘以某个速度匀速转动时，可知输出波形图中 $S_0:S_1:S_2$ 的值与实际图中 $S_0:S_1:S_2$ 的值相同。同理，角度码盘以其他的速度匀速转动时，输出波形图中 $S_0:S_1:S_2$ 的值与实际图中的 $S_0:S_1:S_2$ 的值仍相同。如果角度码盘做变速运动，把它看成多个运动周期的组合，那么每个运动周期的输出波形图中 $S_0:S_1:S_2$ 的值与实际图中的 $S_0:S_1:S_2$ 的值仍相同。通过输出波形图可知每个运动周期的时序如表 5-1 所示。

表 5-1 每个运动周期的时序

顺时针运动	逆时针运动
A B	A B
1 1	1 1
0 1	1 0
0 0	0 0
1 0	0 1

我们把当前的 A、B 输出值保存起来，与下一个 A、B 输出值做比较，就可以轻易地得出角度码盘的运动方向，如果光栅间距 S_0 等于 S_1 时，也就是 S_0 和 S_1 弧度夹角相同，且 S_2 等于 S_0 的 1/2，那么可得到此次角度码盘运动位移角度为 S_0 弧度夹角的 1/2，除以所消耗的时间，就得到此次角度码盘运动位移角速度。

S_0 等于 S_1 且 S_2 等于 S_0 的 1/2 时，1/4 个运动周期就可以得到运动方向和位移角度；如果 S_0 不等于 S_1 且 S_2 不等于 S_0 的 1/2，那么要 1 个运动周期才可以得到运动方向和位移角度。

三、编码器测速的使用注意事项

（1）机械安装尺寸，包括定位止口、轴径、安装孔位；电缆出线方式；安装空间大小；工作环境防护等级等是否满足要求。

（2）分辨率，即编码器工作时每圈输出的脉冲数，是否满足设计、使用精度要求。

（3）电气接口，编码器常见输出方式有推拉互补输出（F 型 HTL 格式），电压输出（E），集电极开路输出（NPN 型管输出、PNP 型管输出），长线驱动输出。其输出方式应和其控制系统的接口电路相匹配。

（4）角度是小于 360°（单圈），还是可能大于 360°（多圈）。

（5）使用环境：粉尘、水气、振动或撞击。

任务实施

风力发电机的工作条件比较恶劣，且风力发电机需几十年内一直不停地旋转，因此我们选用增量式编码器。增量式编码器可随时提供转子位置反馈，其最大分辨率为 17 位，并常常采用并联增量通道来获得冗余速度反馈。更多的高性能产品还包括 HDmag 系列新型无轴承磁编码器，也能精确地完成发电机反馈任务，凭借极其紧凑的结构，它们在安装过程中允许较大的轴向和径向容差。无轴承编码器每转产生 500 000 多个脉冲，凭借这一高分辨率其可以精确采集相对较低的转子转速。

发电机转速是风力发电场稳定运行的重要因素：首先要确保稳定的电网供电，其次在超过最高转速时应使风机紧急停止。因此，增量式编码器是一种可靠的选择。

思考与练习

1. 编码器按照检测原理分为哪几种？各有什么特点？
2. 简述光电式编码器的工作原理。
3. 简述增量式编码器的工作原理。

课题三　计 数 测 速

◆ **教学目标**

✄ 了解计数测速传感器的工作原理。
✄ 了解计数测速传感器的技术指标。

任务提出

在汽车上，发动机转速是一个重要的参数。发动机转速的高低，关系到单位时间内做功次数的多少或发动机有效功率的大小，即发动机的有效功率随转速的不同而不同。因此，在说明发动机有效功率的大小时，必须同时指明其相应的转速。发动机产品标牌上的有效功率及其相应的转速分别称作标定功率和标定转速。

小李此次的任务，就是选择合适的传感器，对发动机的转速进行测量。

任务分析

要测量发动机的转速，首先要知道发动机转速的范围，才能选择合适的传感器；其次要知道这个传感器是如何安装到汽车的发动机上的，它是如何工作的。对发动机转速进行测量，应使用计数测速传感器，计数测速传感器可以分为多种类型，为了正确地进行选择，首先要了解这些基础知识。

相关知识

一、计数测速传感器的分类及工作原理

常用的计数测速传感器有霍尔式、电涡流式、光电式等。

1. 霍尔式计数测速传感器

霍尔式计数测速传感器（见图 5-14）主要利用霍尔效应进行测速，又称霍尔转速传感器。在测量机械设备的转速时，被测量机械的金属齿轮、齿条等运动部件会经过传感器的前端，引起磁场的变化，当运动部件穿过霍尔元件产生的磁力线较为分散的区域时，磁场相对较弱；而穿过产生的磁力线较为集中的区域时，磁场就相对较强。

在磁力线穿过传感器上的感应元件时，磁力线密度发生变化，产生霍尔电势。霍尔转速传感器上的霍尔元件将霍尔电势转换为交变电信号，再由传感器的内置电路将信号调整和放大后，输出矩形脉冲信号。

图 5-14 霍尔式计数测速传感器

2. 电涡流式计数测速传感器

电涡流式计数测速传感器根据电涡流效应制成，其组成如图 5-15 所示。

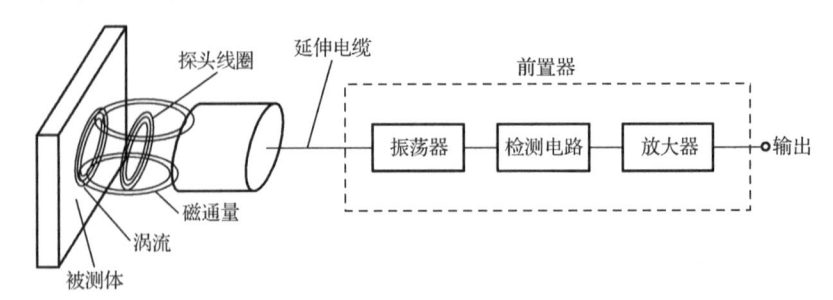

图 5-15 电涡流式计数测速传感器的组成

前置器中产生的高频振荡电流通过延伸电缆流入探头，在探头头部的线圈中产生交变的磁场。当被测金属体靠近这一磁场时，则在此金属体表面产生感应电流。与此同时，该电涡流场也产生一个方向与探头线圈方向相反的交变磁场，由于其产生的反作用，探头线圈高频电流的幅度和相位发生改变（线圈的有效阻抗），这一变化与金属体磁导率、电导率，线圈的几何形状、几何尺寸，电流频率及探头线圈到金属体表面的距离等参数有关。通过控制相关参数不变，即可实现由输出信号的变化反映探头线圈与金属体的距离的变化。电涡流式计数测速传感器就是根据这一原理实现对金属体的位移、振动等参数测量的。

对于所有旋转机械而言，都需要监测旋转机械轴的转速，转速是衡量机器正常运转的一个重要指标。转速测量通常有以下几种传感器可选：电涡流转速传感器、无源磁电转速传感器、有源磁电转速传感器等。具体需要选择哪类传感器，则要根据转速测量的要求决定。转速发生装置有以下几种：用标准的渐开线齿数（M1～M5）做转速发生信号，在转轴上开一键槽、在转轴上开孔眼、在转轴上的凸键等作为转速发生装置。

电涡流式计数测速传感器测量转速的优越性是其他任何传感器测量所不能比的，它既能响应零转速，也能响应高转速。对于被测体转轴的转速发生装置的要求也很低，被测体齿轮数可以很小，被测体也可以是一个很小的孔眼、一个凸键、一个小的凹键。用电涡流式计数测速传感器测转速，通常选用$\phi 3mm$、$\phi 4mm$、$\phi 5mm$、$\phi 8mm$、$\phi 10mm$的探头。转速测量频率为0～10kHz。传感器输出的信号幅值较高（在低速和高速整个范围内），抗干扰能力强。电涡流式计数测速传感器有一体化和分体两种。一体化的取消了前置器放大器，安装方便，适用于在-20～100℃的环境下工作；分体带前置器放大器的则适合在-50～250℃的环境中工作。

3. 光电式计数测速传感器

光电式计数测速传感器对转速的测量，主要是通过将光线的发射与被测物体的转动相关联，再以光敏元件对光线进行感应来完成的。按工作方式划分，可分为透射式和反射式两种。光电式计数测速传感器的优点很多，如可实现非接触测量、结构紧凑、抗干扰性好、测量能力强等。

二、计数测速传感器的技术指标

这里以反射光电式计数测速传感器为例说明。根据检测方式的不同，反射光电式计数测速传感器又包括使用光纤维的和使用可见光的两种，其技术指标见表5-2。

表5-2 反射光电式计数测速传感器的技术指标

检测方式	用光纤维的光电反射方式	用可见光的光电反射方式
检测距离	最大20mm	70～200mm
响应速度	20m/s； 0.6ms（换算受光时间）	25m/s； 0.5ms（换算受光时间）
输出电压	"Hi"电平：(+5±0.5) V，"Lo"电平：+0.5V以下 （负荷电阻100kΩ以上）	"Hi"电平：(+5±0.5) V，"Lo"电平：+0.5V以下 （负荷电阻100kΩ以上）
输出阻抗	1kΩ以下	

续表

输出接头	适用插头：R04-PB6F （适用信号线：MX-700/800 系列）	抽出式，一端为开式电缆（4.9m）
适用转速显示仪	TM 系列、CT 系列	
使用温度范围	−10～+60℃	
电源	DC（12±2）V，60mA 以下	DC（12±2）V，85mA 以下
外形尺寸	21mm（W）×24mm（H）×117mm（L）	23mm（W）×29mm（H）×76.5mm（D）； 电线外径 $\phi5×4.9m^3$
质量	约 150g	约 200g

任务实施

一、传感器的选型

转速传感器（见图 5-16）主要用于检测发动机转速、车速等。目前汽车上使用的转速传感器主要有霍尔式和光电式等，其测量范围为 0°～360°，精度在±0.5°以下，测弯曲角达±0.1°。

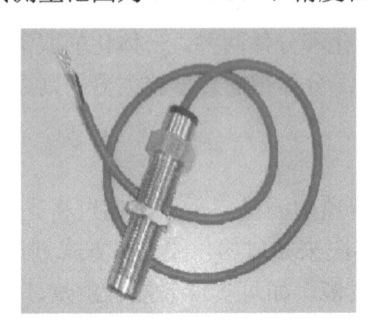

图 5-16 转速传感器

转速传感器种类繁多，有适用于测量车轮旋转的，也有适用于测量动力传动轴转动的，还有适用于测量差速从动轴转动的。当转速大于 100km/h 时，一般测量方法误差较大，需采用非接触式光电式测速传感器，测速范围为 0.5～250km/h，重复精度达 0.1%，测量误差小于 0.3%。

二、发动机转速测量

一个测速装置如图 5-17 所示，主要由被测旋转部件、反光片（或反光贴纸）、反射光电式测速传感器组成。在可以进行精确定位的情况下，在被测旋转部件上对称安装多个反光片或反光贴纸会取得较好的测量效果。当被测旋转部件上的反光贴纸从传感器前通过时，传感器的输出就会跳变一次。通过测量这个跳变频率 f，就可知转速 n 为

$$n = 60f$$

如果在被测旋转部件上对称安装多个反光片或反光贴纸，则

$$n=60f/N$$

式中，N——反光片或反光贴纸的数量。

一般轿车的发动机的最高转速在 5000r/min 左右，因此，选择传感器时要选择测量频率大于 83Hz 的。

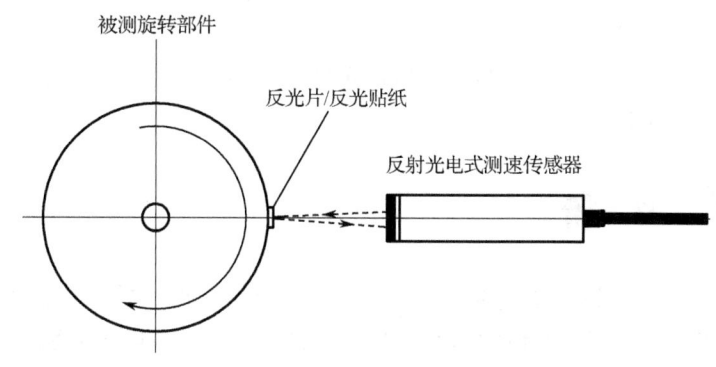

图 5-17　一个测速装置

思考与练习

1．汽车发动机上是如何实现车速测量的？常用的发动机测速传感器有哪些？
2．简述霍尔转速传感器的工作原理。
3．简述电涡流式计数测速传感器的工作原理。

课题四　超声波测速

◆ **教学目标**

▫ 了解超声波的基本概念。
▫ 了解超声波流量计的工作原理。
▫ 掌握超声波流量计的安装使用方法。

任务提出

随着我国民用住宅天然气消耗量的急剧增加、价格的节节攀升，天然气流量计量的准确性成为公众关注的热点。

目前，占据民用住宅和工业天然气计量市场主导地位的是容积式流量计和涡轮流量计。容积式流量计主要用于低流速、小管径的流量计量；而涡轮流量计用于稳态、高流速、大管径的流量计量。容积式流量计中民用燃气表（膜式容积流量计，见图 5-18）和转子流量计应用最为普遍。但经过多年的技术发展，目前的市场环境已经发生了很大的改变。超声波流量计在低压应用领域已经有了很大的发展，工作压力范围完全能够覆盖我国城市燃气行业的技术需求，为城市燃气输配领域应用气体超声波流量计，提升精细化管理水平创造了很好的条件。目前，一些国内大、中型城市已经开始这

图 5-18　膜式容积流量计

方面的尝试，如上海、沈阳、西宁、哈尔滨、天津等地已经开始使用或正在准备使用国产气体超声波流量计。气体超声波流量计进入城市燃气行业已经成为大势所趋，越来越被人们所重视。

小李此次的工作任务是了解气体超声波流量计的工作原理，完成流量计的安装，并对使用中的常见故障进行检修。

任务分析

超声波流量计是应用超声波技术对流量进行计量的。因此，要学习超声波流量计的工作原理，首先应掌握超声波的基本概念和超声波测速的基本方法。本任务将首先学习这些知识，然后在此基础上，以燃气流量计为例，学习超声波流量计的工作原理，进而完成安装和检修任务。

相关知识

一、超声波概述

超声波的工作原理在本质上和声波是一样的，都是利用了机械振动在弹性介质中的传播，超声波和声波的区别仅在于频率范围的不同。声波是指人耳能听到的声音，一般认为声波的频率在 20～20000Hz 范围内，而振动频率超过 20kHz 的声波则称为超声波。超声波中振动频率在 100kHz 以下的称为低频超声波，振动频率在 100kHz 以上到数十兆赫的称为高频超声波。

二、超声波测速的分类

超声波测速按测量原理大体可分为传播速度差法、多普勒法、声束偏移法和相关法，其中传播速度差法又包括时差法、声循环法、相位差法。

以上测量方法中时差法、声循环法和多普勒法应用最为广泛，见表5-3。

表5-3 典型的超声波测量基本原理及公式

简　称	公　式	检测量	测量原理
时差法	$\Delta t = \dfrac{2vl\cos\theta}{c^2}$	时间差	顺、逆流传播速度的变化
声循环法	$\Delta f = \dfrac{2v\cos\theta}{l}$	频率差	顺、逆流传播速度的变化
多普勒法	$f_d = \dfrac{cf_t}{2v\cos\theta}$	多普勒频移量	多普勒效应

式中，Δt 为时间差；θ 为声道角；c 为声速；Δf 为频率差；f_t 初始频率；f_d 为多普勒频移；v 为流体的流速；l 为声程长度。

1. 时差法

时差法通过测量随超声波传播速度变化而变化的逆流与顺流的时间差 Δt 来确定被测流体

的流速 v，时间差 Δt 与流速 v 成正比关系。时差法是目前应用最广泛的测量方法。CPU、信号处理技术的发展，使流量的测量准确度和可靠性有了明显的提高。特别是时间测量技术的发展，提高了时差分辨率，解决了小口径、低流速测量难的问题，其应用领域从净水扩展到循环水、污水和原油、重油、成品油以及天然气、空气等多种介质。

2. 声循环法

声循环法是通过测量逆流声脉冲频率与顺流声脉冲频率差 Δf 来确定被测流体的流速 v 的。频率差 Δf 与流速 v 成正比关系，并与声速 c 无关。由于频率比较易于测量，准确度高，应用这种方法的超声波流量计是最早被研发并产品化的，目前仍在应用。

3. 多普勒法

多普勒法是通过向流动着的液体发射声波，并测量从被测流体的散射体（与被测流体按同一速度运动着的固体粒子或气泡）上返回信号的多普勒频移 f_d 来确定被测流体的流速 v 的。多普勒流量计较多应用在工业废水、生活污水、煤浆、啤酒、饮料等介质的测量上。

三、超声波流量计概述

超声波流量计（见图 5-19）是近十几年来随着集成电路技术迅速发展才开始应用的。超声波流量计由超声波发射换能器、电子线路、显示和积算仪表三部分组成。电子线路包括发射、接收、信号处理和显示电路，测得的瞬时流量和累积流量值用数字量或模拟量显示。超声波发射换能器将电能转换为超声波能量，并将其发射到被测流体中，接收器接收到超声波信号，经电子线路放大并转换为代表流量的电信号，供给显示和积算仪表进行显示和积算，这样就实现了流量的检测和显示。超声波流量计中常使用压电换能器，它利用压电材料的压电效应，采用适合的发射电路把电能加到发射换能器的压电元件上，使其产生超声波振动。超声波以某一角度射入流体中传播，然后由接收器接收，并经压电元件变为电能，以便检测。发射换能器利用压电元件的逆压电效应，而接收器则是利用了压电效应。

图 5-19 超声波流量计

四、气体超声波流量计的工作原理

燃气流量计（见图 5-20）就是一种气体超声波流量计，其测量管段上装有一对超声波换能器（传感器），超声波换能器 1 和 3、2 和 4 交替发射和接收超声波。采用超声波检测技术，测量超声波沿管内流体顺向和逆向传播的声速差，并通过声电换能技术和高位模/数转换技术测算出管段内气体流速。通过流速与截面积可确定单位时间内管段流量，根据厂方已精确测知的测量管道直径，可换算出管道内气体（流体）的工况流量。

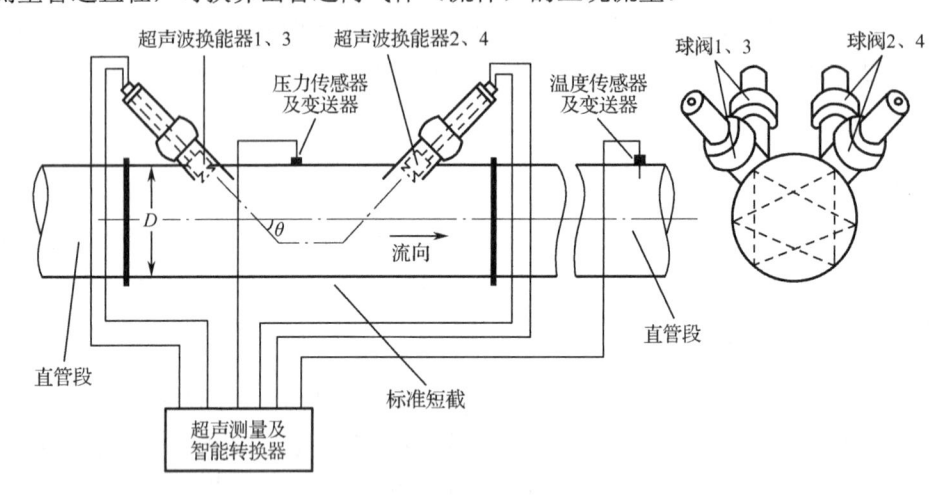

图 5-20 燃气流量计

任务实施

一、超声波流量计的安装步骤

安装超声波流量计可按照以下步骤操作：

（1）观察现场管道是否满足直管段前 10D、段后 5D 以及离泵 30D 的安装距离（D 为管道内径）。

（2）确认管道内流体介质种类，以及是否满管。

（3）确认管道材质及壁厚（充分考虑管道内壁结垢厚度）。

（4）确认管道使用年限，若使用年限在 10 年左右的管道，即使是碳钢材质，最好也采用插入式安装。

（5）确认使用何种传感器。

（6）向表体内输入参数，以确定安装距离。

（7）精确测量安装距离。

① 外夹式可先估算安装传感器需要的大概距离，然后不断调试传感器，以达到信号和传输比最好的匹配。

② 插入式需使用专用工具测量管道上安装点的距离，这个距离很重要，它直接影响传感器的实际测量精度，所以最好进行多次测量，以达到较高精度。

（8）后续步骤：安装传感器—调试信号—做防水—归整好信号电缆—清理现场线头等废

弃物—安装结束—验收签字。

二、超声波流量计使用过程中的故障表现及解决方法

超声波流量计使用过程中的故障表现及解决方法见表5-4。

表5-4 超声波流量计使用过程中的故障表现及解决方法

故 障 表 现	故 障 原 因	解 决 方 法
外夹式流量计信号弱	管径过大，管道结垢严重，或安装方式不对	对于管径过大、结垢严重的管道，建议采用插入式探头，或选择"Z"形安装方式
瞬时流量计波动大	信号强度波动大或测量流体本身波动大	调整好探头位置，提高信号强度（保持在3%以上）保证信号稳定，如流体本身波动大，说明位置不好，重新选点，确保段前10D、段后5D的工况要求
插入式探头使用一段时间后信号减弱	探头发生偏移或探头表面水垢厚	重新调整探头位置，清洗探头发射面
超声波流量计在现场强干扰下无法使用	供电电源波动范围较大，周围有变频器或强磁场干扰，接地线不正确	给仪表提供稳定的供电电源，仪表安装远离变频器和强磁场干扰，有良好的接地线

思考与练习

简述超声波流量计的工作原理。

模块六　振　动　测　量

振动是一种常见的物理现象，是指物体在平衡位置附近发生的往复变化。狭义的振动指机械振动（见图6-1），是指机械系统的组成元件在其平衡位置附近所做的往返运动，是本书研究的范畴。机械振动的存在可能会影响机器的正常运转，但利用振动现象又可以设计出许多仪器设备。因此，测量和分析振动十分必要。振动测量是指利用振动传感器采集振动信号，研究振动现象的产生和变化规律，为控制设备振动寻求解决依据的检测过程。振动测量所用的设备虽然不尽相同，但振动信号的采集都是由振动传感器（又称拾振器）来完成的。

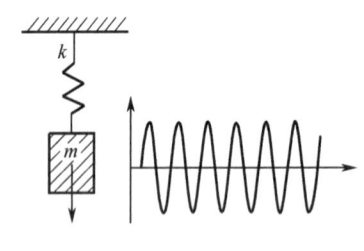

图6-1　机械振动示意图

课题一　电容式振动传感器

◆ **教学目标**

- 了解振动测量的基本概念。
- 了解振动传感器的主要类型。
- 了解电容式振动传感器的工作原理。
- 掌握电容式集成传感器振动测量系统。

任务提出

城市中的汽车和各种轻便车辆的普及使车辆安全受到人们的广泛关注，于是各类防盗锁、防盗报警器等车辆防盗产品（见图6-2）应运而生。从原理上看，相当多的防盗措施是通过监测车体的受冲击、振动的方式而实现的，且建立在性能良好的传感器和测量电路的基础之上。小李接到的工作任务就是为一款车辆防盗产品选择一个合适的传感器并配置测量电路，实现在车辆因人为的碰撞、移动产生振动时，蜂鸣器发出报警声的目的。

图 6-2 车辆防盗产品

任务分析

车辆被盗时必然会引发车辆的某些物理量发生变化，如车身发生晃动，因此，可以通过安装在车辆上的传感器触发报警电路，实现防盗监测。传统的车辆防盗系统中，传感器多为磁效应振动传感器。这类传感器敏感性能较好，但由于存在装配、安装误差，其频率响应不稳定，造成后续测量电路复杂，系统报警的可靠性较低；同时，在拖车、整车搬运等盗窃方式下对振动监测效果不佳。最有效的方法是对车体倾斜角进行测量，此时磁效应传感器因不能测量静态加速度而无法进行有效监测。因此，在车辆防盗系统中需要选择新型的振动传感器，可以同时监测振动和倾斜角度变化；设计相应的测量电路，实现防盗监测的要求。

相关知识

一、振动测量基础

1. 振动信号

振动测量中通常用到振动位移、振动速度和振动加速度三种信号（参数）。振动位移用 s 表示，单位为 mm 或 m；振动速度用 v 表示，单位为 m/s 或 mm/s；振动加速度用 a 表示，单位为 m/s^2，工程上还常用重力加速度 g 来表示（取 $1g \approx 9.81 m/s^2$）。振动位移、振动速度和振动加速度之间可通过简单的微积分运算进行换算。

2. 振动三要素

振动信号存在周期（或频率）、振幅、相位角三个要素，如图 6-3 所示。

（1）周期。物体振动一次所需的时间，通常用 T 表示，单位为秒（s）。频率是周期的倒数，即每秒钟物体振动的次数，用 f 表示，单位为赫兹（Hz）。周期和频率均表示振动的节奏，反映振动产生的原因。

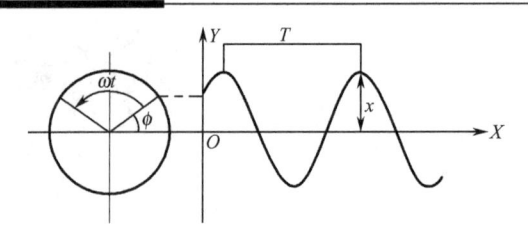

图 6-3　振动信号三个要素

（2）振幅。振动物体偏离平衡位置的最大距离，表示振动的能量。振幅的符号和单位根据所测振动信号的不同有所不同。振动位移测量中常用 x 表示，单位为毫米（mm）。

（3）相位角。反映振动运动状态的物理量，可用于诊断旋转机械的平衡、比较两个振动步调的差异性等，单位为度（°）或弧度。相关概念还有初相位、同相、反相、超前、滞后等。

3. 振动系统基本性质

做往复运动的振动系统的基本性质有惯性、恢复性和阻尼等。惯性使系统当前的运动状态持续下去，恢复性使系统位置恢复到平衡状态，阻尼则是使系统能量消耗掉的性质。这三个性质通常由质量 m、刚度 k 和阻尼 c 等物理量表示。

4. 振动测量过程

在振动测量中，首先要组建振动测量系统，包括选择适当的振动传感器、信号转换电路、采集和分析仪器，对测量系统进行标定等；然后选择测振点，安装振动传感器，采集振动信息；最后对信号进行分析，送去显示或反馈到输入端实现自动控制。

5. 振动传感器

（1）工作原理

惯性式振动传感器的结构如图 6-4 所示，主要部件为质量块、弹簧和阻尼器。

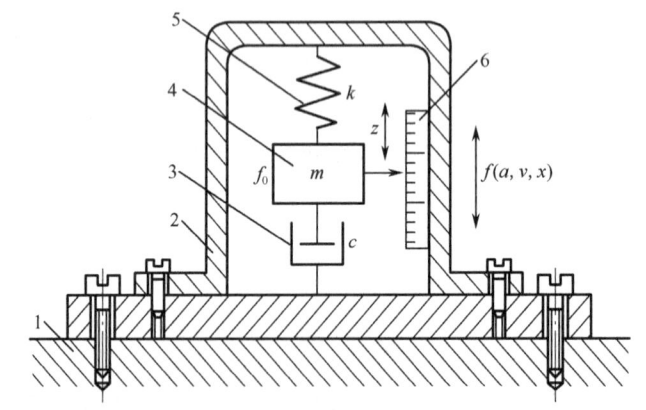

1—振动体基座；2—振动壳体；3—阻尼器；4—质量块；5—弹簧；6—标尺

图 6-4　惯性式振动传感器的结构

测振时将传感器安装在被测物体的测点上，当传感器壳体随被测物体一起振动时，由弹簧支撑的质量块将与被测物体发生相对运动，且与被测物体绝对振动值之间存在对应关系。

利用物理效应将相对运动量转换为电信号（机电变换），就能实现用输出电量反映被测物体振动（输入量）的目的。根据相对振动值与被测物体振动之间的不同关系，可以分别制造出振动位移传感器、振动速度传感器（速度计）和振动加速度传感器（加速度计）。

(2) 典型振动传感器

从机电变换方式看，振动传感器的差异较大。有的是将机械量的变化转换为电动势、电荷的变化，有的是将机械振动量的变化转换为电阻、电感等的变化。典型振动传感器及其特点如表 6-1 所示。

表 6-1 典型振动传感器及其特点

名称	工作原理	特点	应用领域
电涡流位移传感器	电涡流效应；输出信号与被测物体振动位移成正比	非接触测量；可用于静态和动态测量；材料不同影响线性范围和灵敏度；需外加电源和前置器，安装复杂	振动位移的测量；常用于旋转机械中监测转轴的振动
磁电式速度传感器	电磁感应原理；输出信号与振动速度成正比	安装简单，适用于大多数机器环境；无须外加电源，振动信号可直接使用；体积较大，部件易损坏，低频响应不好；标定较麻烦，只可做动态测量，价格较贵	常用于汽轮发电机组振动速度测量，有合适的频响范围
电容式加速度传感器	电容量变化；输出信号与振动加速度成正比	测量精度较高；频响范围宽、量程大；可用于静态和动态测量	较高加速度值的测量
压电式加速度传感器	压电效应；输出信号与振动加速度成正比	频率范围宽、量程大；体积小、重量轻，安装、使用方便；结构紧凑，不易损坏；噪声、传感器安装对测量影响较大；输出信号微弱，需配备放大器和屏蔽电缆	最常用的振动测量传感器之一，用于振动、冲击测量，动平衡校准等
应变式加速度传感器	电阻应变效应；输出信号与振动加速度成正比	低频信号可以从零开始；测量精度高，输出稳定；低噪声，低漂移，抗干扰能力强	常用于低频传感器，适用于振动分析、车辆振动监测、惯性导航等
压阻式加速度传感器	压阻效应；输出信号与振动加速度成正比	灵敏系数大、分辨率高；结构尺寸小、重量轻、成本低；频率响应好；工作可靠，使用寿命长；传感器对温度敏感，应采用温度补偿	航空、航天、石油化工、动力机械、生物医学工程等多个领域的振动和压力测量

二、电容式振动传感器的工作原理和结构

1. 工作原理

电容式振动传感器是把振动参数转换为电容量变化的传感器，因具有结构简单、灵敏度高、动态特性好等优点，在振动检测中得到广泛应用。其工作原理可用式（6-1）平板电容器电容的计算公式说明。

$$C = \frac{\varepsilon \cdot A}{d} = \frac{\varepsilon_0 \varepsilon_r A}{d} \tag{6-1}$$

式中　C——电容（F）；

ε——两极板间介质的介电常数（F/m）；

ε_0——极板间的真空介电常数，等于 8.85×10^{-12} F/m；

ε_r——两极板间介质的相对介电常数（F/m）；

A——极板相互遮盖的有效面积（m^2）；

d——两极板间的距离（m）。

如被测物体的振动仅引起 ε_r、A、d 中的一个参数有规律的变化，则被测量的变化就可以由电容 C 的变化反映出来，通过转换电路转变为电压、电流或频率的变化，实现用输出的电量反映被测物体振动的目的。

2. 典型结构和类型

（1）电容式振动加速度传感器

振动测量中使用的电容式传感器多为加速度输出形式，典型结构如图 6-5 所示。该传感器采用差动式结构，上下各有一块固定极板（1），极板间有一个用弹簧支撑的质量块（2），端面经过磨平抛光后作为可动极板，构成两个可变电容 C_1 和 C_2。当用传感器测量垂直方向上的振动时，由于质量块的惯性作用，使两块固定极板相对质量块产生位移，C_1、C_2 中一个增大，另一个减小，其差值正比于被测加速度值。

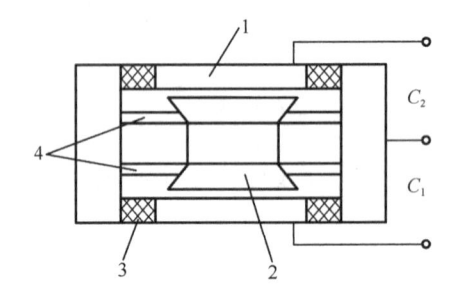

1—固定极板；2—质量块（动电极）；3—绝缘体；4—簧片

图 6-5 电容式加速度传感器典型结构

（2）微硅集成加速度传感器

随着 MEMS（Micro Electromechanical System，微机电系统）技术的发展，电容式加速度传感器越来越多地采用表面微加工技术制造。其典型结构如图 6-6 所示，三个多晶硅层组成差动电容，第一层和第三层不动，第二层是悬梁，在加速度作用下运动，使两组电容的电容量发生变化。这种传感器和振荡器、相敏检波器、放大器等检测电路集成在一起，就组成微硅集成加速度芯片（见图 6-7）。这类芯片除了电容式，还有压阻式、隧道式、共振式、热对流式等多种形式。

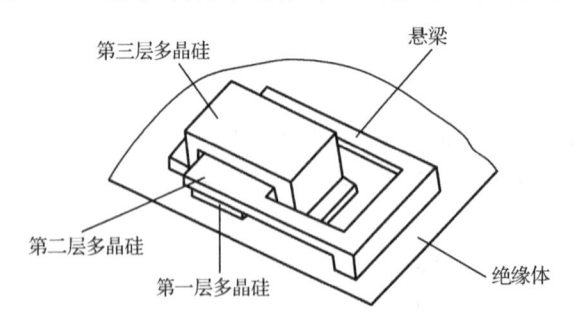

图 6-6 采用表面微加工技术制造的电容式加速度传感器的典型结构

图 6-7 微硅集成加速度芯片

三、电容式集成传感器振动测量系统

考虑到电容式集成传感器芯片应用的广泛性，下面以这种传感器为例介绍典型振动测量系统。

1. 测量系统构成

以电容式集成传感器芯片为核心的典型振动测量系统如图 6-8 所示。集成传感器芯片采集被测物体的振动加速度信号，输出模拟信号或 PWM（Pulse Width Modulation，脉冲宽度调制）数字信号，送入采集设备，然后通过输入接口进入控制器，经运算或变换后送显示设备显示，输出报警信号或控制信号。也可以在输出端引出反馈信号，实现闭环控制。上述测量系统的核心是传感器芯片及其外围接口电路，它们常被制作在同一块接口电路板上。

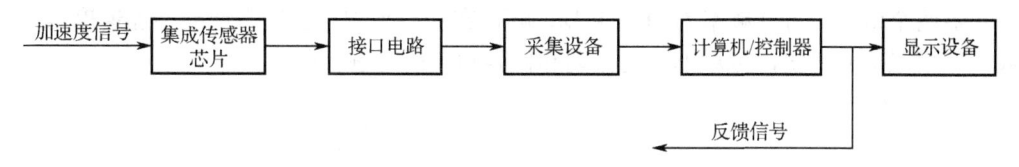

图 6-8 典型振动测量系统

2. 传感器接口电路板

传感器接口电路板上除了放置传感器芯片，通常还包括稳压电路、抗混滤波电路、温度补偿电路等，用于对传感器输出信号在进入采集设备前进行适当的处理，以消除高频噪声干扰等。

典型微硅电容加速度传感器的内部组成及外围电路如图 6-9 所示。传感器芯片产生的信号经放大、检波后转换为与振动加速度成比例的电压信号，由"X 输出"引脚输出。为了对输出信号进行预处理，在输出端串接电容 C_1 组成 RC 低通滤波器；为了消除电源中噪声的干扰，在电源端串入电阻 R_s，同时并入旁路电容 C_2。

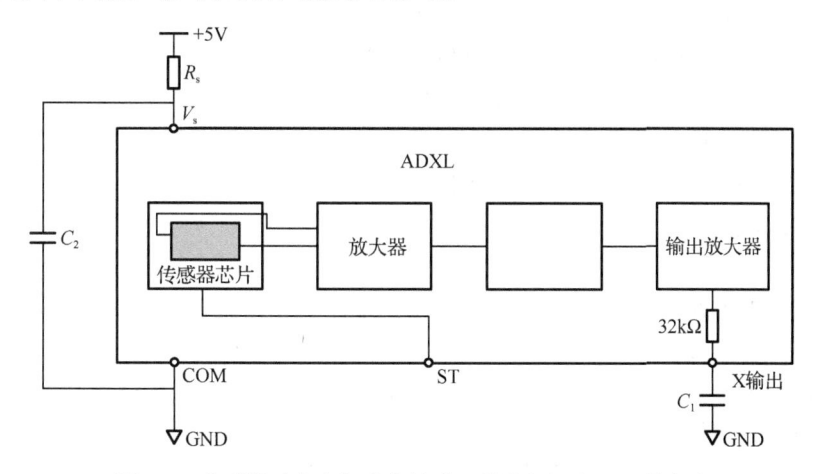

图 6-9 典型微硅电容加速度传感器的内部组成及外围电路

一、传感器选型

在本任务中,为实现车辆防盗,需要同时监测车体振动和倾角变化,因车体倾斜角度变化频率低,振动频率较高,所以要求传感器的频率响应范围较宽;需要同时检测水平、垂直两个方向上的振动和倾斜角度变化,要求传感器应小巧、可靠、能耗低。满足上述需求的有效方式是采用微硅电容集成加速度传感器,这类传感器可以检测静态和动态加速度值,响应速度快,小巧便捷,很适合组建车辆防盗系统。

本任务中选择某公司的 ADXL202 电容式集成双轴加速度计,如图 6-10 所示。它可以测量传感器两个敏感轴方向频率为 0~5kHz、幅值在±2g 范围内的动态或静态加速度信号,实现数字、模拟信号输出,可对车体的振动和倾斜角度同时进行监测。

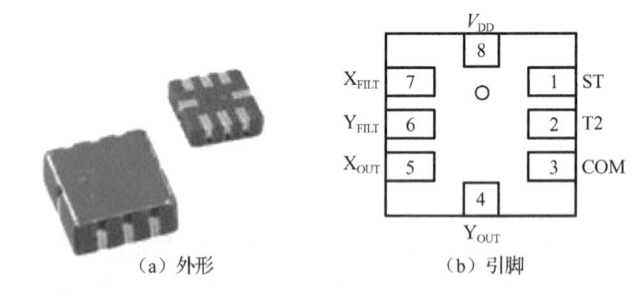

（a）外形　　（b）引脚

图 6-10　ADXL202 电容式集成双轴加速度计

二、测量系统方案设计

采用这款传感器的车辆防盗系统方案确定为:

(1) 将传感器固定在车体上,通过对传感器两个敏感轴方向上加速度的测量,实现对车辆振动的监测;而对敏感轴方向上重力加速度分量的监测,用于确定车体倾斜角度的变化。

(2) 传感器输出的数字信号直接送到微控制器的计数器/定时器端口,用于倾斜角度测量;输出的模拟信号经 A/D 转换后,用于振动测量。

(3) 车体倾斜角度相对于初始状态改变 5°,认为有盗车情况发生;在较短时间内车辆振动能量超过设定的阈值,认为有破坏车辆的情况发生。

三、接口电路设计

根据设计方案及功能要求,设计车辆防盗系统电气原理图如图 6-11 所示。除传感器芯片的外围接口电路外,还要特别注意其特有的模拟、数字输出方式。

(1) X_{OUT}、Y_{OUT} 端口输出与传感轴加速度成正比的 PWM,送到微控制器的计数器/定时器端口。得到的加速度通过反三角运算,可以得到敏感轴与重力方向的夹角。

(2) 从 X_{FILT} 和 Y_{FILT} 引脚输出的模拟信号经电压跟随器 A、B 提高负载能力后,送入微处理器的 A/D 端口,用于测量振动。输出端电容 X_{FILT} 和 Y_{FILT} 的大小由输出信号抗混滤波电路的截止频率决定。

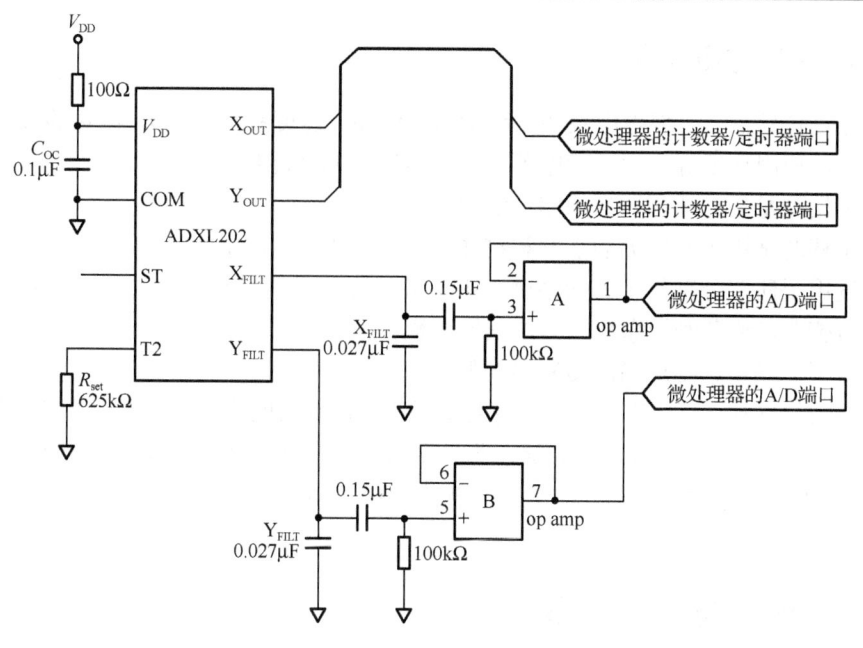

图 6-11 车辆防盗系统电气原理图

结论：利用这款电容式加速度芯片组成的防盗装置，不但拥有传统车辆防盗传感器的灵敏性，而且扩大了监测范围，简化了电路结构，提高了可靠性。

相关链接

一、振动传感器性能指标

1. 静态性能指标

振动传感器的静态性能指标包括量程、精度、灵敏度、分辨力、稳定性等，这里仅着重说明各指标参数在使用中需注意的要点。

在确定传感器的量程时，要知道被测量的变化范围，通常使被测量的变化范围在满量程的 2/3 左右；精度是包含准确度、线性度、迟滞、重复性等的综合指标；灵敏度与测量范围、固有频率等相互制约，过高的灵敏度会减小测量范围，还会使信号的稳定性变差；测试系统的分辨力应小于绝对误差的 1/3、1/5 或 1/10，可通过改善传感器敏感元件的灵敏度来提高分辨力；稳定性是衡量传感器性能优劣的重要标志，振动测量中常用传感器的灵敏度漂移和零点漂移表示。

2. 动态性能指标

动态性能指标可以从时域和频域两方面来考虑。在以时间为自变量的时域分析中使用的响应时间，是指测量系统的输出信号达到稳态值的 95%或 98%时所需要的时间；而以频率为自变量的频域分析中，主要考虑测量系统的通频带、工作频带以及固有频率。通频带是指在测量信号幅值衰减到 3dB（幅值为原来的 70.7%，功率为原来的 1/2）时的频带宽度；工作频带是测得的振动信号不出现较大失真的频率响应范围。

二、振动传感器选用要点

选择振动传感器，主要考虑被测振动参数（位移、速度和加速度）、测量的频率范围、量程及分辨力、使用环境等，同时考虑各类振动传感器的性能特点。

（1）根据测量目的选择适当的测量参数

振动位移通常用于判别振动强度和物体变形，振动速度决定噪声的高低、反映振动能量，振动加速度用于研究外部作用力的强度。由于数学运算可能导致信号失真，因此应根据测量参数选择传感器，避免利用微积分方法获取参数。

（2）根据被测量选择适当的传感器类型

测量振动位移时，可采用电感、电容或电涡流原理制成的位移传感器；测量振动速度时，可采用电磁感应原理制成的速度传感器；测量振动加速度时，可采用压电、电容、应变式加速度传感器。在测量低频大振幅振动时，应优先选用位移传感器；而测量高频振动时，则选择加速度传感器。

思考与练习

1. 振动测量中常用的信号有哪些？测量中选择什么信号与哪些因素有关？
2. 常用的振动传感器有哪些？分别用于什么场合？
3. 微硅集成加速度传感器的优势和应用领域有哪些？
4. 绘制车辆防盗系统中振动测量部分框图，说明各部分的作用。
5. 绘制 ADXL202 传感器芯片与外围元器件的接口电路图，说明各外围元器件的作用，各电阻、电容大小的确定方法。

课题二　压电式振动传感器

◆ 教学目标

☐ 了解压电效应的基本概念。
☐ 熟悉压电式振动传感器的主要技术参数。
☐ 掌握压电式振动传感器测量系统。
☐ 掌握压电式振动传感器的安装和使用方法。

任务提出

矿用提升机（见图 6-12）是矿井中使用的类似民用电梯的运输设备。提升机的提升容器在运行过程中远没有电梯桥厢那样平稳，存在较大的振动。为了保证主运输通道的安全，相关部门对提升机各部件的检测周期及标准做出明确规定，其中提升容器振动测量是其中的重要环节。

提升容器振动测量通常是利用振动传感器把容器的振动信息转化为电信号后传送给后续设备，经放大器放大后传送给采集装置，再由采集装置采集数据信息并保存到存储设备中，对其进行离线分析后对振动状况给出评判的。小李此次的工作任务就是选择一种合适的振动传感器,满足上述需要,并确定振动测量系统的其他配套电气元器件。

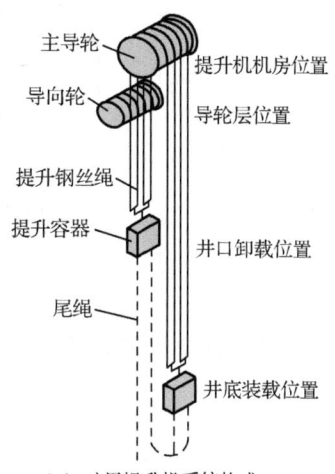

(a) 矿用提升机机房　　(b) 矿用提升机系统构成

图 6-12　矿用提升机

任务分析

选择传感器类型,一方面需要了解测量的实际需要,一方面需要掌握常用传感器的主要性能特点。

在提升机测量中使用的振动传感器要求工作频带较宽、适合动态测量、能提供振动加速度信号、对环境的适应性强。从上一课题介绍的典型振动传感器的性能特点中,可看出压电式加速度传感器测量幅值大、频率范围宽,常用在振动、冲击等动态测量中。通过对这类传感器相关知识的学习和现场测量需求的分析,确定适合本任务的传感器类型和相关配套电气元器件。

相关知识

一、压电效应和压电式传感器

1. 压电效应(正压电效应)

压电效应是指某些物质沿一定方向受到外力作用变形时,内部被极化,其表面会产生电荷,外力去除后又会重新回到不带电状态的现象。压电效应与施加外力的关系可用图 6-13 所示的石英晶体说明。该晶体有三个晶轴:z 轴(光轴)、x 轴(电轴)和 y 轴(机械轴)。当沿着 x 轴或 y 轴对压电晶片施加力时,会在垂直于 x 轴的表面上产生电荷,出现压电效应;而沿着 z 轴方向施力时,则不产生压电效应。

在 x 轴方向上施加压力 F_x 时,在 x 轴表面上产生的电荷为

$$Q = d_{11}F_x$$

式中　d_{11}——某种材料的压电常数,石英晶体的 $d_{11}=2.3\times10^{-12}$ C/N。

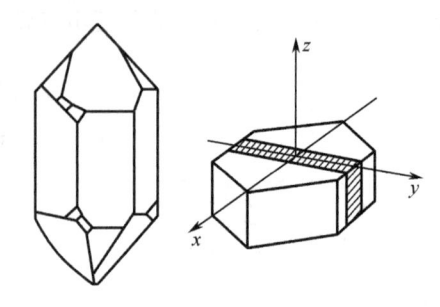

图 6-13　石英晶体

在 y 轴方向施加力 F_y 时,在 x 轴表面上产生的电荷为

$$Q=-d_{11}\frac{l}{\delta}F_y$$

式中　l、δ——石英晶体的长度和厚度。

可见,压电效应产生的电荷量与外力、压电常数及石英晶体切面尺寸有关,沿机械轴的压力引起的电荷极性与沿电轴的压力引起的电荷极性相反。

2. 压电材料

能产生压电效应的物质称为压电材料（压电元件）,常见的压电材料有石英晶体、多晶体压电陶瓷和高分子压电材料等。石英晶体性能稳定,但价格高、压电常数小,多用在标准传感器中。一般振动测量装置中多采用成本较低的压电陶瓷作为压电元件,常用的压电陶瓷材料有钛酸钡（$BaTiO_3$）、锆钛酸铅系列（PZT）等。合成高分子聚合物薄膜是一种柔软的压电材料,用在防盗等不要求定量测量的场合。

3. 压电式传感器

压电式传感器利用压电元件在敏感轴方向上受到外力作用时,在电介质表面产生电荷来实现非电量测量的目的,其工作过程如图 6-14 所示。在压电元件两个工作面上进行金属蒸镀形成金属膜,构成两个电极。当压电元件受到压力 F 的作用时,分别在两个极板上积聚数量相等、极性相反的电荷,形成电场,通过外部测量电路形成电流输出,通过测量电流的大小可以测得 F 的大小。

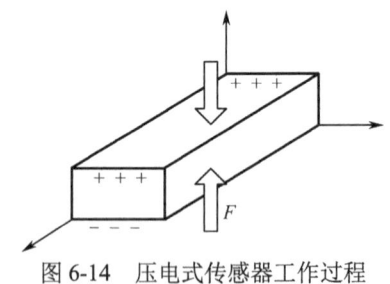

图 6-14　压电式传感器工作过程

如果施加于压电元件的外力不变,极板上的电荷无泄漏,那么电荷量将保持不变,与外力 F 成正比。但由于存在电荷泄漏,只有在动态力的作用下才可能补充电荷量,形成稳定的电流输出。因此,压电式传感器仅适用于动态测量,如动态力、压力、振动加速度等的测量。

二、压电式振动传感器的结构

用于振动测量的压电式传感器多为加速度传感器,如图 6-15 所示,常见结构形式有压缩式、剪切式及复合型等。下面以压缩式加速度传感器为例介绍这种传感器的结构。

如图 6-16 所示,该类传感器由压电元件、质量块、预压弹簧、基座、外壳等几部分组成。整个部件装在外壳内,用螺栓固定。压电元件用高压电系数的压电陶瓷制成,压电系数为 d_{11}。两个压电元件并联,质量块 m 采用高密度金属块。测量时,将基座与被测物体刚性地连接在一起,使质量块感受与物体完全相同的运动,加速度为 a。则压电元件上产生的电荷增量为

$$\Delta Q = d_{11}ma \tag{6-2}$$

利用放大器可以将上述电荷变化转化为输出电压的变化,即放大器的输出电压与被测物体的加速度 a 成正比,测出输出电压,即可获得所测物体的加速度。

图 6-15　压电式加速度传感器

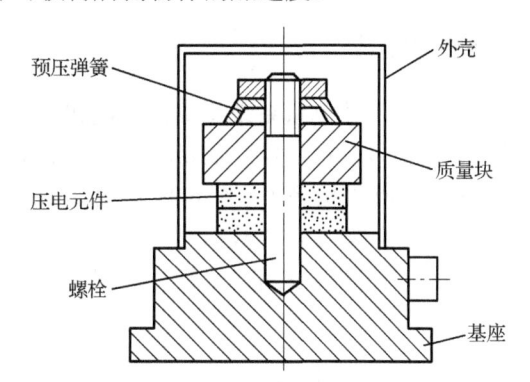

图 6-16　压缩式加速度传感器结构

三、压电式振动传感器技术参数及选型

（1）灵敏度

灵敏度是传感器在静态情况下输出量变化与输入量变化之比。加速度传感器的输出为电荷量或电压,输入为加速度,电荷灵敏度单位是 pC/（m·s^{-2}）。灵敏度低的传感器可用于动态范围很宽的振动测量,如汽车的撞击试验;灵敏度高的传感器可用于测量微弱振动,如测量机床床身的振动等。

（2）测量范围

常用的压电式加速度传感器的测量范围为 0.1~100g,冲击振动可选用 100~10000g,路桥、地基等的微弱振动则往往选择 0.001~10g 的低幅值高灵敏度加速度传感器。本任务中提升容器运行过程中的振动加速度幅值一般为 0~5g。

（3）频响范围

频响范围是指使输出信号不出现较大失真的最低有效输入信号频率到最高有效输入信号频率之间的范围。多数压电式加速度传感器的频响范围为 0.1Hz~10kHz,不适用于静态加速度的测量。

除技术参数外,尺寸、质量等物理性质,环境、温度等工作条件也是重要的工作参数。
选型要点:

① 从使用工况的角度考虑,当被测结构是机械结构时,如车辆底盘、机床、动力机械等,

振动幅值为几十至一百倍标准重力加速度，频率为十几至几百赫兹，选择通用型压电式加速度传感器。

② 在冲击、爆破等测试工况下，要求动态响应快，且不能因传感器的质量改变被测物的状态，就需要自重轻、频率范围宽的小型振动加速度传感器。

③ 土木结构、大型钢结构等的振动属于低频低幅值振动，应选择低频振动传感器，要求传感器与电荷放大器的自身绝缘阻抗高，安装面平整度高。

④ 多点测量时可考虑采用 ICP 压电式集成加速度传感器，该传感器不需外配测量转换电路，直接输出电压信号，抗干扰性好，但长期使用要考虑信号漂移问题。

⑤ 对频率响应要求较高时可选用中心压缩型或环形、剪切型传感器，而剪切型传感器对环境适应性强、信号更稳定。

四、压电式振动传感器测量系统

1. 测量系统组成

压电式振动传感器测量系统主要由压电式振动传感器、测量转换电路、数据采集装置、数据记录装置、信号分析仪器、显示输出装置等部分组成，需要参与控制的情况下，还需要相应的控制器、执行机构等（见图 6-17）。随着计算机技术的发展，测量系统中广泛采用以计算机为核心的虚拟仪器技术，数据存储、信号分析、显示输出等装置的功能都可以采用集卡配合 PC 或 IPC（工控机）来完成；还可将采集到的数据通过无线网络传递到远方的记录设备中，进行后续的处理。

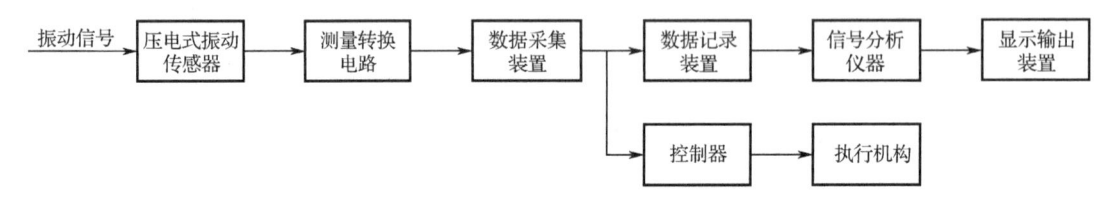

图 6-17 压电式振动传感器测量系统组成

2. 测量转换电路

压电式传感器输出的信号微弱，通常需要经过转换电路或设备的调理后，才能达到信号采集与处理的输入要求。放大、滤波、微积分是常用的信号调理方法。

（1）放大电路

压电式传感器的输出端通常需要接入一个高输入阻抗的前置放大器，既可以把传感器的高阻抗输出变换为低阻抗输出，又能把传感器的微弱信号放大。不同类型的输出要求不同的转换电路，压电式传感器的输出可以是电压，也可以是电荷。电压输出易受电缆长度影响，且对放大器的要求较高，通常压电式传感器采用电荷输出，配用电荷放大器（见图 6-18）。

图 6-18 电荷放大器

电荷放大器的基本作用是将压电式传感器产生的电荷转换为电压，输出电压仅与传感器的电荷及反馈电容有关，与电荷成正比。测量电缆对传感器灵敏度的影响较小，可采用长电缆远距离测量。产品级电荷放大器兼有电荷转换、低通滤波和信号放大的功能，具体类型有多通道型、双积分型、准静态型、多功能型等。

（2）滤波电路

由于测得的现场振动信号中常混有干扰信号，因此要在多个部分设置滤波电路。根据滤波效果的不同，可分为低通滤波、高通滤波、带通滤波和带阻滤波；根据使用手段的不同分为硬件滤波和软件滤波。对于较复杂的测试系统，多采用硬件滤波和软件滤波结合的方式。

（3）从系统角度分析测量系统

分析振动测量系统应从系统的角度进行。振动测试工作能否顺利完成、精度能否保证，要依靠振动传感器、信号调理电路、屏蔽电缆、信号采集和处理装置等各部件的共同作用，测量误差也存在于各环节中。下面以灵敏度的计算为例说明传感器与测量系统间的关系。

例：已知振动测量系统中电荷放大器的灵敏度为 10mV/pC，振动传感器的灵敏度为 8.3pC/(m·s^{-2})，则在忽略其他部分影响的情况下，计算振动测量系统的灵敏度。

解：因为忽略测量系统中其他部分的影响，振动测量系统灵敏度近似为

$$S = S_c \times S_d$$
$$\approx 8.3 \text{pC}/(\text{m}\cdot\text{s}^{-2}) \times 10\text{mV/pC} \times 10^{-3} \times 9.81(\text{m}\cdot\text{s}^{-2})/g$$
$$\approx 0.814 \text{V}/g$$

式中，S_c、S_d 分别为振动传感器和电荷放大器的灵敏度。

五、振动测量的实施

1. 测量系统的标定

新安装的设备使用一段时间后灵敏度可能会发生改变，测量前一般要进行标定（校准）。要求不高的情况下，可在实验室利用激振台人为给定振动频率和振幅，记录输出电压，绘制特性曲线。要求严格的情况下，需要到现场标定。

2. 测点的选择

振动测量中，压电式加速度传感器的安装位置（测点）不同，所得到的测定值有较大差异。测点的选择要根据测量目的确定，如测齿轮箱的振动可将测点选在轴承座上；对测点做标记，以保证每次测定部位不变；同时保证测点表面的洁净。

3. 振动传感器的安装

现场测量时，可根据测量目的和对象选择不同的压电式加速度传感器安装方法，如图 6-19 所示。安装方法通常有如下几种：

（1）螺栓安装。需长期监测振动机械工作状态时使用，要钻孔开螺纹并用双头螺栓安装。

（2）磁铁安装。短时间监测中、低频振动时，用磁铁将传感器底座吸附在测点进行测量，也可以配合使用手持式测振仪（见图 6-20），对多个测点振动进行定期巡检。

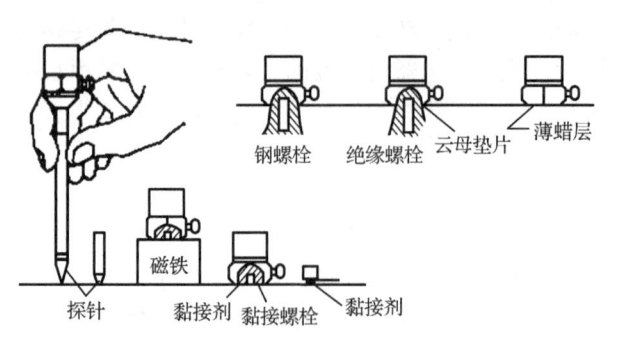

图 6-19　压电式加速度传感器安装方法　　　　　　图 6-20　手持式测振仪

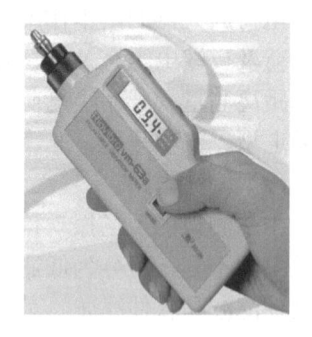

（3）黏接安装。当被测物体不允许钻孔且振动微弱时，用"502"瞬干胶、环氧树脂胶等黏接剂将传感器黏接在测点表面上。

此外还有云母垫片安装、工装安装等安装方法。

任务实施

1. 振动传感器选型

提升容器要求进行运动过程中的动态测量，符合压电式传感器的特点；振动信号在各频率段都有分布，符合压电式传感器的频率范围；选用压电式加速度传感器，可以很好地反映提升容器的振动；选用剪切型振动传感器，对环境的适应性好。综合上述分析并考虑成本，选择了 KD1010 压电式加速度传感器，其主要参数见表 6-2。

表 6-2　KD1010 压电式加速度传感器主要参数

技术指标/型号	电荷灵敏度/g	安装谐振频率/kHz	使用频率范围/Hz	最大横向灵敏度比	最大量程/g	内部结构	使用温度范围/℃	输出端位置	质量/g	尺寸/mm²	使用场合及特点
1005	50pC	0~25	0.5~8000	<5	800	剪切	-20~100	顶端	28	$\phi15\times26$	振动、冲击
1005C	50pC	0~25	0.5~8000	<5	800	剪切	-20~100	侧端	29	$\phi15\times21$	振动、冲击、侧端输出
1010	100pC	0~23	0.5~7000	<5	600	剪切	-20~100	顶端	29	$\phi15\times26$	振动、冲击

2. 配套电气设备的选型

图 6-21　KD5001 型电荷放大器

为突出灵活便捷，选用了小型密封结构的 KD5001 型电荷放大器（见图 6-21）。灵敏度为 10~100mV/pC，可通过更换内部电阻进行调整；频响范围为 1~100kHz，输出电压为±50mV，DC±（6~15）V 双极性电源供电。仪器内部由电荷放大、低通滤波、归一化放大等部分组成。电荷放大部分完成电荷到电压的转换；有源低通滤波部分有效抑制信号中的高频分量；放大部分是一种增益可调的比例运算放大电路。此外还需选择采集设备和配有采集分析软件的便携式 PC。

3. 测量系统构成

利用上述所选设备，组建振动测量系统，如图 6-22 所示。

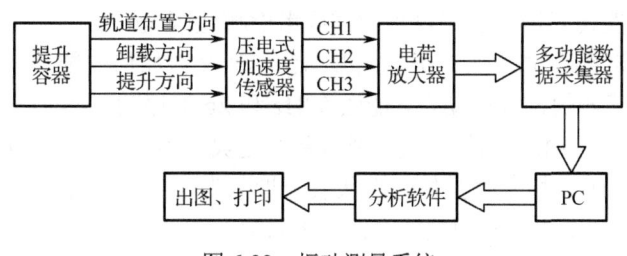

图 6-22 振动测量系统

二、测量方案确定

（1）测量方案。将测量设备和振动传感器安装在提升容器中，启动采集和振动分析程序，开启提升机，上下全速运行两个工作循环，同时采集三个正交方向上提升容器的振动加速度信号，存储到便携式 PC 中。结束后利用分析软件离线分析数据。

（2）测点的选择。分析发现，测点设在提升容器顶部中心位置最为理想。结合实际情况，最后确定提升容器为运输煤炭的箕斗时，顶部维修平台更适于测试设备的安装、固定；提升容器为运输人员的罐笼时，罐笼底层中心位置的测试结果更有利于分析乘坐舒适度，故选择该位置为测点。

（3）传感器安装。由于提升容器传感器安装处的振动加速度频率通常小于 500Hz，故可将振动传感器通过磁铁固定在提升容器上。

知识链接

衡量振动强度的工程指标

工程上常将被测物体的振幅用单峰值（位移振幅用 x_{ms} 表示）、峰峰值（位移振幅用 x_{pp} 表示）和有效值（位移振幅用 x_{RMS} 表示）等时域指标度量。

单峰值是指振动信号的最大点距平衡位置的距离；峰峰值是指振动信号的波峰与波谷之间的距离，用振动测量仪器测得的振动幅值通常是指峰峰值；有效值即均方根值。这些指标从不同角度反映了振动信号的强度和能量情况。

此外，国际标准化组织（ISO）规定，将频率在 10～1000Hz 范围内振动速度的均方根值称作振动烈度，这一参数在机械故障振动诊断中得到广泛应用，常用于评价机器振动的强度和运行安全情况。

在振动测试分析仪中还常用 dB（分贝）数来表示相对振幅大小，称为振动级。其规定如下：

$$1\text{dB} = 20\lg\frac{测量值}{参考值}$$

思考与练习

1. 何谓压电效应？常用的压电材料有哪些？
2. 压电式加速度传感器在选择过程中需要考虑哪些因素？
3. 如何选择振动测量的测点？压电式振动传感器又该如何安装？
4. 某加速度传感器的校准振动台，能做 50Hz 和 2g 的振动。今有一只 KD1010 压电式加速度传感器，按照测试要求需加长导线，要重新标定灵敏度。选用的 KD5001 型电荷放大器灵敏度设置为 10mV/pC。标定时晶体管毫伏表上指示为 1.95V，试画出标定系统框图，计算传感器的电荷灵敏度，说明如何调整放大器的灵敏度。

课题三　磁电式传感器

◆ 教学目标

- ¤ 了解磁电式传感器的类型和工作原理。
- ¤ 了解磁电式传感器的工作参数。
- ¤ 掌握磁电式传感器测量系统。
- ¤ 掌握磁电式振动速度传感器的安装、使用方法。

任务提出

随着国内电能需求的日益增加，单机容量的不断扩大，大容量汽轮机发电机组成为电网的主力设备，其可靠性具有重要的社会和经济意义。振动监测是汽轮机安全监视系统的重要组成部分，可以连续监测发电机机组关键部件的振动，及时发出报警或跳机信号，帮助判别机器故障，保护汽轮机设备的安全运行。

小李参与的一套 300MW 汽轮发电机组安全监视系统（见图 6-23），主要由传感器、智能板件、控制机柜、上位机监视软件等组成。其中振动监测部分要求采集垂直和水平方向的振动信号，作为机组跳闸保护的参数。小李要完成的工作是该部分传感器的选型、安装及相关测量电路的选型设计。

图 6-23　汽轮发电机组安全监视系统

任务分析

在本任务中，需要重点解决的问题有：

首先，明确需要测量的内容。发电机组是典型的旋转机械，转子是其中的核心部件，决定机组能否正常工作。因此，转子径向振动的振幅是衡量机组振动状态的基本指标。同时，转子是通过轴承支撑在轴承座及机壳上的，因此汽轮机的振动监测主要包括转子轴振动（轴振）和轴承座振动（瓦振或盖振）等的测量。

其次，确定传感器的类型。对轴承座振动的测量，常采用惯性速度传感器。如磁电式振动速度传感器，不需要辅助供电电源，测量频率宽，抗干扰性好，使用方便，输出与 ISO 单位（振动烈度）一致，便于性质判断，成为振动测量的首选。

最后，完成磁电式振动速度传感器在汽轮机轴承座或机壳上的安装。这方面需要选择合适的测点，确定传感器的安装方式、方向等。

相关知识

一、磁电式传感器的类型及工作原理

1. 类型和特点

磁电式传感器（见图 6-24）是利用电磁感应原理将被测物理量（如振动、位移、转速等）转换成电信号的传感器，属于机电能量转换型传感器。磁电式传感器不需要供电电源，电路简单，性能稳定，输出功率大，具有一定的工作带宽（10～1000Hz），适合于振动、转速、扭矩等参数的测量；不足之处是尺寸和质量较大。

2. 基本工作原理

磁电式传感器的常用类型有相对式和惯性式（绝对式），振动测量中多用后者。磁电式传感器根据运动部件是线圈还是磁铁又可分为动圈式和动铁式，两者的工作原理相同，如图 6-25 所示。该传感器由弹簧支架、测量线圈、永久磁钢、外壳和输出引线端等几部分构成。永久磁钢产生恒定磁场，弹簧一端与测量线圈连接，另一端与外壳连接。

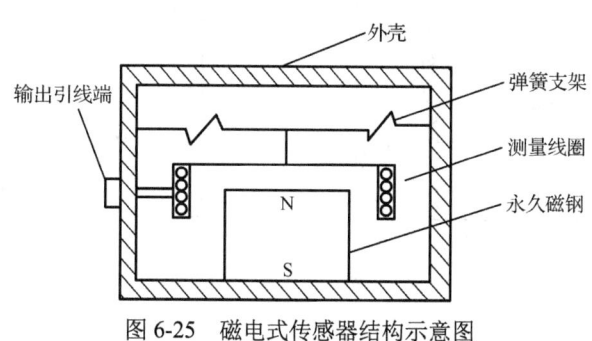

图 6-24 磁电式传感器

图 6-25 磁电式传感器结构示意图

测振时传感器紧固在测点上，随被测物体一起振动，带动永久磁钢和外壳上下振动。测量线圈由于有软弹簧支撑，基本保持静止不动，则永久磁钢与测量线圈间的相对运动速度 v 近似为被测物体的绝对振动速度。测量线圈切割磁力线产生的感应电动势为

$$E = -BlN_0v$$

式中　B——工作气隙的磁感应强度；
　　　l——每匝测量线圈的平均长度；
　　　N_0——测量线圈处于工作气隙磁场中的匝数，称为工作匝数；
　　　v——永久磁钢与测量线圈间的相对运动速度。

当传感器结构确定后，B、l、N_0 均为定值，感应电动势 E 与相对运动速度 v 成正比，即与被测物体的振动速度成正比。用转换电路将感应电动势转换为电压输出，从而得到输入为物体振动速度、输出为电压信号的磁电式振动传感器。

磁电式振动传感器的输出电动势与永久磁钢和测量线圈间的相对运动直接相关。振动频率过低时，相对运动速度很小，输出电动势因过小而无法测量。因此，磁电式振动传感器存在下限工作频率。

二、磁电式传感器的结构

由电磁感应定律可知，线圈在磁场中切割磁力线或磁场的磁通发生变化时，线圈中会产生感应电动势。根据导致磁通变化的因素不同，可将磁电式传感器分为恒磁通式和变磁通式两类。

1. 恒磁通式磁电式传感器

如图 6-26 所示，恒磁通式磁电式传感器由弹簧 2、永久磁钢 4、线圈 3、金属骨架 1 和壳体 5 等组成，气隙（永久磁钢与线圈的间隙）中的磁通恒定，从结构上分成动圈式和动铁式。动圈式的线圈支撑在弹簧上，动铁式的则是永久磁钢支撑在弹簧上。当线圈和永久磁钢间没有相对运动时，气隙中的磁通也恒定不变；当壳体随被测物体一起振动时，由于弹簧较软，运动部件质量较大，振动频率足够高时，运动部件来不及响应，近似保持静止，线圈切割磁力线，产生与振动速度相关的感应电动势。

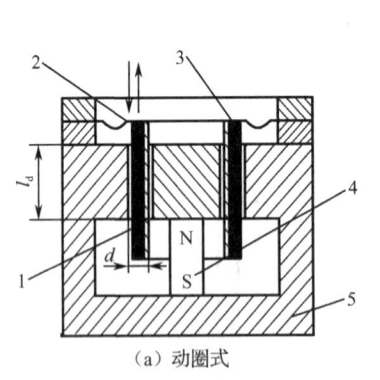

(a) 动圈式　　　(b) 动铁式

1—金属骨架；2—弹簧；3—线圈；4—永久磁钢；5—壳体

图 6-26　恒磁通式磁电式传感器的结构

恒磁通式磁电式传感器频响范围一般为几十至几千赫兹。当被测物体振动频率低于传感器的固有频率时，传感器的灵敏度（E/v）随振动频率变化而变化；当振动频率远大于传感器固有频率时，传感器的灵敏度基本上不随振动频率变化而变化，近似为常数。

2. 变磁通式磁电式传感器

变磁通式磁电式传感器又称为变磁阻式磁电式传感器或变气隙式磁电式传感器，常用来测量旋转物体的角速度，这里不再详述。

从上述介绍可知，磁电式传感器只适用于动态测量，可直接测量振动物体的速度或旋转体的角速度。加上微分和积分电路，还可用于振动加速度和振动位移的测量。

三、磁电式传感器的选用

1. 工作参数

以表 6-3 所示 CD 系列磁电式振动速度传感器为例，说明这类传感器的工作参数。常用参数有灵敏度、频响范围、测量范围（最大可测位移、最大可测加速度）、线性度等，其含义已多次提及，这里不再赘述。其他参数还包括固有频率、工作线圈内阻、质量等。这类传感器常用于测量轴承座、机壳或结构的振动，输出电压与振动速度成正比，也可以将振动速度经积分运算后转换成振动位移输出。

表 6-3　CD 系列磁电式振动速度传感器工作参数

型　号	CD-1	CD-4 CD-4a	CD-6 CD-6a	CD-7-c CD-7-s	CD-21-c CD-21-s CD-21-t
灵敏度/ [mV/(cm·s^2)]	600	600	800/1500	600，6000	200，280
频响范围/Hz	10～500	2～300	1～300	0.5～20	10～1000
最大可测位移/mm	±1	±7.5/±20	±3	±0.6，±6	±1
最大可测加速度/(m·s^2)	50	100	100	10	500（冲击）
线性度/%	5	5	5	5	5
测量方式	绝对	相对	相对	绝对	绝对
尺　寸 /mm^3	ϕ45×160	ϕ65×170 ϕ65×210	ϕ45×56 ϕ48×98	70×70×113	ϕ36×80
应用范围	稳态	动平衡	动平衡	低频	监视

2. 选型要点

（1）选择磁电式振动速度传感器时，要熟悉所选产品的参数。

（2）注意传感器的测量方式、灵敏度、频响范围、铠装或非铠装电缆总长度等。

（3）磁电式传感器按照信号输出方向分为单向型（垂直或水平方向）和通用型（垂直和水平方向均可使用）两类，选用时应注意传感器的使用方向和末端接头连接方式。

四、磁电式传感器测量系统

1. 测量系统组成

磁电式传感器在使用频率范围内能输出较强的电压信号,不易受电磁场和声场的干扰,且传感器通常具有较高的灵敏度,因此其测量电路较简单,一般不需要高增益放大器。若要获取被测位移或加速度信号,则需要配用积分或微分电路。如图 6-27 所示为其测量系统的组成框图。

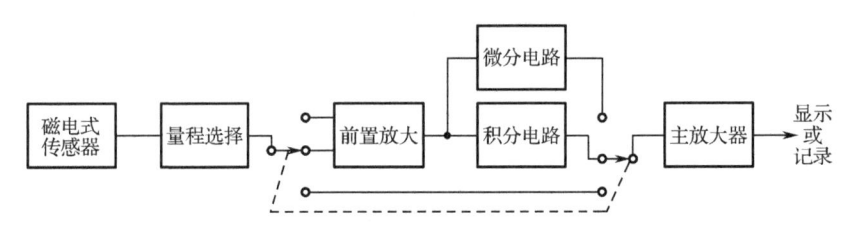

图 6-27 磁电式传感器测量系统组成框图

2. 安装注意事项

(1) 现场安装时,要注意磁电式传感器的工作方向,即安装角度。通常,这种传感器的工作方向有三种类型:垂直方向(0°±2.5°)、水平方向(90°±2.5°)和通用型(0°±100°,垂直和水平方向均可使用)。

(2) 现场安装时,应保证传感器的敏感轴与正弦激振方向垂直度偏差在±5°以内,以减少测量误差。

(3) 传感器安装应采用浮地方式,输出引线插座应绝缘浮空,电缆宜采用两芯屏蔽电缆,屏蔽层在现场侧应绝缘浮空。

任务实施

一、测量方案

小李设计的汽轮发电机组安全监视系统振动监测方案为:

(1) 为监视轴承座的振动,为每个轴承座垂直安装一只磁电式振动速度传感器。信号通过前置器,输出到监测模块,经模块处理后,输出到指示仪表和上位机软件。

(2) 振动自动保护采用轴承座振动(为绝对振动)保护方式,轴振动(为相对振动)仅用于报警。如轴振过大,运行人员认为需要停机,可采取手动停机措施。

二、传感器选型

测量轴承座的振动,惯性速度传感器和压电式加速度传感器均有应用,考虑到磁电式振动速度传感器不需要安装供电电源、输出电压值大、电路简单、抗干扰性能好,小李在设计中选用了这类传感器。具体型号为国产 CD 系列的 CD-21t(见图 6-28),通用型,可在垂直或水平方向安装,灵敏度为 280mV/($cm \cdot s^{-2}$),频响范围为 10~1000Hz,最大可测加速度达

500m/s², 可与振动烈度监视仪、瓦振监视仪等二次仪表配接。

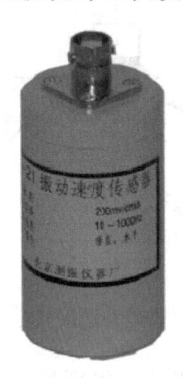

图 6-28　CD-21t 磁电式速度传感器

三、磁电式振动速度传感器安装和调试

1. 测点的选择

本任务中设计的汽轮发电机组监视系统需要在 1～6 号轴承处测轴振和瓦振, 测点分布和传感器布置如图 6-29 所示。其中 BV*代表*号轴承的瓦振, SV*X 代表*号轴承 X 方向的轴振, SV*Y 代表 Y 方向的轴振。

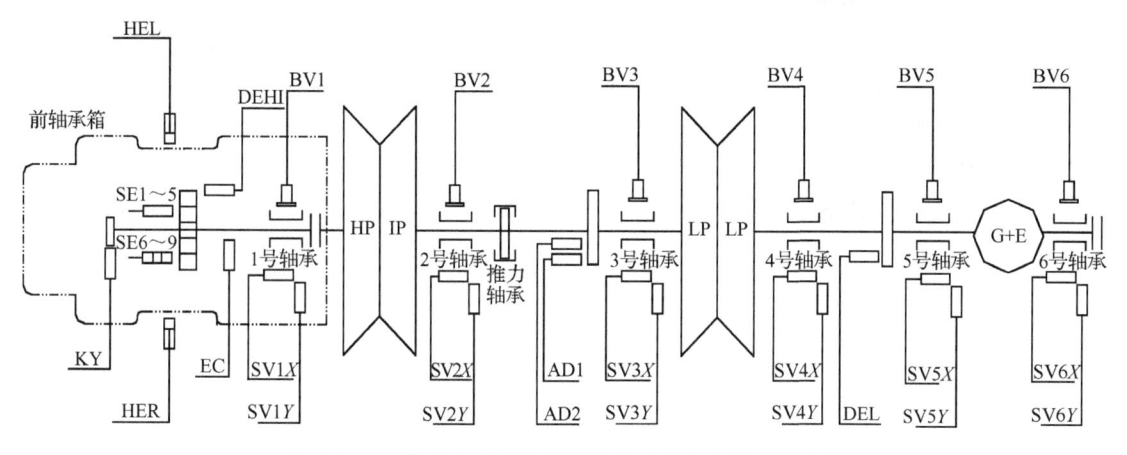

图 6-29　汽轮发电机组监视系统测点分布和传感器布置

2. 传感器的安装和调试

测量瓦振时, 将磁电式振动速度传感器垂直安装到轴承座上, 其安装示意图如图 6-30 所示, 利用机壳相对于自由空间的运动速度, 板件把从传感器传来的速度信号进行检波和积分, 变成位移值, 计算出相应的峰峰值位置信号。通常瓦振的变化范围为 0～100μm。

安装和使用过程中, 需要注意:

（1）现场安装时, 传感器应配套使用, 错用会引起较大测量偏差。安装后, 确认安装方向和接线正确, 接线和连接头无松动; 用万用表测量传感器两端的输出电阻值。

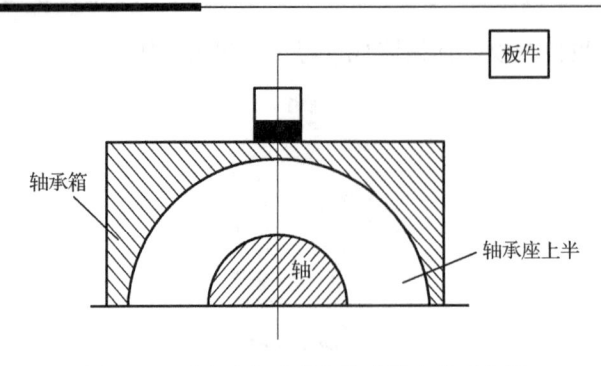

图 6-30 磁电式振动速度传感器安装示意图

（2）安装前后要对测量系统进行调试，包括静态调试和联动调试，有条件时可将传感器安装在振动台上，给定振动信号，记录输出电压和振动位移；没有振动台时可用信号发生器的正弦波信号（mV）接入二次仪表进行校验。

（3）在机组和监视系统正常工作时，用万用表测量传感器两端的输出电压，同时记录与传感器配套的二次仪表显示的振幅指示值，计算传感器的灵敏度并与出厂值对比。其偏差一般为±5%，偏离较大时应及时更换传感器。

思考与练习

1. 磁电式传感器的特点是什么？
2. 测量振动速度的作用是什么？除磁电式还有什么传感器可以测量振动速度？
3. 磁电式传感器的输入和输出量分别是什么？它们之间有什么关系？
4. 为什么磁电式振动传感器存在下限测量频率？频率变化对这种传感器的什么指标有影响？又是如何影响的？
5. 磁电式传感器在汽轮发电机组安全监视系统中的作用是什么？如何选择测点？

模块七　压　力　测　量

检测领域中所说的压力是指物理学中的压强，即垂直均匀地作用于单位面积上的力。一般情况下，压力测量包括压力的测量和应力的测量。压力传感器主要用于测量气体、液体密封容器或管道里的压力；力传感器主要用于测应力。压力和应力是自动化生产过程中的重要工艺参数和自动化控制依据。

课题一　压力传感器

◆ **教学目标**

- 了解压力传感器的种类与基本结构。
- 了解压力测量系统。
- 掌握压力传感器的安装、校验和选择。

任务提出

压力是工业自动化生产过程中的重要参数。如图 7-1 所示是一种化工行业常用的干燥、造粒装置。通过压力式雾化器给料液施加一定的压力（2～4MPa），使料液雾化。料液雾化后表面积大大增加，在热风气流中，瞬间就可蒸发 95%～98%的水分，成为粒度均匀的球状颗粒，制成微粒状成品。干燥时间仅需十几秒到数十秒。为保证干燥时间，干燥机的外形为高塔形。

某化工厂接到一个订单，要加工一种新材料塑料颗粒，因材料与以前有所不同，用现有设备无法完成。在该生产过程中，压力将直接影响产品的质量和生产效率，雾化器压力是较为关键的工艺参数。为完成订单，需要对原有设备进行技术改造，更改压力控制参数。原设备控制压力为（1.8±0.05）MPa，原使用的压力传感器的量程为 2MPa，新产品要求控制压力为（2.6±0.05）MPa。为降低改造成本，节省调试时间，该厂技术部经讨论决定：尽可能保持系统设备与参数不变，更换一个量程适合的压力传感器，做样品试验，进行调试。

任务分析

技术员小张接受了技术改造任务，并进行了任务分析：根据材料不同，可设置不同的压力参数，但如果压力过大，则颗粒太小；如果压力过小，则成品率低，影响经济效益。新产品要求控制压力为（2.6±0.05）MPa，而原使用的压力传感器量程为 2MPa，该压力传感器所能承受的最大压力为 2MPa 的 1.2 倍（即 2.4MPa），所以无法使用，需要选择一个量程适合的压力传感器进行替代。应该如何根据工艺参数选用压力传感器？压力传感器的结构如何？本课题要学习压力的测量方法，并掌握压力传感器的选型、测量方法。

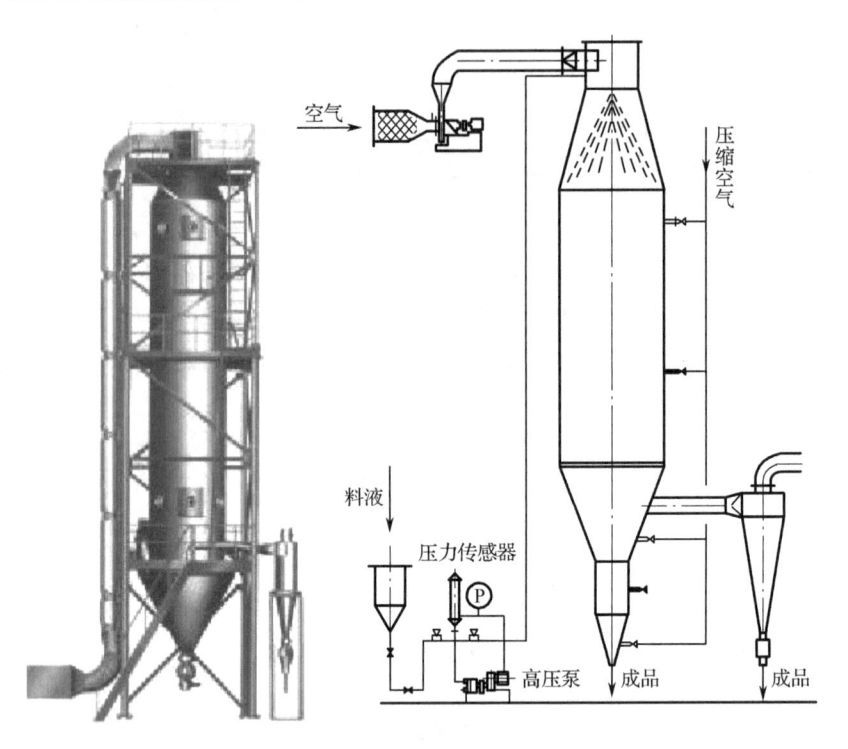

图 7-1 化工行业常用的干燥、造粒装置

相关知识

一、压力传感器的种类

压力传感器是指将压力信号转变为电信号的装置。检测领域中的压力信号，就是指物理学中的压强，用 P 表示，等于垂直作用在单位面积上的力。它的大小由两个因素决定，即受力面积 S 和垂直作用力 F。其表达式为：$P=F/S$。

压力的国际单位为"帕斯卡"，简称"帕'（Pa)，工程上常用 Pa 的倍数单位 MPa（兆帕）来表示，$1MPa=10^6Pa$。除此之外，在实际工程中还广泛使用许多不同的压力计量单位，如"工程大气压""标准大气压""毫米汞柱"；在气象学中还用"巴"（bar）和"托"（Torr）作为压力单位；在一些进口仪表中常用"psi"（磅力/平方英寸）为压力单位；在描述小压力时，还常用毫米水柱（mmH_2O）。它们之间的相互转换关系见表 7-1。

压力的表示方法有两种，绝对压力和相对压力。绝对压力是指以绝对真空作为基准所表示的压力；相对压力是指以当地环境的大气压力作为基准所表示的压力，也称表压。差压是指两个压力的差。绝对压力与相对压力的换算关系为

$$绝对压力=相对压力+大气压力$$

对应压力的表示方法，测量压力的传感器也可分为三大类，即绝对压力传感器、相对压力传感器和差压传感器。

表 7-1 压力单位相互转换关系表

帕（Pa）或牛顿/平方米（N/m²）	千克力/平方厘米（kgf/cm²）	吨/平方米（t/m²）	标准大气压（atm）	磅力/平方英寸（lbf/in²）或 psi	巴（bar）	汞柱（0℃）毫米（mmHg）	汞柱（0℃）英寸（inHg）	水柱（15℃）米（mH₂O）	水柱（15℃）英尺（ftH₂O）
1	10.1972×10⁻⁶	101.972×10⁻⁶	9.86923×10⁻⁶	145.036×10⁻⁶	10⁻⁵	7.50062×10⁻³	295.300×10⁻⁶	102.074×10⁻⁶	334.887×10⁻⁶
98.0665×10³	1	10	0.967492	14.2230	0.980665	735.560	28.9592	10.0090	32.8380
9.80665×10³	0.1	1	9.67492	1.42230	9.80665×10⁻²	73.5560	2.89592	1.00090	3.28380
101.325×10³	1.03320	10.3320	1	14.6958	1.01325	760.000	29.9213	10.3322	33.8983
6.89476×10³	7.03077×10⁻²	0.703077	6.80467×10⁻²	1	6.89476×10⁻²	51.7155	2.03604	0.703780	2.30899
10⁵	1.01972	10.1972	0.986923	14.5036	1	750.062	29.5300	10.2074	33.4887
133.322	1.35951×10⁻³	1.35951×10⁻²	1.31579×10⁻³	1.93366×10⁻²	1.33322×10⁻²	1	3.93700×10⁻²	1.36087×10⁻²	4.46480×10⁻²
3.38639×10³	3.45316×10⁻²	0.345316	3.34211×10⁻²	0.491149	3.38639×10⁻²	25.4000	1	0.345661	1.3406
9.79685×10³	9.99000×10⁻²	0.999000	9.66874×10⁻²	1.42090	9.79685×10⁻²	73.4824	2.89301	1	3.28048
2.989608×10³	3.04496×10⁻²	0.304496	2.94703×10⁻²	0.433090	2.98608×10⁻²	22.3974	0.881789	0.304800	1

1. 绝对压力传感器

绝对压力传感器所测得的是以真空为起点的压力数值。绝对压力传感器内部的参考压力腔为真空状态（相当于零点），如图 7-2 所示，将 P_2 端密封为真空腔时，即为绝对压力传感器。平常所说的环境大气压力就是指绝对压力。如果某一容器内液体的绝对压力小于外界环境大气压力，可以认为是"负压"，所测得压力相当于真空度，即

真空度=大气压力-绝对压力

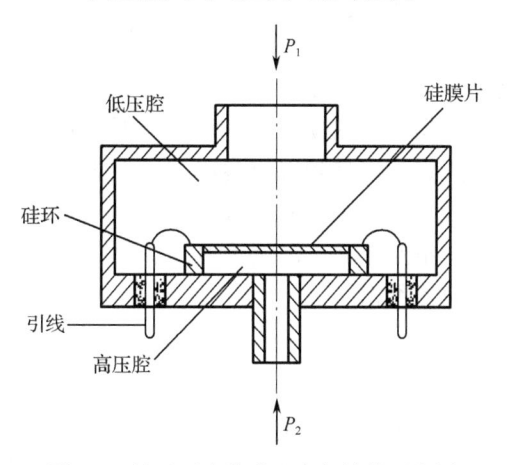

图 7-2 绝对压力传感器内部结构示意图

2. 相对压力传感器

相对压力传感器也称表压传感器。表压传感器所测得的是以环境大气压力为参考基准的压力数值。如图 7-2 所示，将 P_1 端作为参考压力腔，通向大气，为环境大气压力，P_2 端接被

测压力，此时所测压力为相对压力。表压传感器的输出为零时，所测介质环境实际上存在一个与大气压力相等的绝对压力。一般普通压力表的指示值都是相对压力。在工业生产和日常生活中所提到的压力绝大多数指的是表压。

3. 差压传感器

差压是指两个压力 P_1 和 P_2 之差，又称为压力差。硅膜片的上下两侧分别接入两个被测压力，所测的压力差 $\Delta P=P_1-P_2$，当 $P_1 > P_2$ 时，ΔP 为正值。很多情况下，在传感器敏感元件两侧均存在一个很大的压力，如 P_1=0.9～1.1MPa，P_2=0.9～1.0MPa，压力差为±0.1MPa，可选择测量范围为-0.1～+0.1MPa 的差压传感器。差压传感器在使用时不允许在一侧仍保持很高压力的情况下，将另一侧的压力降低到零，这样会使两面的压力差剧增，造成过载，使原来用于测量微小差压的硅膜片发生塑性变形或破裂。

二、压力测量系统

压力测量系统包括压力传感器、工程转换测量电路、控制电路和显示电路，如图 7-3 所示。压力传感器包括压力敏感元件和转换电路（放大电路），输出一般为电压、电流信号；工程转换测量电路将压力传感器的电信号转换成控制电路所需要的信号，如电流信号、频率信号、开关信号等；控制电路主要是将驱动执行机构的功率进行放大、控制的电路；显示电路将压力值显示出来，便于查看、记录。

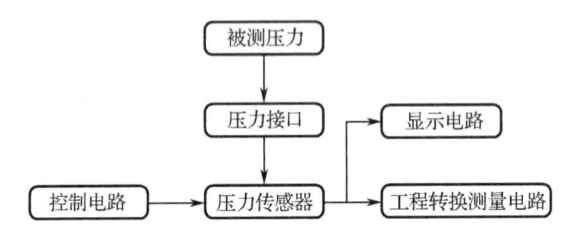

图 7-3 压力测量系统框图

压力传感器外形结构多种多样，在使用时要注意压力传感器的电接口和压力接口应与测量系统提供的接口相匹配，根据不同的使用场所，选择不同的外形结构。电接口是指传感器的电气接口，将传感器的输入、输出信号以引线或接插件的形式引出，包括传感器的供电电源引线和传感器输出信号引线。压力接口将需要测量的压力通过专用接口引到压力传感器中，压力接口必须起到密封作用，不能泄漏。常见压力传感器外形如图 7-4 所示。压力传感器内部结构因压力测量原理不同而各不相同。

（a）表压传感器　　（b）绝对压力传感器　　（c）差压传感器

图 7-4 常见压力传感器外形

三、应变式压力传感器

应变式压力传感器因结构简单、价格便宜，而应用非常广泛。应变式压力传感器的核心是电阻应变片。导体或半导体材料在外力作用下伸长或缩短时，它的电阻值相应地发生变化，这一物理现象称为电阻应变效应。将应变片贴在被测物体上，使其随着被测物体的应变一起伸缩，这样应变片里面的金属材料就随着外界的应变伸长或缩短，其阻值也相应地变化。应变片就是利用应变效应，通过测量电阻的变化而对应变进行测量的。

金属电阻应变片结构示意图如图 7-5 所示。将电阻丝排成栅网状，粘贴在厚度约为 15～16μm 的绝缘基片上，电阻丝两端焊出引出线，最后用覆盖层进行保护，即成为应变片。使用时只要将应变片贴于被测物体上，就可构成应变式传感器。

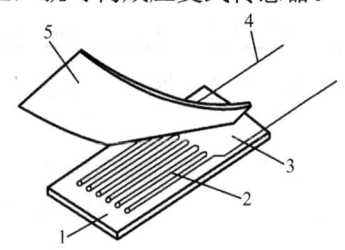

1—基底；2—电阻丝；3—粘贴胶；4—引出线；5—覆盖层

图 7-5 金属电阻应变片结构示意图

电阻应变片分为金属电阻应变片和半导体应变片两大类。在传感器中大多数使用的是金属电阻应变片，一般金属电阻应变片的电阻变化率为常数，应变片的阻值与应变成正比关系。即

$$\frac{\Delta R}{R} = K\varepsilon$$

式中　R——应变片初始电阻值（Ω）；
　　　ΔR——伸长或压缩所引起的电阻变化值（Ω）；
　　　K——比例常数（应变片常数）；
　　　ε——应变（应变分为拉伸和压缩两种，可用正负号加以区别：

拉伸→正（+），压缩→负（-）

不同的金属材料有不同的比例常数 K，比如铜铬合金的 K 值约为 2。这样，应变的测量就通过应变片转换为对电阻变化量的测量。由于应变是相当微小的变化，所以产生的电阻变化也是极其微小的。金属电阻应变片按结构形式分为丝式、箔式和薄膜式三种。其特点及适用场所详见表 7-2。

表 7-2　金属电阻应变片特点及适用场所

种类	外形	结构	特点	适用环境
丝式	KLM-6-A9	将金属丝按一定形状弯曲后，用黏合剂贴在衬底上，再用覆盖层保护	结构简单，价格低，强度高，电阻阻值较小，一般为 120～360Ω，允许通过的电流较小，测量精度较低	适用于对测量要求不是很高的场合

续表

种 类	外 形	结 构	特 点	适用环境
箔式	HR R22	将厚度为 0.003～0.01mm 的箔材通过光刻、腐蚀等工艺制成敏感栅，形成应变片	箔式应变片与丝式应变片比较，其面积大，散热性好，允许通过较大的电流。由于它的厚度较薄，因此具有较好的可绕性，灵敏度系数较高	箔式应变片可以根据需要制成任意形状，适合批量生产
薄膜式		采用真空蒸镀或溅射式阴极扩散的方法，在薄的绝缘基底材料上制成一层金属薄膜，通过光刻、腐蚀等工艺形成应变片	这种应变片有较高的灵敏度系数，电阻值较大，一般为 1～1.8kΩ，允许通过的电流较大，工作温度范围较广，测量精度高	薄膜式应变片的电阻丝较长，应变电阻较大，适合批量生产

应变式压力传感器敏感元件的典型结构如图 7-6 所示。应变片粘贴在测量压力的弹性元件（即感压膜片）表面。

应变式压力传感器的弹性元件是一个圆形的金属膜片，金属膜片周边被固定，当膜片一面受压力 P 作用时，膜片的另一面产生径向应变 ε_r 和切向应变 ε_t。在膜片中心处，ε_r 与 ε_t 都达到正的最大值；在膜片边缘处，切向应变 $\varepsilon_t = 0$，径向应变 ε_r 达到负的最大值。如图 7-7 所示，根据应力分布粘贴四个应变片，两个贴在正的最大区域（R_2、R_3），两个贴在负的最大区域（R_1、R_4）。四个应变片组成全桥电路，这样通过测量输出电压来测量被测电压，既可提高传感器的灵敏度，又起到温度补偿作用。

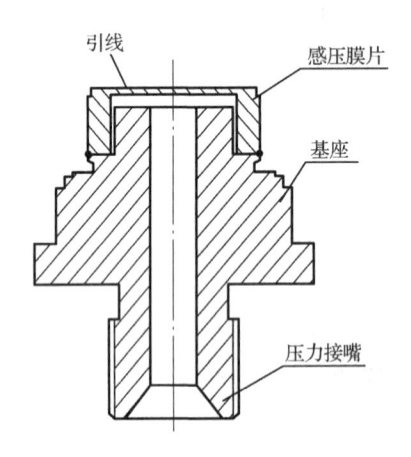

图 7-6 应变式压力传感器敏感元件的典型结构

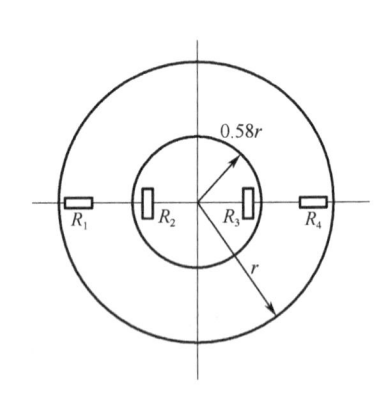

图 7-7 弹性元件应变电阻分布图

贴片应变式压力传感器结构简单，价格低，使用方便，在一些对测量精度要求较低的场所应用广泛。但是，由于贴片式应变片的粘贴工艺，使应变片与膜片之间的应变需要应变胶来传递，传递性能会因环境因素（如温度、湿度）改变，存在蠕变、机械滞后、零点漂移等问题，测量精度不高。应变式压力传感器主要用于测量管道内部压力，内燃机燃气的压力、喷射力，发动机和导弹试验中脉动压力以及各领域中的流体压力。

目前高精度应变式压力传感器均采用薄膜式应变片。薄膜式应变片采用溅射、蒸镀等真空镀膜技术在金属弹性膜片上直接生成隔离绝缘膜和金属电阻膜，用半导体光刻技术，制作四个应变电阻，组成全桥电路。因采用照相制版、光刻的方法，四个电阻的阻值一致性较好，保证了电桥零点的对称性。其工作原理与贴片应变式压力传感器相同。薄膜应变片无须用胶粘贴，应变传递性能得到极大改善，因此薄膜应变式压力传感器具有以下优点：稳定性好；蠕变、迟滞小；使用寿命长；灵敏度高；温度系数小；工作温度范围宽；量程大；成本低。

四、压阻式压力传感器

压阻式压力传感器基于压阻效应制成。对一块半导体材料的某一轴向施加一定的载荷而产生应力时，该材料的电阻率会发生变化，这种物理现象称为半导体的压阻效应。半导体的电阻大小取决于有限量载流子（即电子、空穴）的迁移率，加在单晶材料某一轴向上的外应力，使载流子迁移率发生较大变化，半导体材料的电阻率 ρ 产生较大变化，电阻值也相应变化。半导体材料电阻变化率远大于金属应变片的电阻变化率。

压阻式压力传感器的敏感元件是压阻元件，如图 7-8 所示。其核心部分是一块带有应变电阻的单晶硅膜片。压阻元件的膜片与应变片经微细加工，成为一体结构，没有可动部分，有时也称为固态传感器。普通压阻元件用于测量气体或能够与单晶硅兼容的不导电液体；带有隔离膜片的压阻元件，可以测量与不锈钢 316L 兼容的气体或液体。压阻元件常见外形如图 7-9 所示。

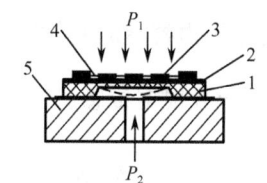

1—硅杯；2—单晶硅膜片；3—硅电阻应变片；
4—电阻引线；5—玻璃基座

图 7-8　压阻式压力传感器的压阻元件结构

（a）普通压阻元件　　　（b）带隔离膜片的压阻元件　　　（c）带隔离膜片的压差压阻元件

图 7-9　压阻元件常见外形

压阻式压力传感器的测量原理与金属膜片应变式压力传感器基本相同，只是使用的材料和工艺不同。压阻式压力敏感元件的弹性元件是单晶硅膜片。它是利用集成电路工艺，在一块圆形的单晶硅膜片上，制成四个应变片，组成一个全桥测量电路。膜片用一个圆形硅杯固定，将两个腔体隔开。一端接被测压力，另一端接参考压力。当存在压差时，膜片产生变形，使应变片的阻值发生变化，电桥失去平衡，输出电压反映了膜片承受的压差大小。其主要优点是体积小，结构比较简单，动态响应好，灵敏度高，能测出十几帕斯卡的微压。它是一种比较理想的、目前应用广泛的、发展迅速的压力传感器。

将压阻式压力敏感元件紧密地安装到带压力接嘴的壳体中，就构成了压力传感器，如

图 7-10 所示。根据压力敏感元件结构的不同，压阻式压力传感器可以测量绝对压力、表压力及差压。

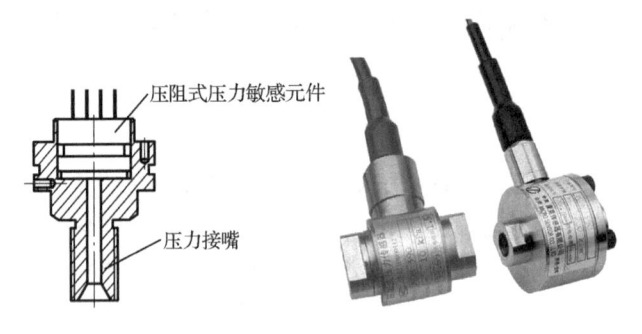

图 7-10 压阻式压力传感器

五、压力传感器的安装

压力传感器的安装有两个关键环节：一是压力传感器的引压管与所测压力管道或压力容器必须密封连接，不能因安装了压力传感器而使压力管道或压力容器泄漏，影响被测系统的正常运转；二是取压位置的选择。

1. 压力传感器与所测压力管道或压力容器的密封连接

压力传感器密封连接方法很多。一般根据传感器的量程、结构、密封等要求的不同，连接方法也不尽相同。

如图 7-11（a）所示的传感器的压力接嘴呈倒刺状，可以用皮管直接相连，小压力传感器常采取该种连接方法；图 7-11（b）、（c）所示的传感器的压力接嘴为平底螺纹状，加密封垫或 O 形圈后用扳手紧固，大压力传感器常采取该种连接方法，O 形圈、密封垫的安装方法见图 7-12；图 7-11（d）所示的传感器的压力接嘴为球头状，要与相应接头连接。常见的各种压力接嘴形式如图 7-13 所示。常用的各种压力接头如图 7-14 所示。

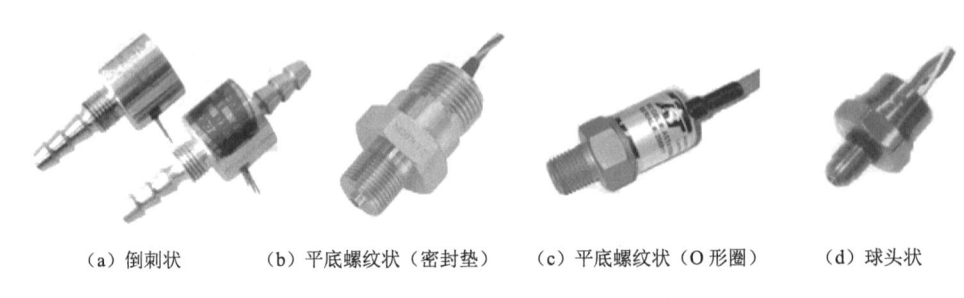

（a）倒刺状　　（b）平底螺纹状（密封垫）　　（c）平底螺纹状（O 形圈）　　（d）球头状

图 7-11 压力传感器的不同压力接嘴

压力传感器用在不同的环境中，测量不同的介质时，要选择不同的密封垫片。压力在 80kPa～2MPa 时，一般用石棉纸板或铝片；温度及压力更高时（50MPa 以下），用退火紫铜或铅垫；测量氧气压力时，不能使用浸油垫片、有机化合物垫片；测量乙炔压力时，不得使用铜质垫片，否则它们均有发生爆炸的危险。如果用压力垫片进行密封连接，紧固时不宜用力过度，密封即可。

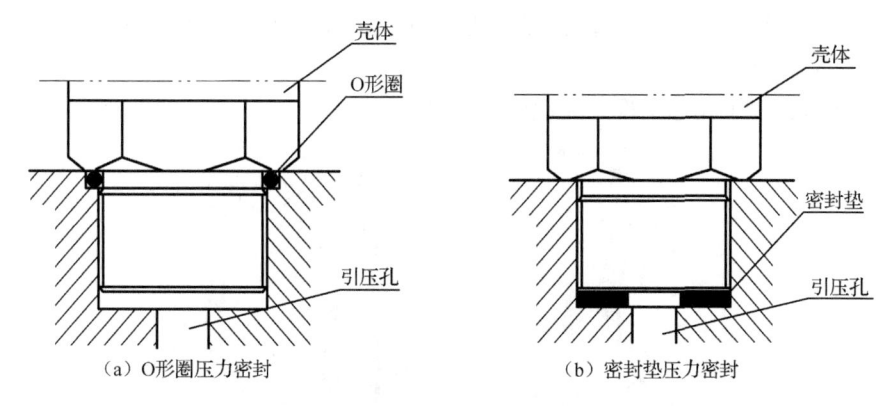

图 7-12 O 形圈、密封垫的安装方法

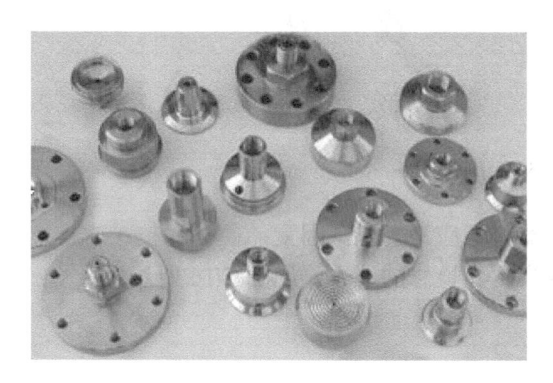

图 7-13 常见各种压力接嘴形式

图 7-14 常用各种压力接头

在很多压力测量场所不便于安装压力传感器，需将压力引出，一般采用铜管或金属软管将压力转接出来，如图 7-15 所示。

2. 取压口位置的选择

取压口是指从被测对象中取压力信号的地方，其位置、大小及开口形状直接影响压力测量的准确度，一般选择原则是：

（1）取压口不得取在管道的弯曲、分叉及形成涡流的地方。

（2）当管道内有突出物体时，取压口应选在突出物体的前面。

（3）如果取在阀门附近，距阀门的距离应大于 2D（D 为管道直径）；取压口若在阀门后，与阀门的距离应大于 3D。

（4）取压口应处于流速平稳、无涡流的区域。

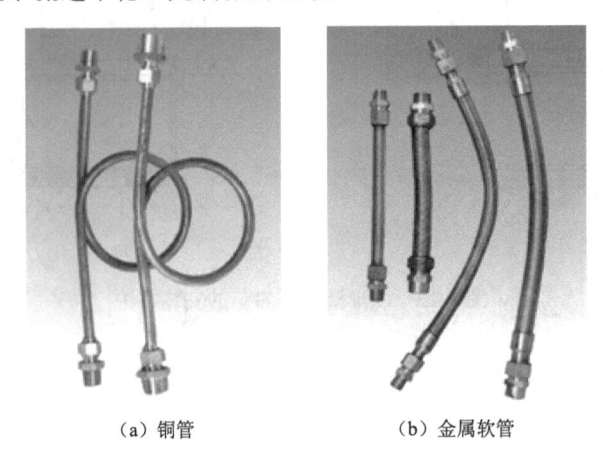

（a）铜管　　　　　（b）金属软管

图 7-15　引压管

除了上述两个关键环节，安装压力传感器时还应考虑以下因素：

（1）安装在能满足仪表使用环境和易观察、易检修的地方，如图 7-16 所示。

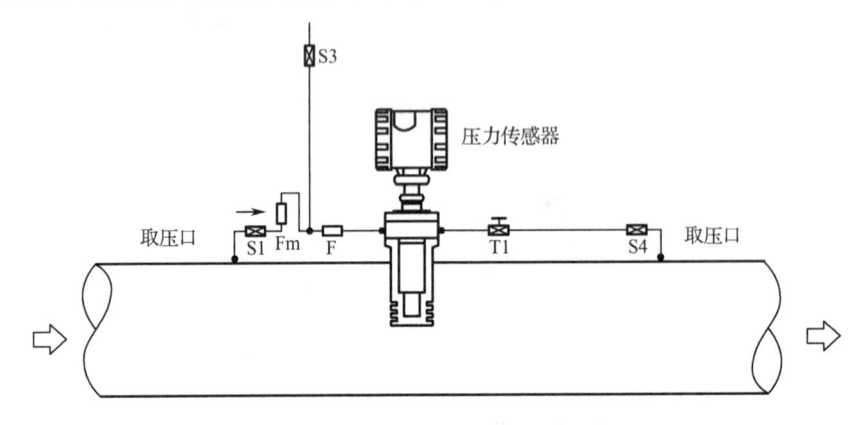

图 7-16　压力传感器安装示意图

（2）安装地点应尽量避免振动和高温影响，对于蒸汽和其他可凝结的气体以及当介质温度超过 60℃时，就需要选用带冷凝管的压力接嘴进行安装，如图 7-17 所示。

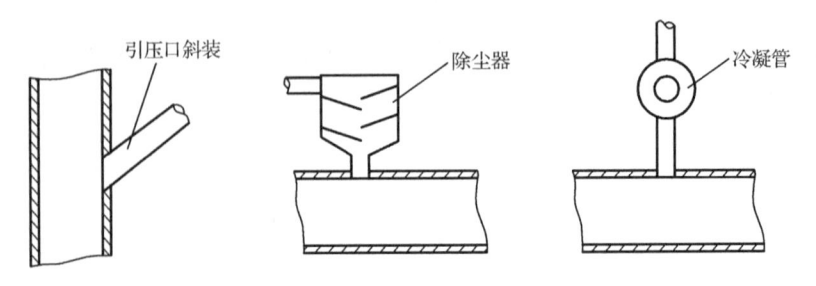

图 7-17　压力传感器安装示意图

（3）测量有腐蚀性、黏度较大、易结晶、有沉淀物的介质时，应选取带隔离膜片的压力传感器。引压管向下倾斜，防止沉淀物堵塞，或加除尘器，如图 7-17 所示。

（4）仪表必须垂直安装。若装在室外，还应加装保护箱。

（5）当测量小压力信号时，压力传感器应与取压口在同一高度，否则需要修正因高度差所引起的测量误差。

总之，在安装压力传感器时，要根据压力的大小、被测介质、被测环境合理选择压力密封形式，选取适合的安装位置。

六、压力传感器的校验

为了保证压力传感器的测量精度，压力传感器需要定期检验。对于大压力传感器，校验所需设备主要是砝码压力计，如图 7-18 所示。将压力传感器接在压力表头的压力接嘴处，加不同的砝码，可获得不同的压力值，精度可达 0.15 级，适用于检验相对压力传感器。

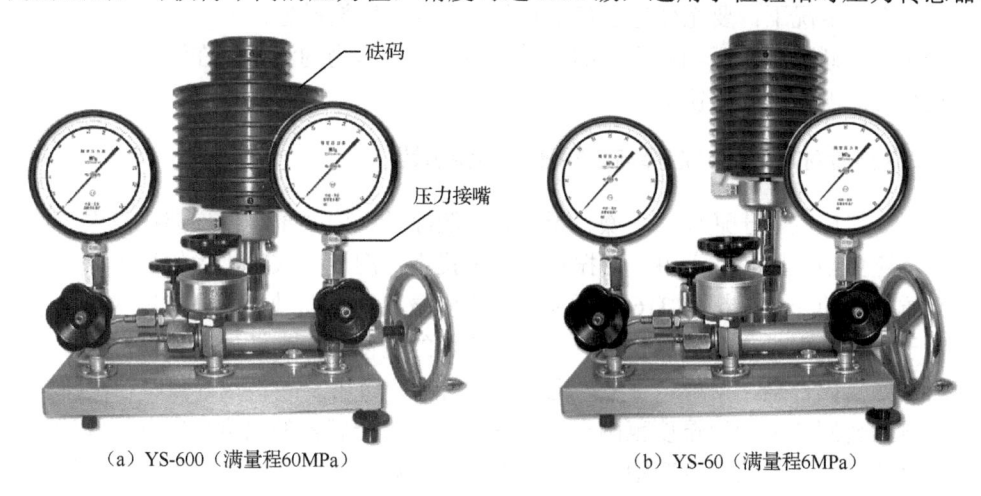

（a）YS-600（满量程60MPa）　　　（b）YS-60（满量程6MPa）

图 7-18　砝码压力计

压力传感器校验方法：在常态工作条件下，将传感器固定在试验夹具上，按图 7-19 所示连接电路和气路。压力源精度要高于或等于 0.15 级，为压力传感器提供准确压力源；稳压电源为传感器提供电源。

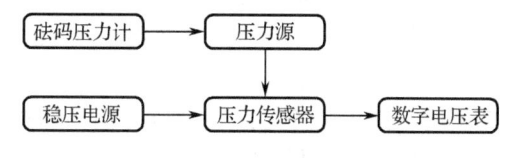

图 7-19　压力传感器电路与气路

传感器校准点可根据量程选择包括零点和满量程点在内的六个适当的点。给传感器加压至各压力校准点，在各压力校准点上判断传感器稳定的输出值是否为校准值，试验次数为正反行程各两次，计算出压力与输出电压的方程或曲线。注意：校准前，一定要先检查加压系统的气密情况。

任务实施

压力传感器的种类繁多，其性能也有较大的差异，在实际应用中，应根据具体的使用场合、条件和要求，选择较为适用的传感器，做到经济、合理。在选择压力传感器时，除了要遵守一般传感器的选择原则，还应考虑以下问题。

1. 根据测量对象要求选用合适的传感器类型

表压传感器适用于开口罐、开口管道等压力的测量以及大压力信号的测量等。表压传感器的应用范围最广、领域最宽、用量最大。

差压传感器适用于测量两容器或两管道间的压力差。也常用差压传感器测量液位，例如，通过测量密封罐顶部与底部的压力差就可以算出液位，在密封罐内的液位高（环境介质本身的压力）较大的情况下，要充分考虑有无安全的过压保护装置等。

绝对压力传感器适用于相对真空的介质压力值及小压力的测量。在海拔高度、密封管道压力、真空度的测量中广泛使用。

2. 根据测量对象的环境选择与之相兼容的传感器

传感器一般应安装于通风、干燥、无腐蚀、阴凉处，但如果需要安装在露天环境中，应装防护罩，避免阳光照射和雨淋。对振动大、干扰强、湿度大或粉尘大的场合，一般压力传感器与介质接触的壳体材料为 316 不锈钢，适于测量各种非腐蚀性气体、污水、净水、油等介质。对于特殊的腐蚀介质的测量，应要求传感器的壳体和压力敏感元件采用与之相兼容的金属材料，如哈氏合金、蒙耐尔合金、钽等防腐材料，可用于酸、碱等强腐蚀性环境。

一般压力传感器的使用温度范围有明确规定。压力传感器的温度范围分为补偿温度范围和工作温度范围。在补偿温度范围内对传感器进行了温度补偿，在此温度范围内测量精度可以满足一定要求。工作温度范围是指保证压力传感器能正常工作的温度范围。对于特殊用途、温度范围宽的传感器需要进行温度补偿。

3. 根据测量对象选择适当量程的压力传感器

压力传感器量程的选用一般以被测量参数处在整个量程的 80%～90%为最好，但最大工作状态点不能超过满量程。一般小量程压力传感器的过载能力为满量程的 2～3 倍，大量程压力传感器的过载能力为满量程的 1.2～1.5 倍。

此外，在选择压力传感器时，还应考虑传感器的压力连接形式、电气连接形式、是否需带现场显示、产品是否需有防爆性能等方面的因素。

技术员小张根据上述原则进行传感器选型：用于开口管道，可以选择相对压力传感器；新产品要求控制压力为（2.6±0.05）MPa，选择量程为 3MPa 的相对压力传感器，测量精度小于±1.5%；电气接口、压力接口均与改装前的压力传感器保持一致。

在原压力传感器位置安装、紧固传感器，先连接压力接口，再连接电气接口，通电调试。每个压力传感器都有一个输入/输出数据表或方程，如表 7-3 所示。在调试时要将新传感器输入/输出数据表输入测量系统，替代原传感器数据表。这样系统显示的压力数据为 0～3MPa。

表 7-3 压力传感器输入/输出数据表

压力/MPa	0	0.5	1.0	1.5	2.0	2.5	3.0
输出/mV	195	952	1712	2465	3226	3986	4705

思考与练习

1. 压力传感器分为哪几类？
2. 简述薄膜应变式压力传感器的工作原理及其特点。
3. 压力传感器怎样与被测压力容器密封连接？
4. 校验量程较大的压力传感器时，多采用液压校准。试画出电路与气路连接图。
5. 简述压力传感器的安装方法。

课题二 力传感器

◆ 教学目标

☼ 了解力传感器的种类与基本结构。
☼ 了解电阻应变式力传感器的测量电路。
☼ 掌握应变片的粘贴方法。

任务提出

桥梁是投资巨大、使用期漫长的大型民用基础设施，因此其使用的安全性非常重要。在其服役过程中，由于荷载作用、疲劳效应、腐蚀效应和材料老化等不利因素对设施的长期影响，桥梁结构将不可避免地产生自然老化、损伤积累，甚至导致突发事故。近年来，国内发生的几起桥梁倒塌和报废事故，使人们逐渐认识到桥梁监测的重要性和迫切性。因此，对桥梁等大型民用基础设施的运行状况进行安全监测非常必要。由于桥梁尺寸大、约束点较多、结构变形复杂，因此，要对桥梁的健康状况进行全面评估，需要从不同的侧面（如应变、挠度、振动等方面）了解桥梁的状态。

某公司技术员小王接到某桥梁应力监测任务，要在 30 天内监测桥梁不同部位的金属支架应力，并记录下来便于分析，同时需监控桥梁结构应力状况，但经费有限。小王要做一个 10 路桥梁应力自动监测、记录系统方案，每路采用力传感器（见图 7-20）进行应力测量，测量仪分时采集 10 路信号，记录并存储数据。

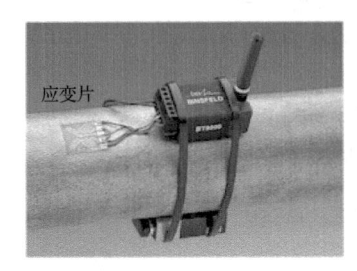

图 7-20 力传感器

任务分析

桥梁应力自动监测、记录系统中最关键的是力传感器，10 路信号采集系统可以使用通用模拟信号采集设备。应变式力传感器的突出优点是结构简单，价格低，与其他类型的力传感器相比，具有测试范围广、输出线性好、性能稳定、工作可靠并能在恶劣环境下工作的优点。本任务可以选用应变式力传感器。小王首先联系厂家购买应变式力传感器，构建应力自动监测、记录系统。应该如何选择、安装力传感器？监测系统是怎样组成的？本课题的任务就是学习力传感器及其测量方法。

相关知识

一、力传感器的分类

力传感器根据制造原理不同可分为电阻应变式、电容式、振弦式、压电式等。在测量静态力（力的大小与方向不随时间变化而变化或随时间缓慢变化）时，最常用的是电阻应变式力传感器。

电阻应变式力传感器的核心是电阻应变片。为了测量金属梁在工程中所承受的力，将电阻应变片贴在金属梁上。金属梁受到外力后，产生应变，并传递给电阻应变片，应变片感应到应变后电阻产生变化，经放大电路转换成与外力成正比的电信号，从而实现力的检测，其工作过程如图 7-21 所示。

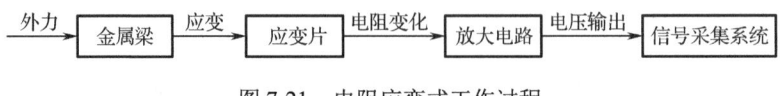

外力 → 金属梁 → 应变 → 应变片 → 电阻变化 → 放大电路 → 电压输出 → 信号采集系统

图 7-21 电阻应变式工作过程

测量完成后，不会对被测物体造成任何影响，拆除也非常容易。这种传感器在汽车、建筑、桥梁工程、航天等各种领域中都得到应用。电阻应变式力传感器还可用于压力、加速度等物理量的测量。

应变片结构简单，测量方便，根据不同测量环境、不同测量目的、不同测量对象，电阻应变片有多种形式，如图 7-22 所示。可依据具体使用情况选择不同类型的应变片。

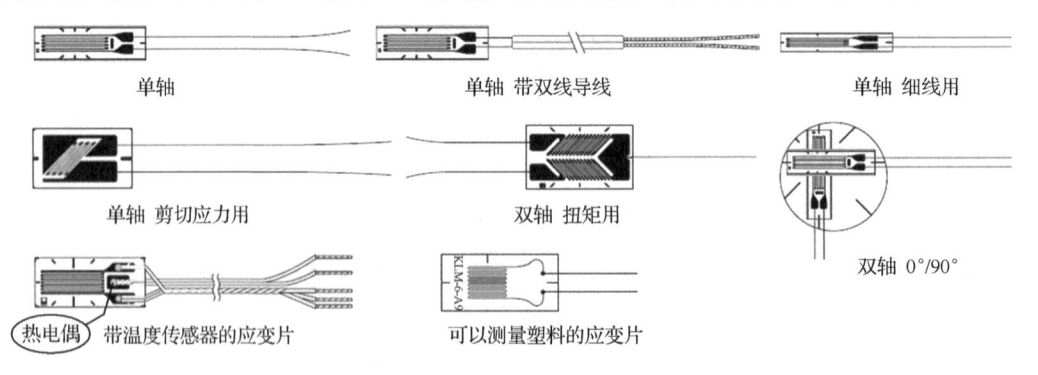

单轴　　　　　　　单轴 带双线导线　　　　　　单轴 细线用

单轴 剪切应力用　　　　双轴 扭矩用　　　　　　双轴 0°/90°

热电偶　带温度传感器的应变片　　　可以测量塑料的应变片

图 7-22 各种类型的电阻应变片

电阻应变式力传感器主要以两种方式使用：

（1）将应变片直接粘贴于被测物体上，用来测定构件的应变或应力。例如，为了测量或验证机械、桥梁、建筑等某些构件在工作状态下的应力、变形等情况，将形状不同的应变片粘贴在构件的预测部位，测得构件的拉、压应力，扭矩或弯矩等，为结构设计、应力校核或构件破坏的预测等提供可靠的试验数据。

（2）将应变片贴于弹性元件上，与弹性元件一起构成应变式传感器敏感元件。这种传感器可以用来测量力、位移、加速度等物理参数，在这种情况下，弹性元件将被测物理量转换为与其成正比的应变，再通过应变片转换为电阻变化输出。

二、电阻应变式力传感器的测量电路

应变电阻变化是极其微弱的，电阻相对变化率仅为 0.2%左右。例如，应变电阻为 300Ω，电阻变化量为 0.6Ω，要精确地测量这么微小的电阻变化是非常困难的，一般的电阻测量仪表无法满足要求。通常采用惠斯登电桥电路进行测量，将电阻相对变化率 $\Delta R/R$，转换为电压或电流的变化，再用电阻应变式传感器进行测量。

惠斯登电桥电路如图 7-23 所示。R_1、R_2、R_3、R_4 为四个桥臂的初始电阻，电桥电压为 U，电桥输出电压为 U_o。在被测物体未施加作用力时，应变为零，应变电阻没有变化，四个桥臂的初始电阻满足 $R_1/R_2 = R_3/R_4$ 时，电桥输出电压 U_o 为零，即桥路平衡。

如果电桥电压 U 保持不变，电桥输出电压 U_o 可用下式近似表示：

$$U_o = \frac{R_1 R_2}{(R_1 + R_2)^2} \left(\frac{\Delta R_1}{R_1} - \frac{\Delta R_2}{R_2} - \frac{\Delta R_3}{R_3} + \frac{\Delta R_4}{R_4} \right) U$$

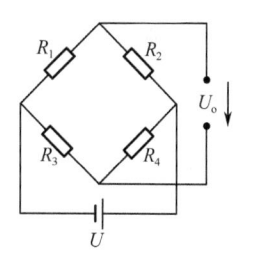

图 7-23 惠斯登电桥电路

如果四个桥臂的初始电阻满足 $R_1 = R_2 = R_3 = R_4$，则

$$U_o = \frac{U}{4} \left(\frac{\Delta R_1}{R_1} - \frac{\Delta R_2}{R_2} - \frac{\Delta R_3}{R_3} + \frac{\Delta R_4}{R_4} \right)$$

即

$$U_o = \frac{U}{4} K (\varepsilon_1 - \varepsilon_2 - \varepsilon_3 + \varepsilon_4)$$

式中 ε——应变；

K——比例常数（应变片常数），不同的金属材料有不同的比例常数 K。

在测量电路中，应变片应该怎样接入电桥更有利于信号测量呢？一般应变片接入电桥可以有以下几种形式。

1. 单臂半桥电桥电路

如图 7-24 所示，R_1 为应变片，其余各桥臂电阻为固定电阻，称为单臂半桥电桥电路。其输出为

$$U_o = \frac{U}{4} \frac{\Delta R_1}{R_1} = \frac{U}{4} K \varepsilon$$

上式中除了 ε 均为已知量，测出电桥输出电压就可以计算出应变的大小，进而推算出力的大小：

$$\sigma = E \varepsilon$$

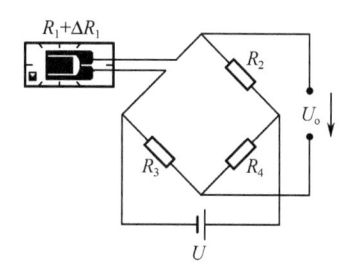

图 7-24 单臂半桥电桥电路

式中　　σ——应力；

　　　　E——弹性系数或杨氏模量，不同的材料有固定的杨氏模量。

2. 双臂半桥电桥电路

如图 7-25 所示，在电桥中接入两个应变片，其余桥臂为固定电阻，称为双臂半桥电桥电路。这种电路可以有两种接入方式。

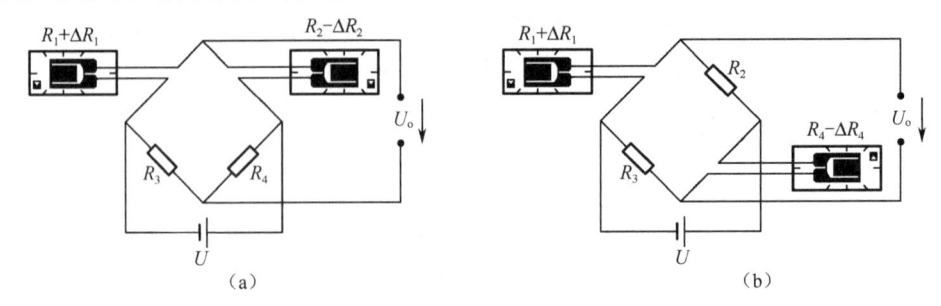

图 7-25　双臂半桥电桥电路

当接入方式如图 7-25（a）所示时，其输出为

$$U_\mathrm{o} = \frac{U}{4}\left(\frac{\Delta R_1}{R_1} - \frac{\Delta R_2}{R_2}\right) = \frac{U}{4}K(\varepsilon_1 - \varepsilon_2)$$

接入方式如图 7-25（b）所示时，其输出为

$$U_\mathrm{o} = \frac{U}{4}\left(\frac{\Delta R_1}{R_1} + \frac{\Delta R_4}{R_4}\right) = \frac{U}{4}K(\varepsilon_1 + \varepsilon_4)$$

也就是说，当接入两个应变片时，根据接入方式的不同，两个应变片上产生的应变或加或减。

例如，有一圆柱形拉力传感器，如图 7-26 所示。R_1、R_2 是两个完全相同的应变片（电阻为 R，应变为 ε），其中 R_1 横贴，为径向贴片，感应的是负应变；R_2 竖贴，为轴向贴片，感应的是正应变；R_3、R_4 为固定电阻。如果用 R_1、R_2 组成双臂半桥电路测量应力，则应按图 7-25（a）所示进行连接，其输出为两应变相减，但 R_1 为负应变，则输出为

$$U_\mathrm{o} = \frac{U}{2}\frac{\Delta R}{R} = \frac{U}{2}K\varepsilon$$

可获得较大灵敏度，便于测量。

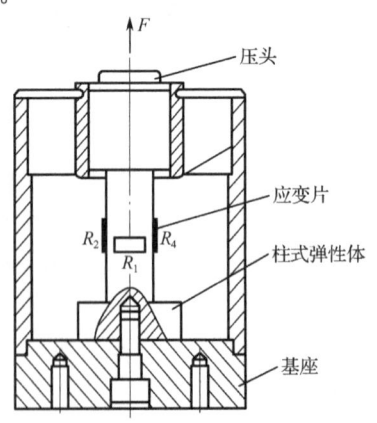

图 7-26　圆柱形拉力传感器

如果 R_1、R_2 都横贴或都竖贴,感应的负应变或正应变组成双臂半桥电路,则应按图 7-25(b) 所示进行连接(即将 R_2 接在 R_4 的位置),其输出为两应变相加,也可获得较大灵敏度。

在实际工程中更多采用图 7-25(a)所示的连接方式,其输出为相邻两桥臂应变相减,R_1 为正应变,R_2 为负应变,在灵敏度提高的同时,可以将应变片的温度误差和非线性误差相互抵消,提高测量精度。

3. 全桥电桥电路

电桥的四臂全部接入应变片称为全桥电桥电路。若四个应变片完全相同(电阻为 R,应变为 ε),按照图 7-27 所示进行连接,R_1、R_4 感应正应变,R_2、R_3 感应负应变。其输出为

$$U_o = U\frac{\Delta R}{R} = UK\varepsilon$$

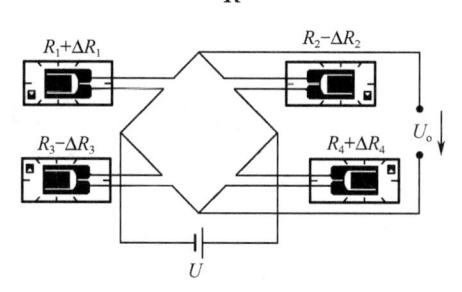

图 7-27 全桥电桥电路

这种情况下,应变所产生的输出电压是单臂电桥应变片所产生电压的 4 倍,灵敏度最大。此时应变片的温度误差和非线性误差相互抵消,测量精度较高。

将应变片接成全桥电路时,要特别注意:相邻桥臂的应变片所感受的应变必须相反,否则上式不成立。

惠斯登电桥电路输出为差动输出,且电压比较小,一般满量程为 1.5mV/V 左右,即如果电桥电压为 10V,则满量程输出为 15mV 左右。要将电桥输出信号放大 4～5V,需采用放大倍数 300 的差动放大器。电阻应变式力传感器典型测量电路如图 7-28 所示。

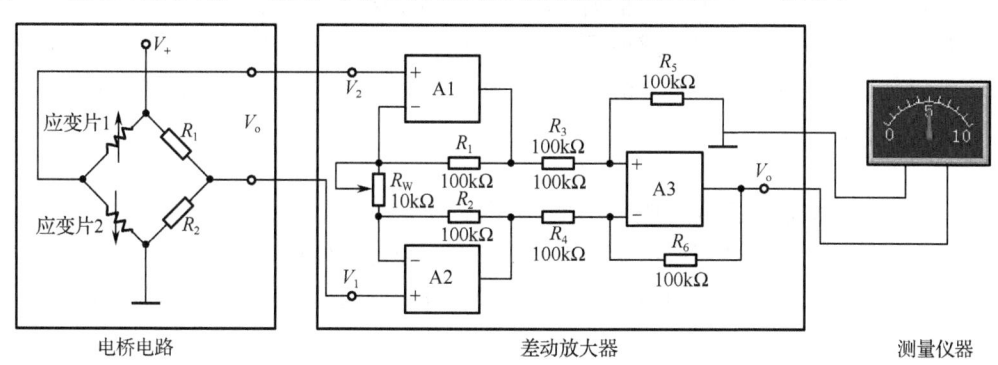

图 7-28 电阻应变式力传感器典型测量电路

三、应变片的粘贴

在测量力时,可将应变片直接粘贴在被测部位。应变片的粘贴是应变片测量技术的关键环节之一,将直接影响胶的粘贴质量及测量精度,如果贴片不严格,技术不熟练,即使使用

最好的应变片也无济于事。

在粘贴应变片时，必须严格遵守应变片的粘贴工艺，按照应变片的粘贴工艺步骤逐步完成，如图 7-29 所示。

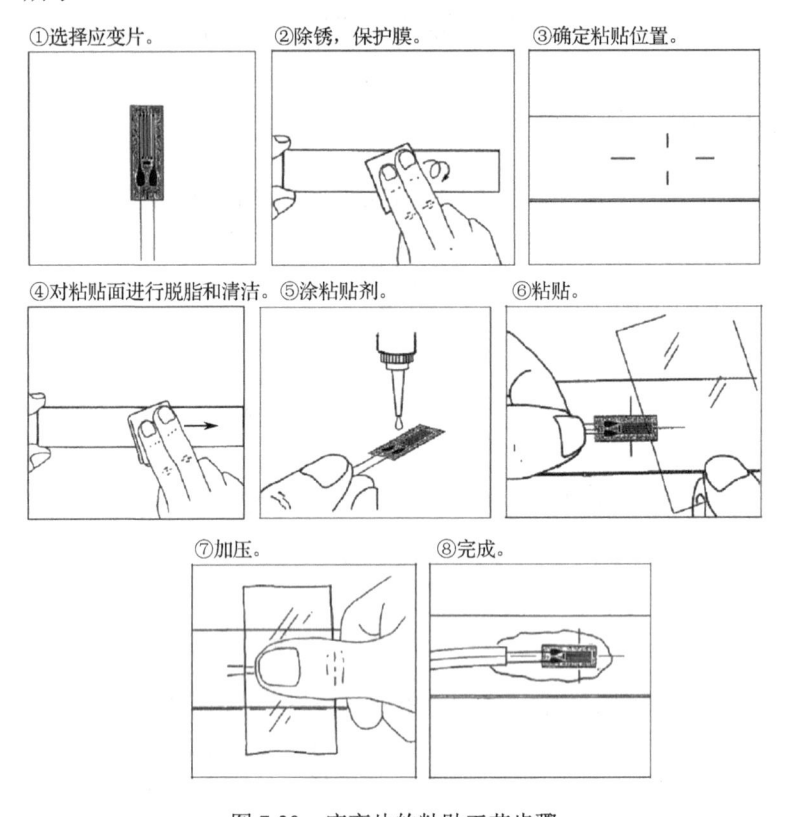

①选择应变片。　②除锈，保护膜。　③确定粘贴位置。

④对粘贴面进行脱脂和清洁。　⑤涂粘贴剂。　⑥粘贴。

⑦加压。　⑧完成。

图 7-29　应变片的粘贴工艺步骤

1. 应变片的选择与检查

应变片的种类较多。首先，要根据被测物体及环境选择应变片；其次，对采用的应变片进行外观检查，观察应变片的敏感栅是否整齐、均匀，是否有锈斑、短路和折弯等现象；最后，测量应变片的阻值，在采用全桥或半桥电路时，配对选用，便于电桥的平衡调试。

2. 试件的表面处理

为了获得良好的黏合强度，必须对试件表面进行处理，清除试件表面杂质、油污、油漆、锈迹及疏松层等。一般的处理办法是采用砂纸打磨，较好的处理方法是采用无油喷砂法，这样不但能得到比抛光更大的表面积，而且可以使试件表面质量均匀。试件的表面处理范围要大于应变片的面积。

3. 做粘贴标记

在需要测量应变的位置沿着应变的方向做好记号。可以使用 4H 以上的硬质铅笔或划线器，标记能够用肉眼看见即可。要特别注意的是，无论使用什么方法划线，都不要留下深的刻痕。

4. 底层处理

为了对表面进行彻底清洁，可用化学清洗剂如氯化碳、丙酮、甲苯等进行反复清洗。在清洁过程中，用工业用薄纸蘸丙酮溶液沿着一个方向用力擦拭，一定要沿着相同方向擦拭。如果来回擦拭会使污物反复附着，无法擦拭干净。值得注意的是，为避免粘贴面氧化，进行表面清洁后，应尽快粘贴应变片。如果不立刻贴片，可涂上一层凡士林暂做保护。

5. 点胶

首先要确认应变片的正反面，一般光滑的绝缘面为反面（粘贴面）。将应变片反面用清洁剂清洗干净，再将胶水滴在应变片的反面。应变胶流动性较好，会自动摊开。通常不采用涂抹粘贴剂的方法。如果采用涂抹粘贴剂的方法，先涂抹部分的粘贴剂会出现硬化，使黏性下降。

为了保证应变片能牢固地贴在试件上，并具有足够的绝缘电阻，改善胶接性能，也常使用双组分环氧应变胶。先在粘贴位置涂上一层底胶，在试件表面和应变片底面再各涂上一层薄而均匀的粘贴剂。

6. 贴片

待胶稍干后，将应变片对准划线位置（应变片标记与划线两点对齐），迅速贴上，然后盖一层玻璃纸，用手指或胶辊按压被测部位，挤出气泡及多余胶水，保证胶层尽可能薄而均匀。用拇指紧紧按住应变片停留三分钟，用力不要过大。

7. 固化

粘贴剂的固化是否完全，直接影响到胶的物理机械性能。在固化过程中，要掌握好温度、时间和循环周期。无论是自然干燥还是加热固化都要严格按照工艺规范进行。为了防止应变片吸潮、受腐蚀，在固化后的应变片上应涂上防潮保护层，防潮保护层一般可采用稀释的粘贴胶，如硅橡胶。

8. 粘贴质量检查

首先从外观上检查粘贴位置是否正确，黏合层是否有气泡、破损等，然后观察测量应变片是否有断路或短路现象，并测量应变片的绝缘电阻。

检查合格后即可焊接引出导线，引线应适当加以固定，防止应变片线脚与被测工件接触，导致短路，使测试无效。应变片之间通过粗细合适的漆包线或其他软线连接组成电桥回路。连接线长度应尽量一致，且不宜过多。最后检查焊接引线与组桥连线。这样就完成了整个粘贴过程。

电阻应变片安装必备工具及材料：用于应变片粘贴表面处理的清洁剂，应变片粘贴剂（胶），保护应变片的涂层材料（胶），电阻丝或应变片引线，接线端子，电缆及附件，焊锡，助焊剂和焊机，必要的安装工具。

任务实施

经调研，在经费有限的条件下，小王做了如下方案：

第一步，选择传感器。监测桥梁30天，不是长期使用，可以选用应变式力传感器。

小王首先联系厂家购买应变式力传感器，做桥梁应力自动监测、记录系统方案。要测量桥梁金属支架应力，在一个部位只需测一个方向的应力，可以选择单轴应变片，为了提高可靠性，连线方便，可以采用带导线引线的单轴应变片。根据测量要求，在相应部位粘贴应变片。在粘贴时要注意测量方向与应变片标注的测量方向保持一致。

第二步，搭建测量系统。采集并存储10路传感器信号，可以有以下两个方案。

方案一：用应变仪（见图7-30）采集应变数据。应变仪可对力、荷重、压力、扭矩、位移等进行精确测量。仪器内部包括电源、放大器、滤波器、数据采集系统等。所有应变传感器统一由应变仪集中供电，供桥电压为DC 2V；传感器接入方式有全桥、半桥、单臂半桥等方式。数据采样方式多样：单次采样、定时采样、连续采样，可以绘制输出曲线，还可以根据用户要求，将数据导入Excel、Txt文件中。应变仪采集点数可以为16点，采集通道可达16路。系统配置了多种前置信号调理器（ICP、应变、电荷等），实现了多种信号的同时测量，保证了数据的实时传输、实时显示、实时分析、实时存盘。因此，在测量时，只需将应变片输出线接入应变仪，就可测出应变、应力等。但该仪表属于专用仪表，价格较高，本课题经费少，无力购买。

图7-30 应变仪

方案二：10路数据采集器。小王先做了一个仪表放大器，将应变式力传感器信号进行放大，然后用已有的10路数据采集器将每路使用应变式力传感器进行应力测量，测量仪分时采集10路信号，记录数据，并存储数据，系统框图如图7-31所示。最终决定采用此方案。

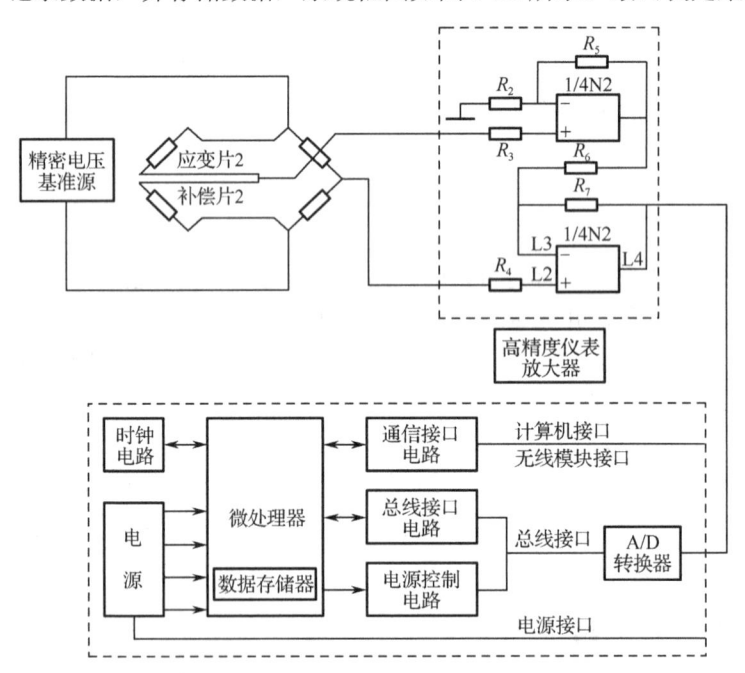

图7-31 桥梁应力自动监测系统框图

思考与练习

1．简述电阻应变式传感器的工作原理。
2．一般采用什么方法测量应变片的电阻变化？写出各种测量电路输出电压与电阻相对变化的表达式。
3．简述应变片的粘贴方法。
4．电阻应变式传感器为什么一般采用全桥电桥电路进行测量？
5．有一吊车的拉力传感器如图 7-32 所示。其中电阻应变片 R_1、R_2、R_3、R_4 贴在等截面轴上。已知 R_1、R_2、R_3、R_4 标称阻值均为 120Ω，电桥电压为 2V，质量为 m 的重物引起各电阻变化量为 1.2Ω。求：

（1）四个应变片怎样组成电桥时，传感器灵敏度最大（画出电桥电路）？
（2）计算电桥输出灵敏度和重物引起的输出电压。

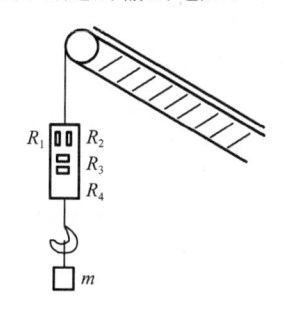

图 7-32　吊车的拉力传感器

课题三　称重传感器

◆ **教学目标**

¤ 了解称重传感器的工作原理。
¤ 了解称重传感器的种类。
¤ 掌握称重传感器的选择和使用方法。

任务提出

随着科学技术的日新月异，对生产过程自动化程度要求越来越高，减轻劳动强度，保障生产的可靠性、安全性，降低生产成本，提高产品质量，是企业生产必须解决的问题。全自动配料控制系统是集自动控制技术、计量技术、传感器技术、计算机管理技术于一体的机电一体化系统，如图 7-33 所示。在上位计算机上人工设置当前需要的饲料配料表，PLC 控制称重传感器进行载荷测量，最后由变频器控制各阀门加料。

某饲料厂为了扩大生产规模，提高工业生产过程自动化程度，引进了全自动配料控制系统，实现对物料的快速、准确称量。近日，8 号料斗称量的数据不稳，出现数据跳变、输出异常与报警现象。维修工程师小李要进行检修，排除故障，保证生产。根据饲料配料表，8 号料斗最大称量为 800kg，显示分度值为 0.1kg。

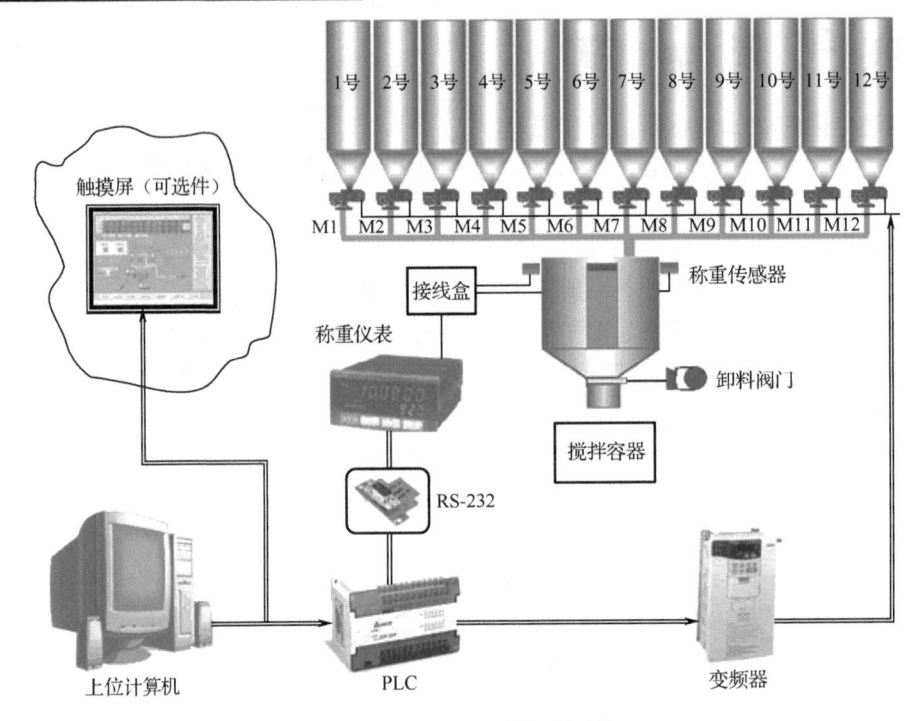

图 7-33　全自动配料控制系统

任务分析

料斗称量的数据不稳，出现数据跳变、输出异常与报警现象，可能是信号采集系统的问题，如电磁干扰，也可能是称重传感器的问题造成输出信号数据不稳，或者是连线接触不良。如果是称重传感器的问题，小李应该怎样选用、更换、调试称重传感器呢？本课题的任务目标是通过学习称重传感器基本工作原理，学会在满足设计精度的条件下正确选择与使用称重传感器。

相关知识

一、称重传感器的工作原理和种类

称重传感器是工业测量中使用较多的一种传感器，它是质量敏感元件，几乎运用在所有的称重（这里的称重，指的是质量测量）仪器中，如电子秤（见图 7-34）。在混合各种原料的配料系统、生产过程物料的进料量控制以及生产工艺的自动检测中，都应用了称重传感器，它将物料的质量转化成电信号，提供给 CPU，CPU 对阀门进行控制，或直接进行控制与显示。

称重传感器根据制造原理不同可分为电阻应变式、感应式、电容式、振弦式等，其中电阻应变式称重传感器在电子称重系统中应用最广泛。

1. 电阻应变式称重传感器的工作原理

电阻应变式称重传感器由弹性元件、应变片和外壳组成，如图 7-35 所示电子称的称重传感器为电阻应变式称重传感器，其弹性元件是应变梁。弹性元件是称重传感器的基础，被测物体的重力作用在弹性元件上，使其在某一部位产生较大的应变或位移；弹性元件上的应变片作为传感元件，将弹性元件敏感的应变量或位移完全同步地转换为电阻值的变化量，完成质量的测量。

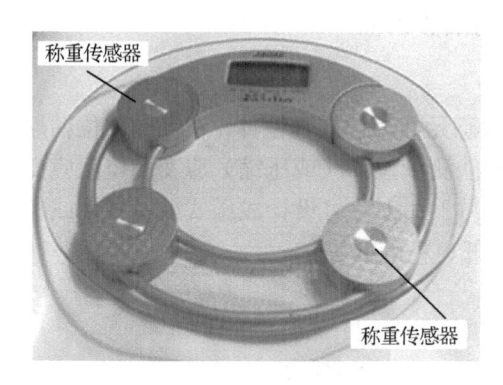

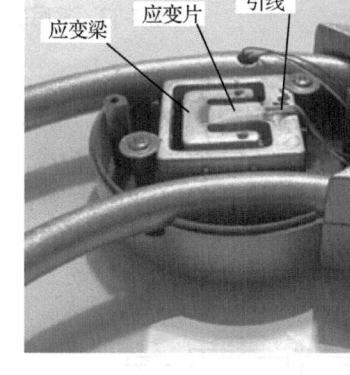

图 7-34　电子秤　　　　　　　　　图 7-35　电子秤的称重传感器

传感器弹性元件一般由优质合金钢材、有色金属铝、铍青铜等材料加工成形，其外形结构多种多样。根据被测量的大小及受力方式不同，选择不同结构的弹性元件，常见的有柱式、柱环式、悬臂梁式、环式、轮辐式等，如图 7-36 所示。在弹性元件上按一定方式粘贴应变片，当弹性元件在外力作用下产生应变或位移时，不同部位的应变片电阻值变化不同，或变大或变小，更有利于组成惠斯登电桥。

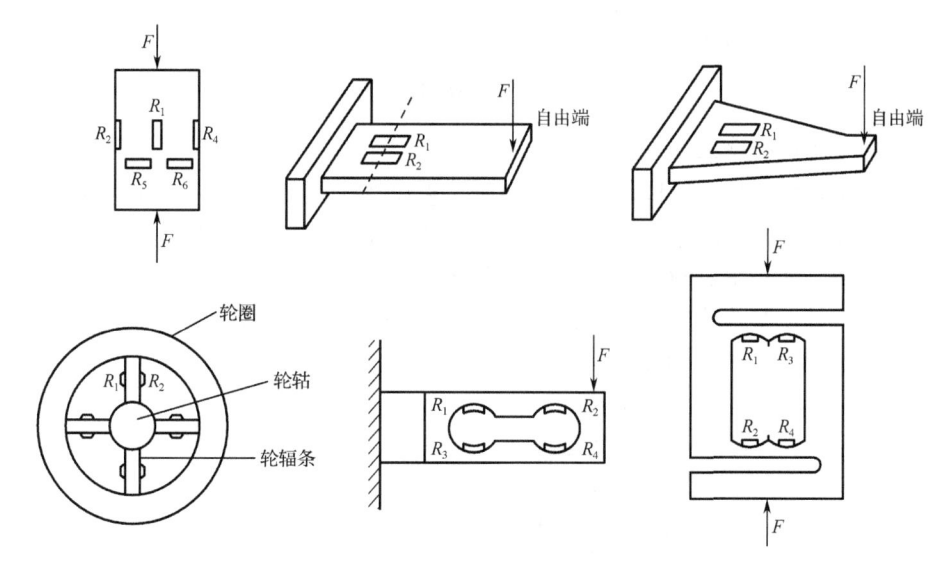

图 7-36　常见的传感器弹性元件

2. 电阻应变式称重传感器的种类

根据传感器弹性元件的结构不同，电阻应变式称重传感器分为柱式、柱环式、悬臂梁式、环式、轮辐式等。常用的称重传感器外形如图 7-37 所示。不同结构的传感器量程范围、安装形式、适用场所也不尽相同。电阻应变式称重传感器主要用于测量力、荷重和扭矩。

图 7-37 常用的称重传感器外形

(1) 柱式称重传感器

柱式称重传感器典型结构如图 7-38 所示,敏感元件为柱式弹性体,在细的部位粘贴 4 个或 8 个应变片,组成惠斯登电桥,即可构成一种能测量拉伸(或压缩)应变的电阻应变式称重传感器。这种传感器的特性是结构简单紧凑、易于加工,可设计成压式或拉式,或拉、压两用型,并可承受很大的载荷;其缺点是灵敏度低、精度低等。

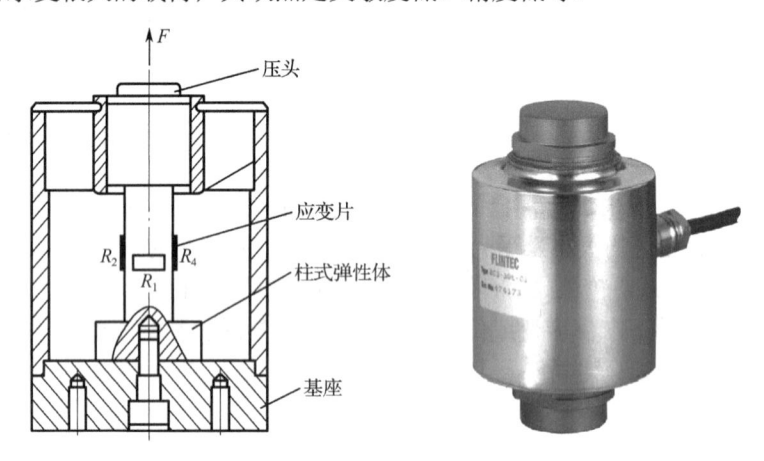

图 7-38 柱式称重传感器典型结构

(2) 柱环式称重传感器

柱环式称重传感器典型结构如图 7-39 所示,它与圆棒一体化加工,在中央打孔,在孔内粘贴 4 个应变片。在集中载荷作用下,在 4 个应变片位置可获得大小相等而方向相反的应变,组成惠斯登电桥,其输出灵敏度较高、线性度较好。由于弹性元件为整体结构,受力状态稳定,温度均匀性好,结构简单,易于加工,可设计成拉、压两用型。该结构适宜制作中、小量程(0.5~50t)的称重传感器。

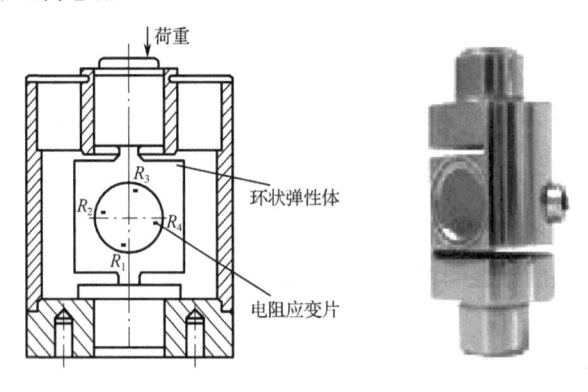

图 7-39 柱环式称重传感器典型结构

（3）悬臂梁式称重传感器

如图 7-40 所示悬臂梁式称重传感器及其双孔平行梁式弹性元件，弹性体输出不受力作用点位置变动的影响。该结构一般适用于制作小量程称重传感器（500g～500kg）。

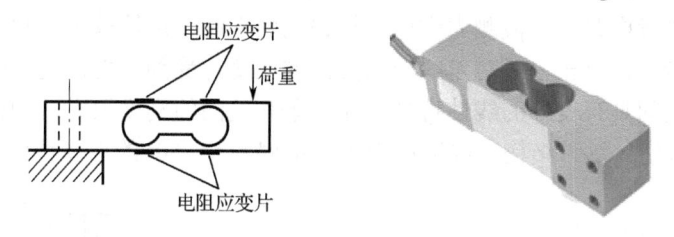

图 7-40　悬臂梁式称重传感器、双孔平行梁式弹性元件

如图 7-41 所示悬臂梁式称重传感器及其双梁式弹性元件，弹性体在上下梁的端部加工成弧形截面，可以提高传感器的灵敏度。该种结构一般适用于制作量程为数百克到 100kg 的称重传感器，精度可达 0.01%。

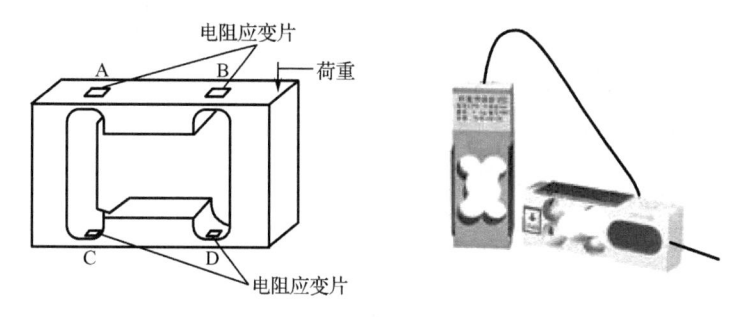

图 7-41　悬臂梁式称重传感器、双梁式弹性元件

（4）环式称重传感器

环式称重传感器的典型结构如图 7-42 所示。载荷的作用点和支持点在同一轴线上，受力状态稳定。称重时，利用其弯曲变形产生信号。由于存在零弯矩区，力作用点变化对输出的影响小，测量精度高。这种结构一般适用于制作量程为 5kg～5t 的称重传感器，精度可达 0.02%。

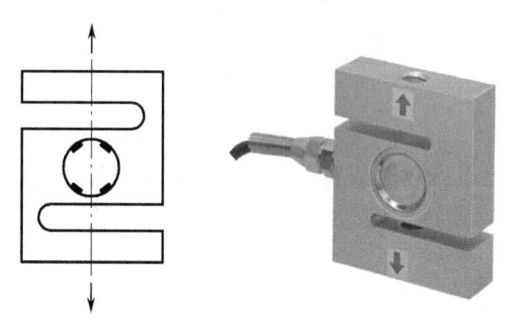

图 7-42　环式称重传感器的典型结构

（5）轮辐式称重传感器

轮辐式称重传感器典型结构如图 7-43 所示，主要由轮毂、轮圈、轮辐条、电阻应变片组成。轮辐条可以是 4 根或 8 根，呈对称形状，轮毂由顶端的钢球传递重力，圆球的压头有自

动定位的功能。当外力 F 作用在轮毂上端和轮圈下部时，矩形轮辐条产生平行四边形变形，在轮辐条对角线方向产生 45°的线应变。

8 个应变片与轮辐条水平中心成 45°，分别粘贴在 4 根轮辐条的正反两面，如图 7-44 所示，并接成全桥测量电路，当被测力作用在轮毂端面上时，沿轮辐条对角线缩短方向的应变片受压，电阻值减小，沿轮辐条对角线伸长方向的应变片受到拉力，电阻值增加，电桥的输出电压与被测力之间具有良好的线性特性。轮辐条和轮圈的刚度很大，因此过载能力很强，线性测量范围比较宽。这种结构一般适用于制作量程为 5～50t 的称重传感器。

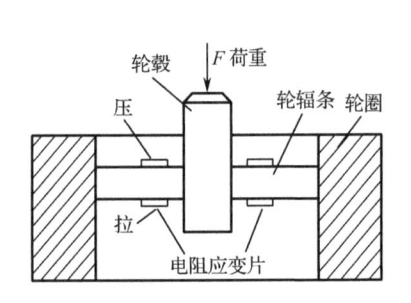

图 7-43　轮辐式称重传感器典型结构 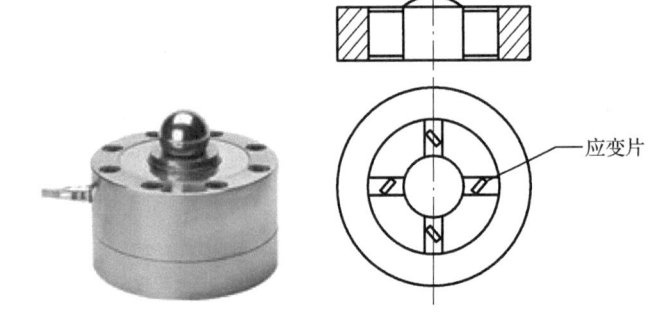　　　　图 7-44　轮辐式称重传感器的应变片贴片位置

二、称重传感器的选择方法

1. 环境因素

选用称重传感器首先要考虑传感器所处的工作环境，因为这关系到传感器能否正常工作以及它的安全性和使用寿命，甚至是整个测量系统的可靠性和安全性。环境因素主要有以下几个方面。

（1）高温环境会给传感器带来涂覆材料熔化、焊点开化、弹性体内应力发生结构变化等问题。对于在高温环境下工作的传感器除了可采用耐高温传感器，还必须加有隔热、水冷或气冷等冷却装置。

（2）粉尘、潮湿环境会导致传感器短路。在此环境下应选用密闭性很好的传感器。常见的密封方式有密封胶填充或涂覆，橡胶垫机械紧固密封，焊接（氩弧焊、等离子束焊）和抽真空充氮密封。

（3）腐蚀性较高的环境，如潮湿、酸性环境会对传感器造成弹性体受损或产生短路等影响。在此环境下应选择外表面已进行喷塑或有不锈钢外罩，抗腐蚀性能好且密闭性好的传感器。

（4）电磁场可干扰传感器输出信号。在此情况下，应采用具有屏蔽保护的传感器，包括信号传输的导线屏蔽。

（5）易燃、易爆的环境。在此环境下工作的传感器必须选用防爆传感器。这种传感器的外罩具有密闭性，且有一定的防爆强度。

2. 传感器数量和量程的选择

传感器数量应根据电子秤的用途、秤体需要支撑的点数而定。一般来说，秤体有几个支撑点就选用几个传感器（见图 7-45）。但是对于电子吊钩秤等特殊用途就只能采用一个传感器。

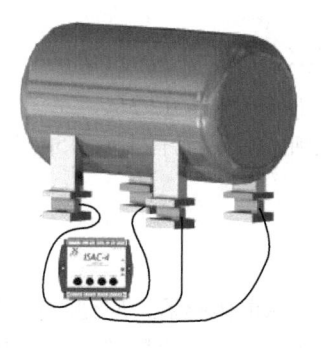

图 7-45　电子秤

传感器量程可依据电子秤的最大量程、选用传感器的个数、秤体的自重和可能产生的最大过载等因素来确定。根据经验，一般应使传感器工作在量程的 30%～70%范围内，这样有利于提高测量精度。对于一些在使用过程中存在较大冲击力的秤，如动态轨道衡、汽车衡、钢材秤等，在选用传感器时，要扩大其量程，使传感器工作在其量程的 20%～30%范围内，以保证传感器的使用安全和寿命。

3. 各种类型称重传感器的适用范围

传感器类型的选择主要取决于称量范围和安装空间。根据受力情况、性能指标、安装形式来选择称重传感器的种类，如柱环式称重传感器适用于大、中量程的测量，悬臂梁式称重传感器适用于小量程的测量。称重传感器弹性元件的材质不同，传感器的适用范围也不同，如铝制悬臂梁式传感器适用于计价秤、平台秤、案秤等；钢制悬臂梁式传感器适用于料斗秤、电子皮带秤、分选秤等；钢质桥式传感器适用于轨道衡、汽车衡、天车秤等；钢质柱式传感器适用于汽车衡、动态轨道衡、大吨位料斗秤等。

4. 称重传感器的精度

传感器的精度包括传感器的非线性、迟滞、重复性、灵敏度等技术指标。在选用传感器的时候，不要单纯追求高精度等级，既要满足电子秤的精度要求，又要考虑其成本。

传感器额定量程的计算公式是在充分考虑影响秤体的各个因素后，经过大量的试验而确定的。公式如下：

$$C=K_0K_1K_2K_3(W_{max}+W)/N$$

式中　C——单个传感器的额定量程；

　　　W——秤体自重（质量）；

　　　W_{max}——被称物体净重（质量）的最大值；

　　　N——秤体所采用支撑点的数量；

　　　K_0——保险系数，一般取值 1.2～1.3；

　　　K_1——冲击系数；

　　　K_2——重心偏移系数；

　　　K_3——风压系数。

例如：一台 30t 电子汽车衡，最大称量是 30t，秤体自重为 1.9t，采用四个传感器，根据当时的实际情况，选取保险系数 K_0=1.25，冲击系数 K_1=1.18，重心偏移系数 K_2=1.03，风压

系数 K_3=1.02，试确定传感器的吨位（量程）。

解：根据传感器额定量程计算公式 $C=K_0K_1K_2K_3(W_{max}+W)/N$ 可知

$$C=1.25\times1.18\times1.03\times1.02\times(30+1.9)/4\approx12.36t$$

因此，可选用量程为 15t 的传感器（传感器的吨位一般只有 10t、15t、20t、25t、30t、40t、50t 等，除非特殊定做）。

三、称重传感器使用注意事项及常见故障

将传感器安装在测量系统中时，如果使用单个称重传感器，应使物体受力方向或物体重心通过传感器的中心线，以防止测量中产生侧向分力，影响测量精度；如果使用多个称重传感器，传感器承载点要求在同一水平面上，传感器在平面内应对称分布，无偏载现象。传感器为径向承载型（如轮辐式、柱式）时，安装后应保证传感器纵向轴心和水平称面垂直，仅承受垂直载荷；传感器为剪切承载型（如悬臂梁式）时，安装后应保证传感器承载面和水平称面平行，无倾斜现象，仅承受垂直载荷。传感器在安装时应采用高强螺栓，安装牢固无蠕动。

测量时，将传感器的输出引线根据使用说明书与变送器相连。通常变送器除了具有放大、阻抗匹配、线性补偿、温度补偿等基本功能，还具有标准信号外调零、外调增益功能，以适应不同电桥、不同量程的传感器，最终将力转换成电流或电压信号输出，如 4～20mA、0～10mA、0～5V、1～5V 等，该信号可直接与自动控制设备的接口或计算机相连。

称重传感器在工作前，必须先加电预热 10min，然后调整调零旋钮，使输出为零，再进行加载测量，记录数据。

在使用称重传感器时，应注意以下事项：

（1）传感器、变送器应定期进行静态标定，以保证使用精度。

（2）传感器的最大载荷力不应超过满量程的 120%。

（3）传感器避免与较高的非工作热辐射接触。

（4）安装传感器时，要选择与量程相应的紧固螺钉。

（5）变送器增益调节有两种，一种是放大倍数的调节，可以根据需要调节；一种是微调，在静态标定时使用。在无标定设备监视下不能任意调节。

电子秤在使用过程中，会由于超载、冲击等原因，造成传感器塑性变形，影响计量准确度，严重时会使传感器损坏，无法正常使用，必须更换传感器。在更换过程中应注意，称重传感器随着量程的增大，其灵敏度是减小的，不能随意扩大量程，应尽可能用和原来一样载荷的传感器。若想更换载荷稍大一点的，就要注意电子秤的称重显示仪表量程是否有调节余地。

任务实施

8 号料斗最大称量为 800kg，显示分度值为 0.1kg。维修工程师小李采用以下方法进行排故：

（1）进行系统检测，用标准电压信号测试了信号采集系统，没有发现问题。

（2）检查 8 号料斗称重传感器的连接线，也没有发现问题。

（3）给称重传感器供电，测量其输出，发现信号不稳定，说明称重传感器出现故障，需进行更换。

（4）拆下的故障称重传感器为柱环式称重传感器，这种称重传感器受力状态稳定，结构简单，量程为900kg。但目前库房没有这种传感器，需用替代品。

（5）有一个量程为1000kg的环式称重传感器。环式称重传感器受力状态稳定，测量精度高，适用量程为5kg～5t，精度可达0.02%，技术参数满足要求，但安装尺寸不符合要求。

（6）为了不影响生产进度，加装一个转接头，以保证传感器安装尺寸。

（7）更换完成后，因传感器量程不同，输出值也不同，需进行系统校准、调试。

目前全自动配料控制系统已广泛应用于建材、饲料、化工、冶金、食品等多种行业中。具有质量值数字显示、过程画面动态显示、配方修改管理、配料速度快、控制精度高等优点，采用上位计算机控制系统，具有配料数据自动存储，配料过程清单查询和班、日、月、年报表统计及打印等功能。

思考与练习

1．简述称重传感器的工作原理。
2．列表对比几种称重传感器的工作方式、特点及适用量程。
3．简述称重传感器的选择方法。
4．某收费站需设计一台50t（即最大量程是50t）电子汽车衡，秤体自重约为2.5t，现有量程为15t的称重传感器，需要采用几个这样的传感器？根据实际情况，可选取保险系数K_0=1.25，冲击系数K_1=1.2，重心偏移系数K_2=1.05，风压系数K_3=1.02。

课题四　压力变送器

◆ 教学目标
☐ 了解压力变送器的基本结构。
☐ 了解电容式压力变送器的工作原理。
☐ 掌握压力变送器的使用方法。

任务提出

供水系统在人们日常生活和工业生产中是必不可少的。随着生活水平的提高和现代工业的发展，人们对供水系统压力的稳定性和系统的可靠性要求越来越高，如为满足高层住宅楼居民的生活供水，需要在小区内设立恒压供水系统，将自来水公司的水压稳定在一定的设定值。因为居民用水量是随时间变化的，在不用水或用水量较小的情况下，水管压力变化较小；当用水量大时，水管压力变化较大，致使水压不稳。变频恒压供水系统（见图7-46）能够很好地满足现代供水系统的要求。

出水压力的检测是恒压供水系统的重要环节，根据小区楼层不同，出水压力一般为0.5～0.6MPa。检测出水压力常采用压力变送器，压力变送器的测量精度、使用寿命关系到本系统能否正常工作。某小区自来水压力不稳定，造成燃气热水出水忽冷忽热，遭到居民投诉。技术员小张经检修发现是压力变送器出现故障，输出值不稳定造成的。小张需要更换压力变送器，并向物资部门提供一份详细的物资采购单。

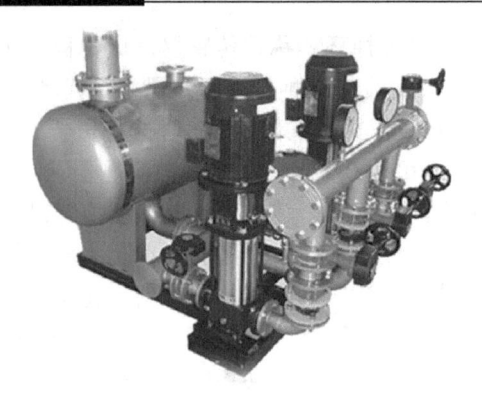

图 7-46 变频恒压供水系统

任务分析

小张通过检测压力变送器，发现压力变送器出现故障，怎样选择替代品？本课题的任务就是学习压力变送器的正确选择方法，以及压力变送器的测量、安装、检修、接线方法，能够正确使用压力变送器。

相关知识

一、常见压力变送器

压力变送器由压力传感器、信号转换电路、壳体及过程连接件组成。压力传感器将来自现场的液体或气体等介质的压力参数转换成为微小的电流或电压信号，通过标准的转换电路转换成 DC 4～20mA 或 DC 1～5V 工业标准信号，送至显示仪、记录仪、计算机或控制器等仪表中。在工业生产中，常将其称为现场仪表或一次仪表。各种压力变送器常见外形如图 7-47 所示。

图 7-47 各种压力变送器常见外形

压力变送器按工作原理可分为压阻式、应变式和电容式。其中电容式压力变送器因其稳定性好、测量精度高而应用广泛。

二、电容式压力变送器工作原理

电容式压力变送器的核心是电容式传感器，电容式传感器是把被测量转换为电容量变化的一种传感器。电容式传感器的基本工作原理可以用图 7-48（a）所示的平板电容器来说明。设两极板（长度为 b，宽度为 a）相互覆盖的有效面积为 A（m^2），静态电容为 C_0，两极板间的距离为 d（m），极板间介质的介电常数为 ε（F/m），在忽略板极边缘影响的条件下，平板电容器的电容 C（F）为

$$C = \frac{\varepsilon A}{d}$$

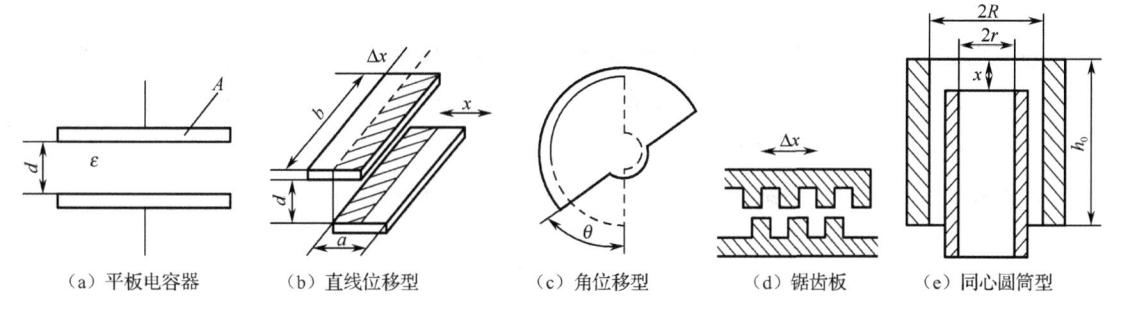

（a）平板电容器　（b）直线位移型　（c）角位移型　（d）锯齿板　（e）同心圆筒型

图 7-48　电容式传感器

由上式可以看出，A、d、ε 三个参数都直接影响着电容 C 的大小。如果保持其中两个参数不变，而使另外一个参数改变，则电容量就将发生变化。所以电容式传感器可以分为三种类型：改变极板面积的变面积式、改变极板距离的变间隙式、改变介电常数的变介电常数式。

1. 变面积式电容式传感器

图 7-48（b）是直线位移型电容式传感器的示意图。当动极板移动 Δx 后，覆盖面积发生变化，电容也随之改变，因位移而产生的电容变化量为

$$\Delta C = C - C_0 = -\frac{\varepsilon b}{d}\Delta x = -C_0 \frac{\Delta x}{a}$$

灵敏度为 $K = \dfrac{\Delta C}{\Delta x} = -\dfrac{\varepsilon b}{d}$，可见，增大 b 或减小 d 均可提高传感器的灵敏度。

图 7-48（c）是角位移型电容式传感器。当动片有一个角位移 θ 时，两极板间覆盖面积发生变化，从而导致电容变化，此时电容为

$$C = \frac{\varepsilon A\left(1 - \dfrac{\theta}{\pi}\right)}{d} = C_0\left(1 - \dfrac{\theta}{\pi}\right)$$

图 7-48（d）中极板采用了锯齿板，其目的是增加遮盖面积，提高灵敏度，便于加工。当锯齿板的齿数为 n，移动 Δx 后，其电容为

$$C = \frac{n\varepsilon b(a - \Delta x)}{d} = n\left(C_0 - \frac{\varepsilon b}{d}\Delta x\right) \qquad \Delta C = C - C_0 = -\frac{\varepsilon b}{d}\Delta x = -C_0\frac{\Delta x}{a}$$

其灵敏度为

$$K = \frac{\Delta C}{\Delta x} = -n\frac{\varepsilon b}{d}$$

图 7-48（e）是同心圆筒型电容式传感器。当外圆筒不动，内圆筒在外圆筒内做上下直线运动时，两个同心筒的覆盖面积发生变化，从而导致电容变化，此时电容为

$$C = \frac{2\pi\varepsilon(h_0 - x)}{\ln(R/r)} = C_0\left(1 - \frac{x}{h_0}\right)$$

式中，h_0 为外圆筒长度，x 为两圆筒相对移动距离，r、R 为内、外圆筒半径。

由前面的分析可得出结论：变面积式电容式传感器的灵敏度为常数，即输出与输入成线性关系。

2. 变间隙式电容式传感器

如图 7-49 所示为变间隙式电容式传感器的示意图。图中 1 为固定极板，2 为与被测对象相连的活动极板。当活动极板因被测参数的改变而发生移动时，两极板间的距离 d 发生变化，从而改变了两极板之间的电容 C。

设极板面积为 A，其静态电容为 $C_0 = \frac{\varepsilon A}{d}$，当活动极板移动 x 后，其电容为

$$C = \frac{\varepsilon A}{d - x} = C_0\left(1 + \frac{x}{d - x}\right)$$

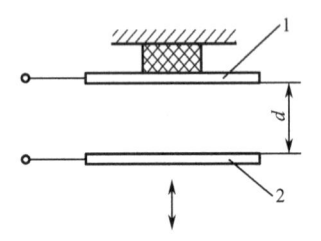

图 7-49　变间隙式电容式传感器示意图

由上式可以看出，电容 C 与位移 x 不是线性关系，只有当 $x \ll d$ 时，才可认为是近似线性关系。同时还可以看出，要提高灵敏度，应减小起始距离 d。但当 d 过小时，又容易引起电容击穿，同时对加工精度的要求也相应提高。因此，一般通过在极板间放置云母、塑料膜等介电常数高的物质来改善这种情况。在实际应用中，为了提高灵敏度，减少非线性，经常采用差动式结构，如图 7-50 所示。当中间极板上下移动时，电容 C_1、C_2 同时发生变化。

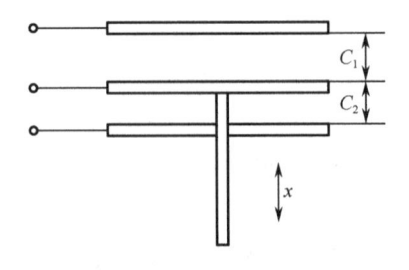

图 7-50　差动式电容式传感器

3. 变介电常数式电容式传感器

当电容式传感器中的电介质改变时，其介电常数变化，从而使电容发生变化。此类传感器的结构形式有很多种，如图 7-51 所示为介质面积变化的电容式传感器。这种传感器可用来测量物位或液位，也可测量位移。

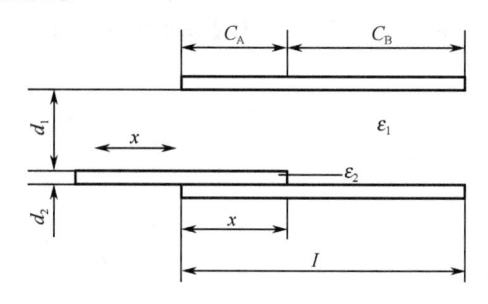

图 7-51 介质面积变化的电容式传感器

4. 电容式传感器的常用测量电路

使用电容式传感器的测量电路很多。常见的电路有：普通交流电桥、变压器电桥、脉冲调制电路（见图 7-52）、运算放大器测量电路（见图 7-53）、调频电路等。

当电阻 $R_1=R_2=R$ 时，则有

$$u_o = \frac{C_1-C_2}{C_1+C_2}u_i$$

图 7-52 脉冲调制电路

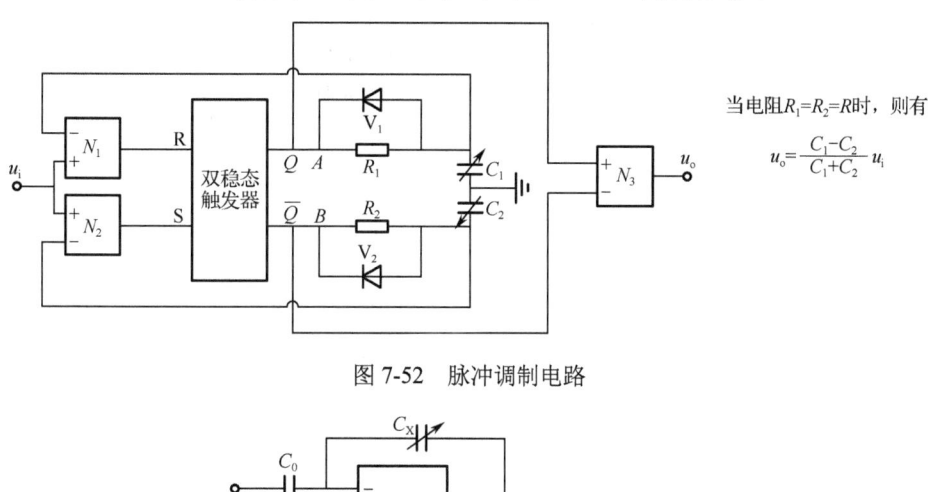

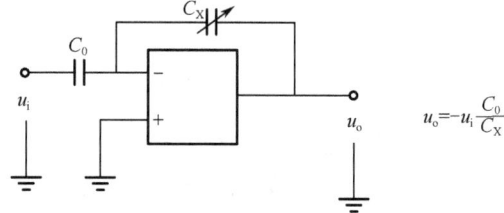

$$u_o = -u_i\frac{C_0}{C_X}$$

图 7-53 运算放大器测量电路

三、典型电容式压力变送器结构

1151 系列电容式压力变送器的外形结构如图 7-54 所示。它具有设计新颖、安装使用简便、安全防爆等特点，尤以精度高、坚固耐振、调整方便、长期稳定性强、单向过载保护特性好而著称。

压力变送器结构如图 7-55 所示。被测介质的压力分别通入高、低两压力腔内，作用在 δ

元件（即压力敏感元件）的两侧隔离膜片上，通过隔离膜片和δ元件内的填充液传到测量膜片两侧。测量膜片与两侧绝缘体上的电极各组成一个电容，组成差动结构。在无压力通入或两侧压力均等时，测量膜片处于中间位置，压力敏感元件的两侧电容相等；当两侧压力不一致时，测量膜片产生位移（该位移量和压力差成正比），故两侧电容产生变化。通过检测电容的变化量，可以测量出作用在压力敏感元件两侧的压力差。压力变送器的转换电路将该信号放大、转换成 4~20mA 的二线制电流信号。压力变送器的装配示意图如图 7-56 所示。

图 7-54　1151 系列电容式压力变送器外形结构　　　　图 7-55　压力变送器结构

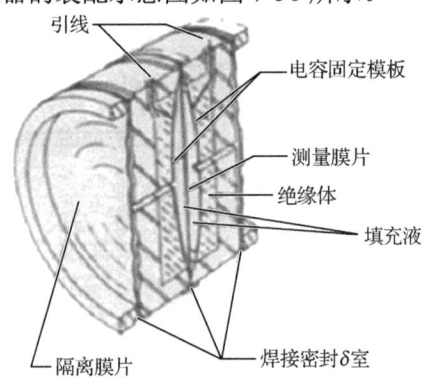

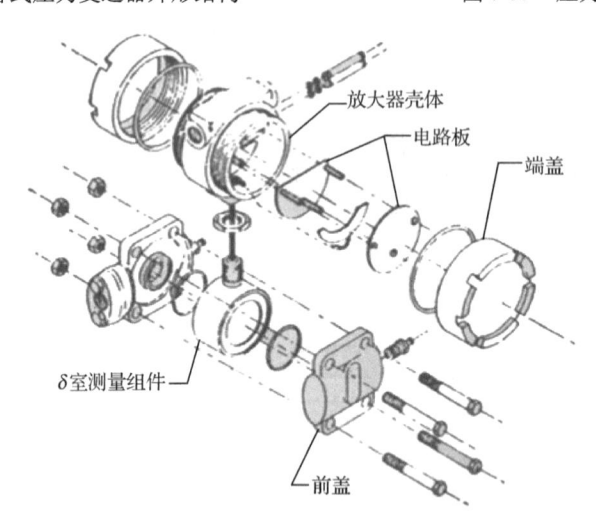

图 7-56　压力变送器的装配示意图

所谓二线制是指仪表与外界连接只需两根导线。多数情况下，其中的一根导线接 +24V 电源，另一根导线既作为电源负极引线，又作为信号传输线。在信号传输线的末端通过一个标准负载电阻（也称采样电阻）接地，将电流信号转变成电压信号，如图 7-57 所示。由于电流信号不易受干扰，且便于远距离传输，在工业生产、控制中多采用电流输出。

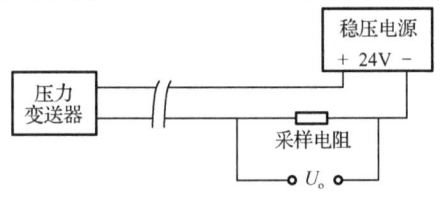

图 7-57　二线制接线方法

四、电容式压力变送器测量液位的工作原理

用电容式压力变送器测量液位时,其有两个压力接口,一个接在油罐底部,另一个接在油罐顶部,如图 7-58 所示。所测压力差 ΔP 与液面高度 Δh 成正比,即 $\Delta P = \rho g \Delta h$。由于油罐一般是圆柱形的,其截面圆的面积 S 是不变的,那么,重力 $G = \Delta P \cdot S = \rho g \Delta h \cdot S$,$G$ 与 ΔP 成正比关系。即只要准确地检测出 ΔP,就可以得到实际液体的重力 G。温度变化时,虽然液体体积膨胀或缩小,实际液位升高或降低,但液体密度 ρ 与高度 Δh 成反比,因此所检测到的压力始终是不变的,即罐内液体的实际重力不受温度影响,保持不变。

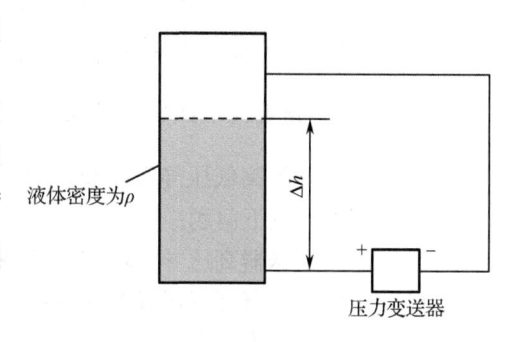

图 7-58 用电容式压力变送器测量液位

五、压力变送器使用注意事项

压力变送器在工艺管道上的安装位置与被测介质有关,为获得最佳的测量效果,应注意考虑下列情况。

（1）防止压力变送器与有腐蚀性或过热的介质接触。

（2）防止渣滓在引压导管内沉积。

（3）测量液体压力时,取压口应开在流程管道侧面,以避免沉淀积渣。

（4）测量气体压力时,取压口应开在流程管道顶端,并且压力变送器也应安装在流程管道上部,以便积累的液体注入流程管道中。

（5）引压管应安装在温度波动小的地方。

（6）测量蒸汽或其他高温介质时,需接加缓冲管（盘管）等冷凝器,不应使压力变送器的工作温度超过极限。

（7）冬季发生冰冻时,安装在室外的压力变送器必须采取防冻措施,避免引压口内的液体因结冰体积膨胀,导致传感器损坏。

（8）测量液体压力时,压力变送器的安装位置应避免受到液体的冲击（水锤现象）,造成传感器过压损坏。

（9）接线时,注意电源的正负极,并用螺钉拧紧,以防导线松动,造成接触不良。

六、压力变送器使用时故障分析处理

在使用压力变送器时,会发生一些故障,如果是传感器损坏,需要更换传感器,返厂维修。但很多情况是测压系统的气路或电路接线出现故障,是可以在安装时避免或通过维修消除的。

1. 压力变送器的引压管堵塞

在生产过程中,需要测量液体的压力和流量。虽然引压管很短,但使用一段时间后,常发现其被堵塞,从而引起仪表输出变化缓慢,甚至不变。

在生产过程中,常遇到被测介质内含有固体悬浮颗粒或粉末的情况,时间久了,有的还会固化,引起引压管堵塞,使测量无法正常进行。在这种情况下,不能用通常的引压管,而要用隔膜式压力表或法兰式变送器。法兰式变送器面积大,较易清除被测介质,并能承受较

高的温度，所以现在应用十分普遍。它除了用于测量含有悬浮颗粒的浆液，过于黏稠、易于冻结、固化、结晶的介质外，还常用于引压管中的气体较易出现凝液或液体介质中较易出现气化的场合，因为这些场合中的介质若用普通仪表测量，会使引压管中的静压发生变化而引起仪表输出不稳。

2. 压力变送器高低压导管接反

若压力变送器高低压导管接反，当系统工作时，压力变送器的输出不但不上升，反而偏至零下。可能有以下问题：

（1）压力变送器高压导管堵塞或泄漏；
（2）压力变送器高低压导管接反；
（3）工艺管道内的介质流动方向相反；
（4）压力变送器有故障。

处理高低压导管接反的问题，对于以往的气动变送器和某些电动变送器来说是比较困难的，需要重新安装，工程量较大，特别对于正在投运的工艺装置和装有保温散热设备的仪表系统，更是一件麻烦的事情。

3. 压力变送器输出值长时间不变

压力变送器的显示表长时间无变化，应对压力变送器正压侧进行排污检查，对引压管做疏通处理。压力变送器在使用过程中常常发生引压管堵塞。正常工作一段时间后，若正压侧引压管堵塞，正压侧感受不到容器的压力变化，则测量值保持不变，造成检测失真。

4. 压力变送器指示波动

若压力变送器指示持续波动，如不及时处理甚至会导致整个系统停止工作。由于压力变送器生产工艺存在问题，即测量介质波动会引起输出的变化。压力变送器阻尼调整不当，经调整后仍然波动，返回重新校验，看膜片是否损坏。如果经校验一切正常，则需检查周围有无电磁干扰等。

任务实施

恒压供水是指主水管出口压力恒定。变频恒压供水系统通过实时监测供水主管出口压力，然后与设定值进行比较，经 PLC 运算处理后，在线自动调节变频器输出频率，控制泵的转速，调整压力变化，最终达到主水管出口压力稳定在设定值的目的。变频恒压供水系统原理图如图 7-59 所示。变频恒压供水设备可根据用水量的变化，自动改变水泵转速或增减水泵工作数量达到恒压供水的目的，减少了对管网的压力冲击，使得管网不易破裂，取代了高位水塔或水箱、气压罐，解决了水的二次污染问题。

在采用变频调速设备进行恒压供水时，通常在同一路供水系统中，设置多台常用水泵，供水量大时多台水泵全开，供水量小时开一台或两台水泵。变频恒压供水设备的应用方式有两种，一是所有水泵配用一台变频器；二是每台水泵配用一台变频器。自动化控制克服了人工控制可能带来的误操作，同时大大降低了操作工人的劳动强度，并可实现远程操作和远程监控，功能齐全。

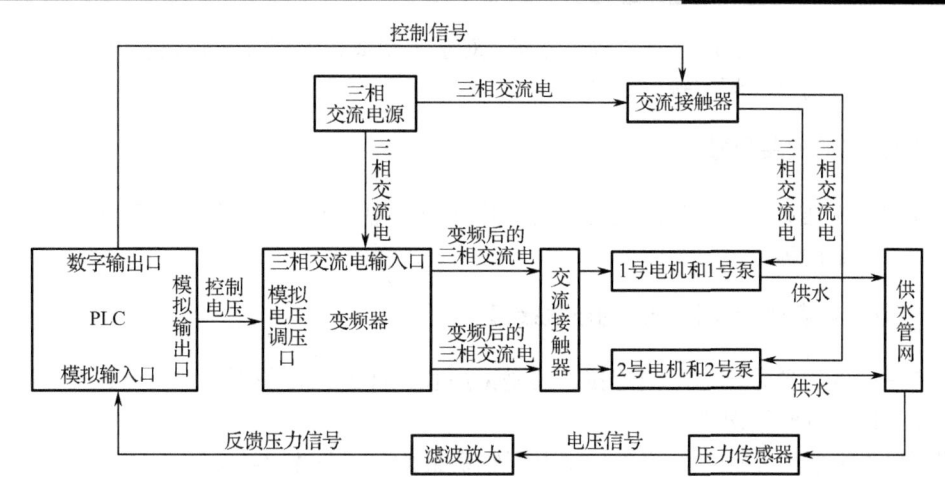

图 7-59 变频恒压供水系统原理图

小张需要更换压力变送器,向物资部门提供物资采购单,先要进行压力变送器选型。在选型时,应考虑以下因素:

1. 测量压力范围

先确定系统中测量压力的最大值,一般而言需要选择一个具有比最大值还要大 1.5 倍左右压力量程的变送器。这主要是因为在许多系统中,尤其是水压测量和加工处理中,有峰值和持续不规则的上下波动,这种瞬间的峰值容易破坏压力传感器。所以在选择变送器时要充分考虑压力范围与其稳定性。

2. 测量介质特性

如果测量介质是黏性液体、泥浆,会堵住压力接口;如果测量腐蚀性溶剂或环境中有腐蚀性物质,会破坏变送器中与这些介质直接接触的材料。这些因素将决定选择什么样的隔离膜及直接与介质接触的材料。

3. 变送器精度

决定变送器精度的有:非线性、迟滞性、非重复性、温度、零点偏置、温度误差,主要取决于非线性、迟滞性、非重复性等因素。精度越高,价格也就越高。

4. 变送器的温度范围

通常一个变送器会标定两个温度段,其中一个温度段是正常工作温度范围,另外一个是温度补偿范围,正常工作温度范围是指变送器在工作状态下不被破坏时的温度范围,在超出温度补偿范围时,温度误差较大。

温度补偿范围是一个比工作温度范围小的典型范围。在这个温度范围内变送器测量误差应满足性能指标。温度变化从两方面影响着输出,一是零点漂移,二是影响满量程输出。

5. 变送器输出信号

变送器输出信号有电流、电压及频率输出。选择怎样的输出信号取决于变送器与系统控制器或显示器间的距离、是否需要放大器等。对于远距离传输或存在较强的电子干扰信号时，最好采用毫安级输出或频率输出。

6. 变送器的安装尺寸

在选购变送器时一定要考虑变送器的工作环境，湿度如何，怎样安装变送器，会不会有强烈的撞击或振动等。

7. 变送器与其他电子设备间的电气接口

需考虑：变送器采用短距离连接，还是采用长距离连接，是否需要一个连接器，连接器安装尺寸与接点分配情况等。

根据以上分析，小张向物资部门提交了物资采购单（见表7-4）。

表 7-4　物资采购单

申请部门：					申请日期： 年 月 日
序　号	采购品种	规格型号	数　量	单　位	备　注
1	压力变送器	0.8MPa（g）	1	支	技术要求、压力接口尺寸见下图
2					
3					
4					
5					
申请理由：原压力变送器失效，更换压力变送器 技术要求：电源电压 24V 工作温度：-20～80℃ 精度：±0.5% 外形及接口尺寸见下图（单位 mm），压力接口为 M20×1.5。					
申请人（签名）：			部门负责人（签名）：		
财务处 （采购主管部门）意见：		领导意见：		备注	

思考与练习

1. 电容式传感器分为哪几类？
2. 简述电容式压力变送器测量液位的工作原理。
3. 有一台二线制压力变送器，量程为 0～1MPa，对应的输出电流为 4～20mA。求：

（1）压力 P 与输出电流 I 的关系表达式。

（2）计算当 P 为 0.5MPa、0.8MPa、1MPa 时，压力变送器的输出电流。

（3）如果希望在信号的传输终端将电流信号转换成 1～5V 的电压信号，应选择多少欧姆的采样电阻？

（4）如果测得电流为 6mA，此时压力为多大？

模块八　流量测量

流量通常指流动的气体、液体等，在单位时间内流过管道或设备某横截面积的数量。与温度、压力一样，流量是重要的过程参数。测量流量用的传感器称为流量传感器或流量计，流量计在工农业生产和科学研究中发挥着重要作用。如在石油化工行业产品的检测与控制中，需要利用流量计掌握各种流体的流量变化；供水、供气、供暖等资源计量中，水表、煤气表、天然气表等流量仪表的准确测量是关键环节；环保工程中，废水再生设备、城市垃圾处理设备、水循环利用系统等更需要借助种类繁多的流量测量仪表。

课题一　涡轮流量计

◆ **教学目标**

- 了解涡轮流量计的特点及应用。
- 了解涡轮流量计的结构和工作原理。
- 掌握涡轮流量计的选择和使用方法。

任务提出

工业过程控制以温度、压力、流量、液位等连续变化的工艺参数为控制对象，是工业自动化领域的重要分支。学习工业过程控制，首先需要通过试验了解过程控制仪表、熟悉过程控制方法。图 8-1 所示的设备是模拟小型电热锅炉运行、可完成多种过程控制试验的试验装置。锅炉的液位、出水温度、进水压力、流量等过程参数经测量后传送给 PLC，与给定值进行比较后对出现的偏差用算法运算后，输出控制指令给变频器、可控硅等执行器，控制其运行，保证过程参数稳定在给定值附近。

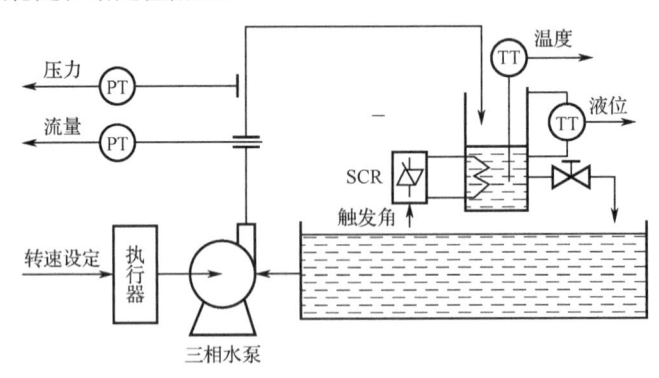

图 8-1　过程控制试验装置示意图

小李所在部门设计的试验设备流量控制单元需要完成"单回路控制"和"液位对流量的控制"等试验项目,使用的控制器为 S7-200 系列 PLC 中的 CPU222,配模拟量 I/O 模块 EM235,执行机构为 MM420 变频器,驱动三相水泵电动机。设备中应该选用什么样的流量传感器?所选的传感器如何与其他设备连接,组成一套合理的流量控制系统?

任务分析

该任务的关键点在于流量传感器的选型及与相关设备的配套使用。

要选择合适的流量传感器,需要了解过程控制对流量的要求,该试验装置的使用条件,并熟悉常用流量传感器的特点和使用场合。完成传感器选型后,还要熟悉该传感器的输出接口和安装要求等。

涡轮流量计是过程控制中常用的流量传感器,具有精度高、测量范围宽、重复性好、压力损失小、数字信号输出等特点。本任务中需要测量的是洁净的水,小型试验系统的流量不大、对精度要求不高,希望价格较低,使用、维护方便。传感器的输出信号要求为 4~20mA 的标准输出,带数字显示功能和数字接口。综合以上特点,决定组建以涡轮流量计为检测元器件的流量测量系统。

相关知识

一、涡轮流量计的特点及应用

涡轮流量计是利用流体中涡轮的旋转速度与流体流速成比例的关系来反映通过管道的流量大小的,广泛用于轻质成品油、水、空气、天然气等低黏度流体的测量。这种传感器具有如下优点:

(1) 精度高。测量精度可达 0.5%~0.2%。

(2) 测量范围宽。适用于流量变化幅度大的场合。

(3) 重复性好。短期重复性可达 0.05%~0.2%。

(4) 数字信号输出。输出与流量成正比的脉冲频率信号,便于远距离传送和计算机处理,抗干扰能力强。

(5) 此外,还具有压力损失小、安装维修方便、结构简单、耐腐蚀等特点。

同时,其也存在一些使用局限性:

(1) 不能长期保持校准特性,需要定期校验。

(2) 对被测介质的清洁度要求较高,含有悬浮物或磨蚀性液体时容易造成轴承磨损或卡住。

(3) 普通型不适用于测量较高黏度的介质,会使传感器的线性变差。

(4) 流体的物理性质(密度、黏度等)和环境条件(温度、压力等)对流量计的影响较大。

(5) 为保证测量精度,要求传感器上下游的直管段较长,安装空间较大。

二、涡轮流量计的结构和工作原理

涡轮流量计是通过测量放置在流体中的涡轮的旋转速度，利用流体流速与涡轮转速的近似线性关系而工作的。其结构如图 8-2 所示，壳体 11 前端固定有辐射状布置的导流片 3，导流片中心为导流体 2，导流片和导流体用于调整流体的形状，不锈钢涡轮 8 通过轴 4、10 和轴承 9 支撑在导流体上。磁电式传感器安装在非导磁的壳体上，永久磁铁 7 产生的磁力线穿过壳体，经涡轮叶片形成磁回路。

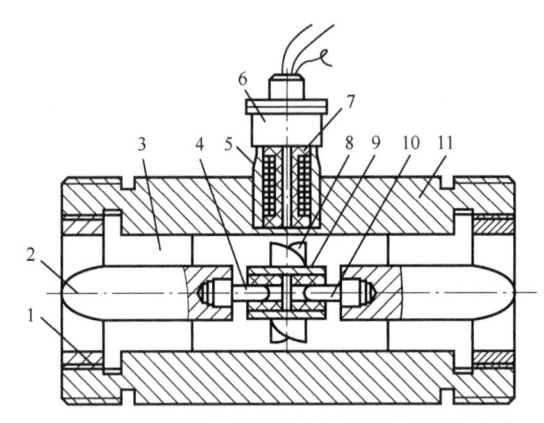

1—导流器压圈；2—导流体；3—导流片；4—轴；5—感应线圈；
6—前置放大器；7—永久磁铁；8—涡轮；9—轴承；10—轴；11—壳体

图 8-2 涡轮流量计结构

当涡轮流量计中有流体流过时，涡轮叶片前后的流体流动形成压差，产生作用力推动涡轮旋转。叶片每次转过磁铁下面时都会产生脉动的感应电动势信号，经过放大器放大后送至显示仪表进行流量计算和显示。在某一范围内，这种流量计所输出脉冲信号的频率 f 与所测流体体积流量 q_v 之间成正比关系：

$$f = Kq_v$$

式中，K 是传感器的仪表系数（单位为 1/L 或 $1/m^3$），在使用范围内 K 为常数，在流量计的校验合格证上会标明。

三、涡轮流量计测量系统

1. 测量系统组成

涡轮流量计的传感元器件（磁电式传感器）所产生的信号是脉冲型的微小电压，需要经前置放大器放大、整形后方能输出可供使用的脉冲信号。因此，涡轮流量计测量系统（见图 8-3）通常由涡轮、磁电式传感器、前置放大器和积算显示仪等组成。放大器通常与传感器集成在一起，流量计厂家一般提供多种组合方式，选定后只要配备积算显示仪表即可使用（有些显示仪表也集成在传感器上）。涡轮流量计输出的脉冲信号有效值在 10mV 以上时，也可以直接输送给集散控制系统中的检测计算机，利用计算机上的组态监控程序实现流量的积算、显示、报警等。

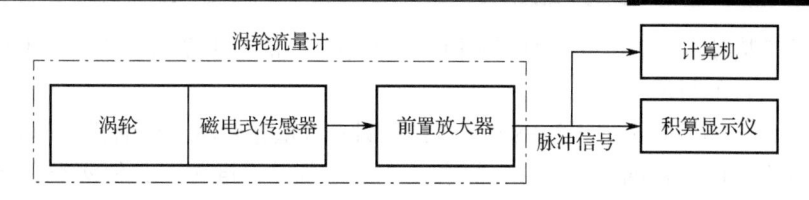

图 8-3 涡轮流量计测量系统

2. 流量积算显示仪表

流量积算显示仪表用于对各种液体、气体的流量进行显示、累积计算、报警控制、数据采集及通信等。目前使用较多的是集成了微控制器芯片的多功能智能流量积算仪（见图 8-4（a））或者一体化涡轮流量计（见图 8-4（b）中的积算显示单元）。其中多功能智能流量积算仪可以实现对瞬时流量、累积流量、温度和压力（需要输入温度、压力信号）等多种参数的累积计算和显示，厂家还可以根据需求为积算仪配备不同的模块，实现很多拓展功能。如流量输入模块可以接收单路频率信号、单路 0～5V 电压信号、单路 4～20mA 电流输入等。这类仪表通常备有标准的 RS-232/RS-422/RS-485 通信口输出，方便与计算机通信或实现远程数据传输。

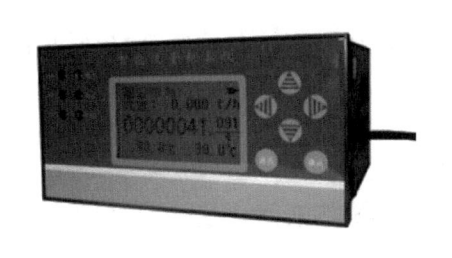

（a）多功能智能流量积算仪　　　　（b）一体化涡轮流量计

图 8-4 流量积算显示仪表

四、流量测量仪表的选型和使用

1. 涡轮流量计和管道的选型

（1）明确测量的流体

涡轮流量计适于测量洁净（或基本洁净）的低黏度气体或液体，如水、轻油、石油溶剂、酸性液体、碱性液体、液氧、液氮、液氢及空气、氧气等。

（2）涡轮流量计的口径

涡轮流量计的口径一般由流量范围决定。使用时最小流量不得低于该口径允许测量的最小流量，最大流量不得高于该口径允许测量的最大流量。在断续使用的场合（每日运行 8h 以下），一般按实际使用最大流量的 1.3 倍选择；连续使用（每日运行 8h 以上）时，按实际使用最大流量的 1.4 倍选择。

管道长度的选择：传感器上游直管段长度 L 与管道内径 D 的比值一般应满足

$$L/D = 0.35R/f$$

式中，f 是管道内壁摩擦系数，一般可取 0.0175；R 是旋涡速度比，取决于上游局部阻流件类型。

对管路情况不清楚时，一般可取上游直管段长度不小于20D，下游直管段长度不小于5D。

（3）主要部件的材质

涡轮流量计本体最好选用不锈钢材料以防腐蚀；流量计轴承一般有碳化钨、聚四氟乙烯、碳石墨三种规格，碳化钨的精度最高，常作为工业控制的标准件，其他两类在化工场所应优先考虑。

另外，还需要考虑流体温度、流体的公称压力、环境条件、压力损失等指标。

2. 涡轮流量计的安装

（1）在安装涡轮流量计前，可先与显示仪表或示波器接好线，通上电源，用口吹或手拨叶轮，使其快速旋转，观察有无显示，当有显示时再安装涡轮流量计。

（2）涡轮流量计一般应水平安装，流体流向必须和箭头指向一致，确需垂直安装时流体方向必须向上。

（3）与流量计连接的前后管道的内径应与流量计口径一致，管道中心和流量计中心一致。

（4）在流量计的连接管道中安装旁路管道和截止阀，以利于启动保护和维修。

（5）当流体中含有杂质时，应加装过滤器，过滤器网一般为20～60目。

（6）分离式流量计和放大器之间的距离一般不超过3～5m，流量计输出信号采用双芯屏蔽电缆传输至信号检测放大器的输入端。

（7）流量计应远离外界电场、磁场，必要时应采取屏蔽措施，避免外来干扰。

3. 使用注意事项

（1）使用时应注意保持被测液体的清洁。

（2）在开始使用时，应先将流量计内缓慢地充满液体，再开启出口阀门，严禁使流量计处于无液体状态而受到高速流体的冲击。

（3）流量计的维护周期一般为半年。检修清洗时注意不要损伤测量腔内的零件，特别是涡轮，装配时请看好导向件及涡轮的位置。

（4）流量计不用时，应清理内部液体，在流量计两端加上防护套，置于干燥处保存。配用的过滤器也应定期清洗，加防尘套干燥保存。

任务实施

一、控制方案设计

在这套过程控制试验装置中，要实现对温度、压力、液位、流量等过程参数的检测和控制，需要根据控制要求组建控制系统、选择测量传感器及其他硬件，并设计控制算法和控制程序。

流量控制系统组成框图如图8-5所示。模拟锅炉中的液位、出水温度、进水压力、流量等参数经过四种传感器的测量、变换后送入PLC的模拟量输入端口，PLC对这些数据进行处理、运算后，将控制指令经模拟量输出端口传送给执行器。采用超小型PLC控制器，用上位机组态监控画面进行过程控制试验系统的操作和监控。上位机通过PPI编程电缆和PLC进行串口通信，实现控制程序编制、过程参数的设定、显示等。

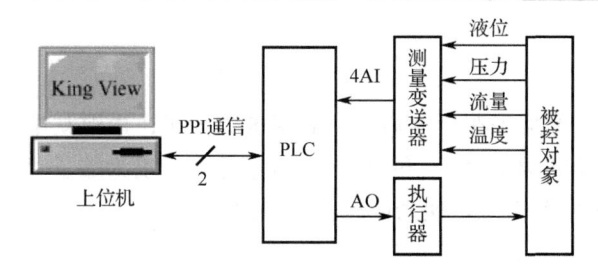

图 8-5　流量控制系统组成框图

二、流量计的选型

在本任务中优先选择精度高、重复性好、结构简单、维修方便的涡轮流量计，在试验条件下短时工作、可测量纯净介质的特点恰好避开了其不适合长期连续使用和不能测量高黏度流体的弱点。

该试验装置的最大流量约为 0.8L/h，为断续使用工况，因此可按照其流量的 1.3 倍计算，据此选择流量测量范围为 0.2～1.2L/h，公称通径（口径）为 15mm 的 LWGY-10A 型一体化智能涡轮流量计（技术参数见表 8-1），液晶显示器上可同时显示 4 位瞬时流量及 8 位累积流量。

表 8-1　LWGY-10A 型一体化智能涡轮流量计技术参数

仪表口径及连接方式	15mm，螺纹连接
精度等级	±1%R
量程比	1：10
仪表材质	316L 不锈钢
被测介质温度	−20～120℃
环境条件	温度-10～55℃，相对湿度 5%～90%，大气压力 86～106kPa
输出信号	DC 4～20mA 电流信号
供电电源	DC +24V
信号传输线	2×0.3（二线制）

三、流量计的安装与使用

涡轮流量计的精确度在很大程度上取决于安装情况，合理安装可减低旋涡流对测量的影响。

1. 安装及使用要求

（1）在该试验装置中将涡轮流量计水平安装在进水管路的低位（管道倾斜 5°以内）；

（2）流量计进水侧管道长度不小于 20D（D 为管道内径），出水侧不少于 5D；前后管道上均安装截止阀以方便维修，同时设置旁通管道，如图 8-6 所示。

（3）安装涡轮流量计时，指示流向的箭头应与流体的流动方向相符。

（4）使用流量计时，上游的截止阀必须全开，避免上游部分的流体产生不稳流现象。

2. 接线

该涡轮流量计的接线端子在中继箱内。如图 8-7 所示，电缆从中继箱的引线口接入，电源正负极分别接中继箱的端子"+"和"-"，流量计的输出为端子"A"和"-"，用 250Ω 负载电阻将 4～20mA 电流信号转换为电压信号输出。

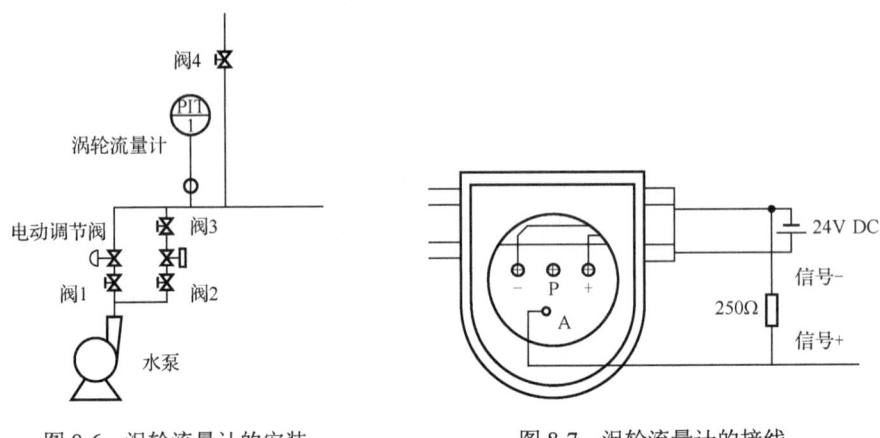

图 8-6 涡轮流量计的安装

图 8-7 涡轮流量计的接线

知识链接

一、流量传感器类型

1. 常用流量传感器

按测量对象不同，可分为封闭管道流量传感器和明渠流量传感器；按输出信号不同，可分为脉冲频率型和模拟输出型流量传感器；按测量原理不同，可分为差压式流量传感器、速度式流量传感器、容积式流量传感器和质量流量传感器等。

（1）差压式流量传感器（见图 8-8（a））。通过测量安装节流件后流体中管道不同位置间的压差，来间接确定流体流量的传感器，如孔板流量计、文丘里流量计、转子流量计、阿牛巴流量计（又称笛形均速管流量计或托巴管流量计）。

（2）速度式流量传感器（见图 8-8（b））。通过测量管道内部流体速度的大小来测量流量的传感器的统称。其特点是直接测量流体的流速，测量范围较宽、结构简单，输出为脉冲频率信号，便于总量测量及与计算机连接，如涡轮流量计、涡街流量计、超声流量计等。

（3）容积式流量传感器（见图 8-8（c））。利用标准小容积连续地定量测量后，根据小容积的容积值和连续测量次数求得累积流量的传感器，特别适合高黏度液体的流量测量，常见的有椭圆齿轮流量计、刮板流量计、旋转活塞流量计等。

（4）质量流量传感器（见图 8-8（d））。采用直接或单一测量方法并显示质量流量的流量传感器，有直接式、间接式、补偿式三类。直接式质量流量计有热式、双孔板、双涡轮、科里奥利等。

(a)差压式流量传感器　　(b)速度式流量传感器　　(c)容积式流量传感器　　(d)质量流量传感器

图 8-8　常用流量传感器

二、流量计选型需考虑的因素

1. 技术参数

技术参数也称为仪表的测量特性，包括静态参数和动态参数。

（1）静态参数主要包括：

流量范围——流量传感器可测的最大流量与最小流量的范围。流量范围也常用量程比（范围度）表示，即一定准确度范围内，最大流量与最小流量之比。

准确度（精确度）——工程测量中，常用%FS（称为满量程误差或引用误差，即相对误差与测量上限比的百分比）和%RD（称为示值相对误差，即相对误差与测量值的百分比）表示。

重复性——环境条件、介质参数不变时，对同一流量值多次测量所得结果的一致程度，反映测量值与真值间的偏差。

线性度——整个流量范围内的流量特性曲线与规定直线之间的一致程度。

稳定性——在规定工作条件内，流量传感器的某些性能随时间保持不变的能力。

此外，还有灵敏度、压力损失、输出信号等特性参数。

（2）动态参数包括响应时间等。

2. 流体特性（流体的物理性质）

流体类型——流量测量的对象，如液体、气体、蒸汽等。有些流量传感器（如电磁式流量计）不能测量气体，而插入热式流量计则不能测量液体。

黏性——流体本身阻止其质点发生相对滑移的性质，常用黏度来度量，随流体温度和压力不同而不同。黏性大的液体宜用容积式流量传感器，不宜选用涡轮、转子、涡街等流量传感器。

温度、压力、密度等也是选择传感器时需考虑的重要参数。

3. 安装条件

管道布置方向，流动方向，检测件上下游侧、直管段长度，管道口径，维修空间，电源，接地条件，辅助设备（过滤器、消气器）安装，脉动情况等。

4. 环境条件

环境温度、湿度、电磁干扰、安全性、防爆、管道振动、腐蚀、结垢等。

5. 经济因素

仪表购置费、安装费、运行费、校验费、维修费、仪表使用寿命等。

思考与练习

1. 涡轮流量计通常用在什么场合？对测量介质（流体）和工作性质有什么要求？
2. 选型时如何确定涡轮流量计的管道内径？
3. 涡轮流量计的安装要求是什么？应该如何接线？

课题二　超声波流量计

◆ 教学目标

¤ 了解超声波流量计的主要类型和特点。
¤ 掌握超声波流量计的选择和使用方法。

任务提出

管道因经济、便携、安全等特点被广泛应用于石油、天然气等的运输中。随着管线延长，管道泄漏事故易发，影响生产并导致环境污染和人员伤亡，因此管道泄漏监测对维护管道运输安全有着重要意义。目前，监测管道泄漏的有效手段是采用流量报警负压波定位综合技术。管道发生泄漏时，会使管道首末端的流量差增大，增大到设定值时，系统即报警；管道泄漏的瞬间泄漏点处会产生一个负压波，沿管道向首末两端传播，根据两端压力变送器接收到负压波的时间差，以及管道长度、压力波传递速度、油流速度等，可计算出管道泄漏的位置，如图 8-9 所示。

为了实现管道监测的要求，需要根据使用场合选取合适的流量计，掌握流量计在系统中如何与其他设备连接，如何调试和进行现场监测。小李承担了输油管道泄漏监测系统中部分设计任务，弄清上述问题成为设计的关键。

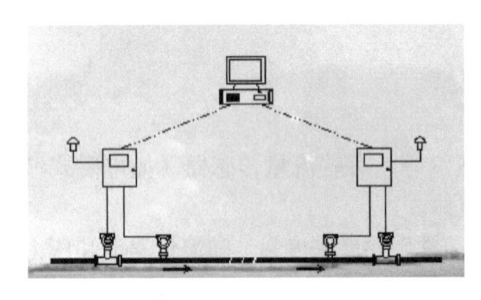

图 8-9　输油管道泄漏监测

任务分析

对输油管道泄漏监测设备的要求主要有：准确性高，误报警少；灵敏性高，能监测多种泄漏；实时性好，迅速报告泄漏发生；定位精度高，提供准确泄漏位置；易维护、维修、调整容易。瞬态脉动流量的测量通常采用响应速度快的流量传感器。超声波流量计是随着集成电路技术和检测技术发展出现的，由于其响应速度快、非接触、对流体不产生扰动和阻力，在大口径管道计量中得到广泛应用。

小李发现，完成本任务的核心是选择超声波流量计，以及在现场安装和使用。

相关知识

一、超声波流量计的特点

与涡轮流量计一样，超声波流量计也是通过测量流体的流速实现体积流量测量的传感器。相对于传统的流量计，超声波流量计具有下列特点：

（1）解决了大管径、大流量及各类明渠、暗渠测量困难的问题

一般流量计随着管径的增大会产生制造和运输上的问题，不少流量计只适用于测量圆型管道，而且造价高，能耗大，安装不便。超声波流量计的使用提高了流量测量仪表的性能价格比。

（2）对介质几乎无要求

不仅可以测量液体、气体，甚至可以对双相介质（应用多普勒法）的流体进行测量；由于可制成非接触式的测量仪表，所以不会破坏流体的流场，没有压力损失，并且可解决具有强腐蚀性、非导电性、放射性的流体测量问题。

（3）测量准确度几乎不受被测流体温度、压力、密度、黏度等参数的影响。

（4）测量范围宽，一般可达 20∶1。

二、超声波流量计的分类

1. 按照测试原理分类

超声波流量计按测试原理，可分为速度差式、多普勒式等。

（1）速度差式超声波流量计

速度差式超声波流量计是根据超声波在流动的流体中，顺流传播时间与逆流传播时间之差与被测流体流速的关系获得流速（流量）的。按所测物理量的不同，又分为时差式、相位差式和频差式，其中时差式超声波流量计应用较广，其测量原理如图 8-10 所示。

超声波信号沿流体流动方向（顺流）传播时速度会增大，沿逆流方向传播时速度会减小，因此对于同一传播距离会有不同的传播速度和传播时间。由顺流传播时间 t_1 和逆流传播时间 t_2 可以计算出传播时间差，然后可得流体平均流速。

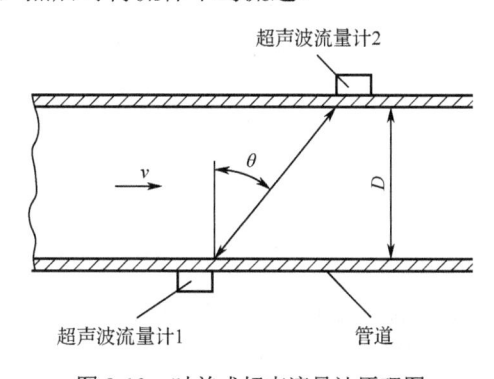

图 8-10 时差式超声流量计原理图

顺流时超声波的传播时间为

$$t_1 = \frac{D/\cos\theta}{c + v\sin\theta}$$

而逆流时的传播时间为

$$t_2 = \frac{D/\cos\theta}{c - v\sin\theta}$$

则

$$\Delta t = \frac{D}{\cos\theta} \cdot \frac{2v\sin\theta}{c^2 - v^2\sin^2\theta}$$

由于通常 $c \gg v$，故传播时间差为

$$\Delta t \approx \frac{D}{\cos\theta} \cdot \frac{2v\sin\theta}{c^2}$$

$$v \approx \frac{\cos\theta}{D} \cdot \frac{c^2}{2\sin\theta} \Delta t$$

流量为

$$q = v \cdot S \approx \frac{\cos\theta}{D} \cdot \frac{c^2}{2\sin\theta} \Delta t \cdot S$$

式中，v 为测量路径上流体的平均流速；D 为管道直径；c 为超声波声速；θ 为传播路径和流道轴线间的夹角；S 为测量处管道的截面积；q 为体积流量。

在管道条件一定、测量条件一定、声速一定时，流体的流量与传播时间差成正比，故可以制作出基于这种原理的超声波流量计。

（2）多普勒式超声波流量计

这种传感器是利用多普勒效应来测定流体的流量的。如图 8-11 所示，发射换能器 A 向流体发射频率为 f_A 的连续超声波信号，由流体中的悬浮物颗粒反射到接收换能器 B。悬浮物颗粒的运动，使反射过来的超声波产生多普勒频率偏移，频率变为 f_B，f_A 和 f_B 之差即为多普勒频移 f_D。

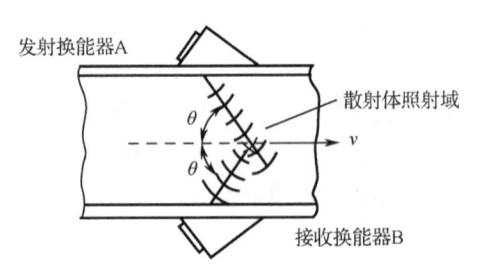

图 8-11 多普勒式超声波流量计

设流体的流速为 v，超声波声速为 c，θ 为传播路径和流道轴线间的夹角，则

$$f_D = f_A - f_B = \frac{2v\cos\theta}{c} \cdot f_A$$

$$v = \frac{c}{2f_A \cos\theta} \cdot f_D$$

当管道条件、换能器安装位置、发射频率、声速确定后，c、f_A、f_B、θ 即为常数。流速 v 和多普勒频移 f_D 成正比，通过测量 f_D，就可以得到流体的流速，再根据管道流体的截面积，可求得体积流量。

多普勒超声波流量计的特点为：仪表精度通常为±（3～7）%FS，适用于非满管、明渠、水槽流量的测量及含悬浮物颗粒、气泡比较多的场合，如工厂未处理的污水和回流污泥等的流量计量，不宜用于洁净液体测量。

2. 按照使用场合分类

根据使用场合不同，可以分为固定式超声波流量计（见图 8-12（a）、（b））和便携式超声波流量计（见图 8-12（c）），其主要区别如下。

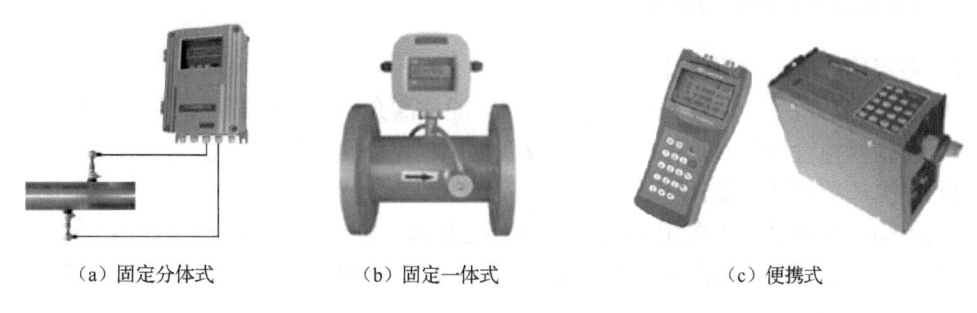

图 8-12　超声波流量计类型
（a）固定分体式　　（b）固定一体式　　（c）便携式

（1）适用场合不同

固定式超声波流量计用于安装在某一固定位置，对某一特定管道内流体的流量进行长期不间断的计量；便携式超声波流量计具有很强的机动性，主要用于对不同管道的流体流量做临时性测量。

（2）供电方式不同

固定式超声波流量计要求长期连续运行，要使用 220V 交流电源；便携式超声波流量计既可以使用现场的交流电源，也备有内置充电电池，可以连续工作 5～10h，方便于不同场合下的临时性流量测量。

（3）输出方式不同

固定式超声波流量计通常有 4～20mA 单通道信号输出，供远端显示使用；便携式超声波流量计用于现场查看当时流量和短时间内的累计流量，一般无输出信号功能，但通常可以同时存储多个通道的参数，供随时调用。

3. 按照换能器供电方式不同分类

按照换能器供电方式，可以分为外贴式、管段式、插入式超声波流量计。

（1）外贴式超声波流量计

外贴式超声波流量计是最早生产、用户最熟悉且应用广泛的超声波流量计，安装换能器时无须管道断流，即贴即用，安装简单，使用方便。只用一套流量计就可测量不同口径管道内液体的流量，性价比高。

（2）管段式超声波流量计

管段式超声波流量计把换能器和测量管组成一体，解决了某些管道无法测量的难题。测量精度也比其他超声波流量计高，但需要切开管道来安装换能器。

（3）插入式超声波流量计

插入式超声波流量计在安装时可以不断流，利用专门工具在管道上打孔，把换能器插入管道内，完成安装。由于换能器在管道内，其信号的发射、接收只经过被测介质，而不经过管壁和衬里，所以测量不受管材和管衬材料的限制。

三、超声波流量计的选用

超声波流量计种类很多，可在熟悉常用流量计的特点，掌握被测流体性质、流速分布情况、管路安装地点及对测量准确度的要求等的基础上选择。

1. 常用超声波流量计的特点

（1）多普勒式超声波流量计

只能测量含有适量悬浮颗粒或气泡的流体，对被测介质要求较苛刻，即不能是洁净流体，同时杂质含量要相对稳定，且不同厂家的仪表性能也不完全一样。

（2）便携式超声波流量计

适用于临时性测量，主要用于校对管道上已安装其他流量仪表的运行状态、进行某区域内的流体状况测试、检查管道的当时流量等，此时选用便携式超声波流量计既方便又经济。

（3）速度差式超声波流量计

主要用来测量洁净流体和杂质含量不高（杂质含量小于 10g/L，粒径小于 1mm）的均匀流体，如纯净水、污水等流量的计量，精度可达 ±1.5% FS。

（4）管段式超声波流量计

精度最高，可达到 ±0.5% FS，而且不受管道材质、衬里的限制，适用于对流量测量精度要求高的场合。但随着管径增大，成本也会增加，选用中小口径的管段式超声波流量计较为经济。

（5）插入式超声波流量计

如果有足够的安装空间，使用插入式超声波流量计代替外贴式超声波流量计，可彻底消除管衬、结垢及管壁对超声波信号的影响，测量稳定性更高，减少了维护工作量。而且，插入式超声波流量计也可以实现不断流安装，其应用范围正在不断扩大。

2. 被测流体性质

了解介质是水还是其他流体，明确其黏度和透射声波的能力，是否含气泡、固体微粒及其含量。对于固体微粒和气泡含量多的流体，应选用多普勒式超声波流量计，否则应选用速度差式超声波流量计。

3. 测量精度的要求

对于有长平直段的流道或对测量精度要求不高的场合，可选用较少声道数的超声波流量计；明渠和大口径管道，当对测量精度要求较高时，可选用多声道超声波流量计。速度差式一般比多普勒式超声波流量计有较高的测量精确度；管外贴装换能器由于夹装过程的不确定性、声耦合变化等，测量精度会降低。

4. 流量计的使用目的和功能要求

用于固定流量监测或收费计量场合时，一般选用平行多声道或带标准测量管段的单声道超声波流量计；在对测量精度要求不高、移动使用时，可选用带外贴式换能器的便携式流量计；用于压力管道漏水监测的超声波流量计，只要求其有较好的相对测量精度，而不要求绝对测量精度。

四、超声波流量计的使用方法

1. 超声波流量计的构成

超声波流量计由换能器、电子线路、流量显示和积算系统三部分组成。每个超声流量计至少有一对换能器：发射换能器和接收换能器。电子线路包括发射、接收、信号处理和显示电路。发射换能器将电能转换为超声波，发射到被测流体中，接收器接收到的超声波信号，经电子线路放大并转换为代表流量的电信号，供给显示和积算仪表进行显示和积算。

2. 换能器（探头）

超声流量计的换能器常用压电换能器。发射换能器采用适当的发射电路，利用压电元件的逆压电效应，把电能加到压电元件上，使其产生超声波振动，超声波以某一角度射入流体中传播；接收换能器则利用压电效应，通过接收超声波并转变为电能，实现信号检测。换能器通常由压电元件和声楔构成，常把压电元件嵌入声楔中，构成换能器探头。

3. 超声波流量计安装过程

根据特定的环境安装、调试超声波流量计，是超声波流量计测量中的重要内容。速度差式超声波流量计的安装过程如图 8-13 所示。

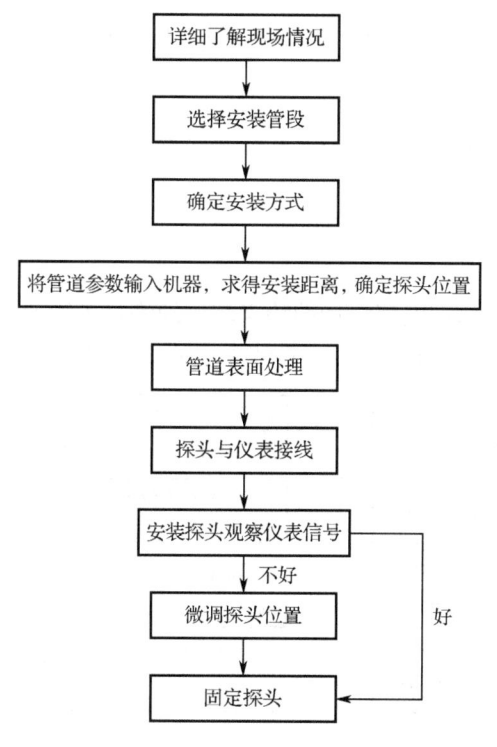

图 8-13 速度差式超声波流量计的安装过程

了解现场情况时，需要观察安装管道是否满足前 10D、后 5D 的直管段及离泵 30D 距离的要求（D 为管道内径），所用的流体介质及是否满管，管道和衬里材质，管道壁厚，管道预计使用年限等。在此基础上选择安装管段，确认换能器（探头）的类型和安装方式，向流量计表体中输入参数确定安装距离，精确测量安装距离。最后可以实施安装、调试信号、固定探头、做防水等。

4. 换能器的安装

换能器的安装方式，主要有对贴安装式、Z 形（直射式，一组换能器安装在管道的两侧）和 V 形（反射式，一组换能器安装在管道的同侧，借助对面管道壁的反射工作），如图 8-14 所示。流量计在分析管道数据和流体数据后，会推荐安装方式。通常，多普勒式超声波流量计采用对贴安装式，速度差式超声波流量计采用 V 形和 Z 形安装。管径小于 300mm 时，可采用 V 形安装；管径大于 200mm 时，可采用 Z 形安装。Z 形安装的超声波信号强度较高，管道和液体的声导性能差时，可考虑这种安装方式，塑料管道则必须采用直射式安装；V 形安装简单，可以克服不稳定流态对管道造成的不良影响，安装时不需要停止流体，条件允许的情况下，推荐使用这种安装方式。

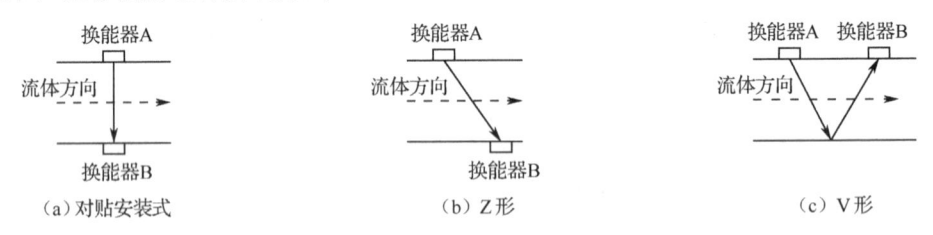

图 8-14 换能器的安装方式

任务实施

一、超声波流量计选型

由图 8-15 可以看出，超声波流量计的特点较好地满足了输油管道泄漏监测系统的要求，并充分发挥了超声波流量计的性能特点。具体类型的选择有以下两种方案：

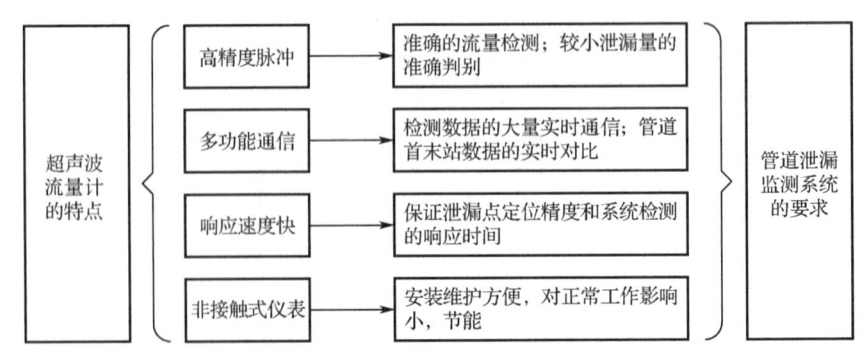

图 8-15 超声波流量计特点以及与泄漏监测系统的关系

方案一：采用外贴式超声波流量计组建监测系统。优点是系统安装简单、工程量小、校准简便；不需要断流安装，对管道正常运行的影响小，投资较少；可以充分利用原有的流量计资源，只需换装或新增若干台超声波流量计及 1 台中央控制计算机就可以进行检测，具有较高的性价比。缺点是对安装、调试的要求高，管道严重锈蚀和结垢对测量准确度的影响较大。

方案二：采用插入式超声波流量计组建监测系统。优点是工程量不太大，可以实现不断流安装，测量准确度高。运行时间在 10 年以上的管道最好采用插入式安装。

二、管道泄漏监测

1. 监测方案设计

采用流量负压波定位综合监测技术，在管道首、末端安装智能超声波流量计，实时监测原油瞬态和累计流量，通过通信接口和微波设备将数据传送到生产调度中心，进行数据的处理与分析，以完成泄漏检测和定位功能，如图 8-16 所示。

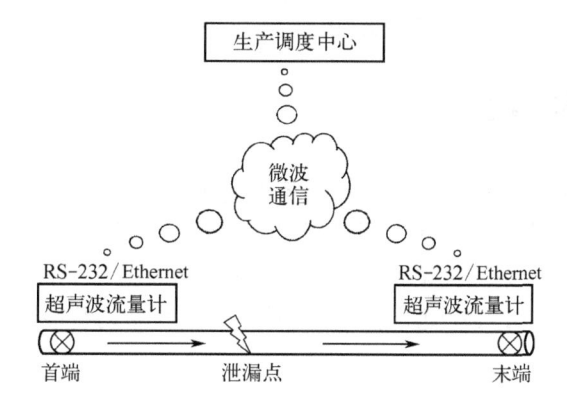

图 8-16 管道泄漏监测方案示意图

2. 监测系统组成

管道首、末端的监测系统组成如图 8-17 所示，将温度、流量、压力等传感器检测的信号送入控制计算机，采集数据并通过通信模块传送到生产调度中心，从而实现管道首、末端流量差的计算，发出报警信号。

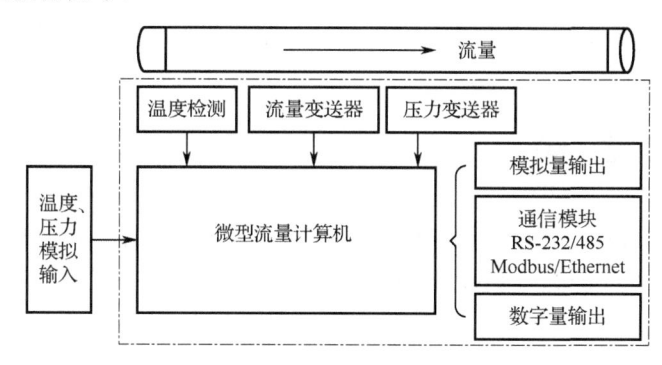

图 8-17 管道首、末端的监测系统组成

思考与练习

1. 超声波流量计的主要类型有哪些？各类超声波流量计的使用场合是什么？
2. 在管道泄漏监测中为什么要使用超声波流量计？超声波流量计在其中发挥着怎样的作用？

课题三　电磁流量计

◆ 教学目标

- 了解电磁流量计的工作原理。
- 了解电磁流量计的特点及应用。
- 掌握电磁流量计的安装和使用方法。

任务提出

自来水公司进、出水流量的计量既是水资源管理的重要环节，也是供水行业生存发展的关键。目前，我国城镇供水行业主要使用以电磁流量计为主的流量计进行流量计量（见图8-18），这类流量计有一系列优良特性，可以解决其他流量计不易应用的脏污流、腐蚀流的测量，因此各地自来水公司大量使用电磁流量计，且已更新为智能化、高精度、多功能的最新产品。

图8-18　电磁流量计计量供水

小李接到当地自来水公司的咨询：在厂进、出水流量计量中，如何选择合适的电磁流量计？应该如何安装和使用？

任务分析

要完成自来水公司进、出水流量的计量，应首先掌握电磁流量计的基本概念和结构等知识，然后在对自来水公司进、出水流量计量的特点和要求进行分析的基础上，选择合适的电磁流量计类型。

相关知识

一、电磁流量计的特点和应用

主要优点有：

（1）无可动部件，可靠性高，长期稳定性好。

（2）无附加阻力，压力损失小，节能效果显著，对于大管径供水管道尤为适合。

（3）测量精度高，测量范围宽。

（4）测量管道是一段无阻流检测件的光滑直管，不易阻塞，适用于测量含有固体颗粒或纤维的流体，如纸浆、煤水浆、矿浆、泥浆和污水等。

（5）所测得的是体积流量，受流体密度、黏度、温度、压力和电导率变化的影响不显著。

（6）对直管段要求低，一般要求前5D、后3D（D为流量计公称内径），适合大口径管路测量。

（7）很多产品为双向测量系统，可进行正、反向总量和差值总量的测量。

（8）可应用于腐蚀性流体的测量。

主要缺点有：

（1）不能测量电导率很低的液体，如石油制品和有机溶剂等；不能测量气体、蒸汽和含有较多较大气泡的液体。

（2）通用型电磁流量计不能用于较高温度的液体和远低于室温的液体的测量。

电磁流量计主要用于封闭管道中的导电性流体和浆液的体积流量的测量。除了高温流体，只要电导率大于 5μs/cm 的流体都可以选用相应的电磁流量计，不导电的气体、油类、丙酮等物质不能选用。大口径电磁流量计多应用于给排水工程；中小口径电磁流量计常用于钢铁厂高炉冷却水控制等要求高、难测量的场合；小口径、微小口径的电磁流量计常用于医药、食品等有卫生要求的场所。

二、电磁流量计的工作原理和结构

1. 工作原理

电磁流量计是根据电磁感应定律制成的一种测量导电性流体的仪表，即导体在磁场中做切割磁力线运动时，在其两端会产生感应电动势。

如图 8-19 所示，导电性流体在垂直于磁场的非磁性测量管道内流动，与流动方向垂直的方向上会产生与流量成正比的感应电动势，该电动势的方向按"右手定则"判断，大小按下式计算：

$$E = KBvD$$

式中 K——仪表常数；

B——磁感应强度（T）；

v——管道截面内的平均流速（m/s）；

D——管道内径（m）。

其感应电压信号通过两个或两个以上与流体直接接触的电极检出，并通过电缆送至转换器，通过处理后送显示仪表显示，并转换成 4~20mA 标准电流或 0~1kHz 频率信号输出。

2. 电磁流量计的结构

电磁流量计由流量传感器和转换器两大部分组成。这类流量计的典型结构如图 8-20 所示。测量管上下装有励磁线圈，通入励磁电流后会产生穿过测量管的磁场。将一对电极安装在测量管的内壁上，与流体相接触，以便引出感应电动势，送到转换器中。产生励磁电流的电源也由转换器来提供。

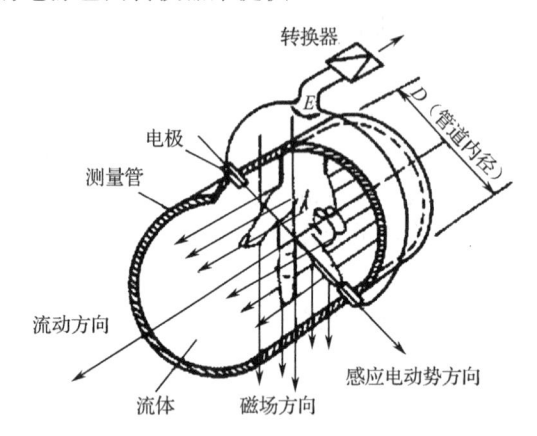

图 8-19　电磁流量计的工作原理 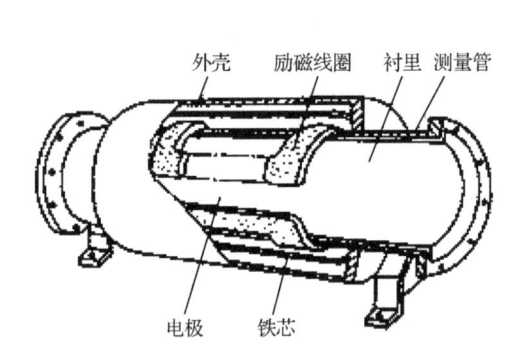　　　　图 8-20　电磁流量计的典型结构

三、电磁流量计的安装和使用方法

1. 安装和使用要求

通常电磁流量计对安装场所有以下要求。

（1）测量混合流体时，选择不会引起流体分离的场所；测量双组分液体时，避免装在混合尚未均匀的液体下游。

（2）尽可能避免使测量管内变成负压。

（3）选择振动小的场所，对一体型仪表尤其重要。

（4）避免附近有大电动机、大变压器等，以免引起电磁场干扰。

（5）选择易于实现流量传感器单独接地的场所。

（6）尽可能避免周围环境有高浓度腐蚀性气体。

2. 直管段长度要求

为获得正常测量精度，电磁流量计上游也要有一定长度直管段，但其长度与大部分其他流量仪表相比要求较短。90°弯头、T 形管、同心异径管、全开闸阀后通常只要离电极中心线 5 倍直径（5D）长度的直管段，不同开度的阀则需 10D；下游直管段长度为（2~3）D 或无要求。

3. 安装位置和流动方向

传感器安装方向为水平、垂直或倾斜均可，不受限制。测量固、液混合流体时最好垂直安装，自下而上流动，以避免水平安装时衬里下半部局部磨损严重，低流速时固体沉淀等。

水平安装时要使电极轴线平行于地平线,不要垂直于地平线,因为处于底部的电极易被沉积物覆盖,顶部电极易被液体中的气泡遮住电极表面,使输出信号波动。图 8-21 所示的管系中,c、d 为适宜位置,a、b、e 为不宜位置。b 处可能液体未充满,a、e 处易积聚气体,且 e 处传感器后管段过短。

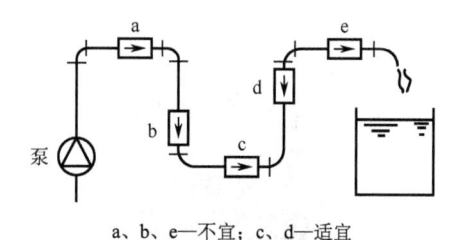

a、b、e—不宜;c、d—适宜

图 8-21　传感器安装位置

4. 接地

电磁流量计的信号比较微弱,在满量程时,只有 2.5~8mV,流量很小时输出仅有几微伏,外界略有干扰就能影响测量的精度。因此,传感器与变送器的外壳、屏蔽线、测量导管都要接地,并要求单独设置接地点。

任务实施

一、供水计量对流量计的要求

小李发现,自来水公司进、出水计量所使用的流量计与其他场合使用的流量计相比有其特殊性:

(1) 流量计的口径比较大,一般大于 DN 1000mm;
(2) 水的流量较大,一般为每小时数千到几万立方米;
(3) 对流量计的计量准确度要求高;
(4) 因为空间所限,流量计的安装位置对直管段的要求不能过高;
(5) 尽量具备高度的智能化和网络化的特点。

结合电磁流量计的特点,发现其符合对自来水公司进、出水计量的要求。

二、供水行业电磁流量计的选型

在供水行业选用什么种类的电磁流量计,应根据流体的性质来决定,要使所选流量计的通径、流量范围、衬里材料、电极材料和输出电流等,适应流体的性质和流量的要求。

1. 流量计口径的确定

流量计使用流速最好在 0.3~15m/s 范围内,此时流量计口径可选择与用户管道口径一致。使用流速低于 0.3m/s 时最好在仪表局部提高流速,如采用缩管方式,异径管的中心锥角不大于 15°时,可视为直管段的一部分。

2. 一体型或分离型的选择

供水流量测量中,在现场环境较好的情况下一般选用一体型电磁流量计(见图8-22),即传感器和转换器组装成一体,以方便使用。

图 8-22　一体型电磁流量计

思考与练习

1. 电磁流量计工作原理是什么?
2. 电磁流量计的应用场合有哪些?什么情况下不能用这类流量计测流量?
3. 供水测量中,对电磁流量计安装位置的要求有哪些?

课题四　差压式流量计

◆ 教学目标

- 了解差压式流量计的主要类型。
- 了解差压式流量计的工作原理。
- 掌握差压式流量计的选择和使用方法。

任务提出

焦炉煤气是焦碳生产的副产物,常被用作轧钢厂窑炉煤气燃烧器(见图8-23)的燃料。焦炉煤气中含有的萘、铵水合物和焦油等成分,在传输过程中会从气体中分离出来,在管道内壁和其他构件上凝结,使焦炉煤气的流量监测变得困难。

图 8-23　轧钢厂窑炉煤气燃烧器

差压式流量计具有结构简单、性能稳定、使用期限长等优点，是恶劣环境下气体流量监测的首选。但差压式流量计种类繁多，结构各异，在焦炉煤气流量测量中应该采用何种结构形式？如何安装和使用所选的流量计呢？

任务分析

在焦炉煤气流量计量中选择差压式流量计的任务，与前面做过的任务类似，也应首先了解差压式流量计的典型形式、应用领域和应用效果等基本知识，然后分析焦炉煤气流量计量的特点，从而选择和安装符合要求的流量计。

相关知识

一、差压式流量计概述

差压式流量计是根据安装于管道中的流量检测件两端产生的压力差、已知的流体条件、检测件与管道的几何尺寸来测量流量的仪表，如图 8-24 所示。其用于测量封闭管道中液体、气体、蒸汽的体积流量或质量流量。

图 8-24 差压式流量计

传统的差压式流量计主要由节流装置（节流件）、差压计、压力计、温度计、测量管等部分组成。各部分的安装位置可用图 8-25 所示的孔板式差压流量计的组成示意图表示。

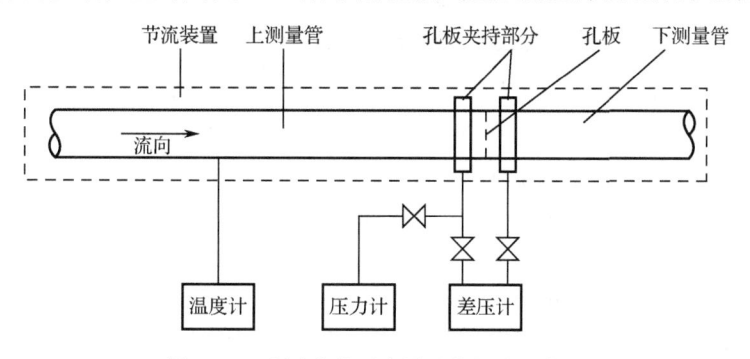

图 8-25 孔板式差压流量计的组成示意图

二、差压式流量计的工作原理

1. 基本原理

当充满管道的流体流经管道内的节流件时，流体将在节流件处形成局部收缩，因而流速增加，静压力降低，从而在节流件前后产生差压，流体流量越大，产生的差压越大。找到流量和差压的关系式，就可以用差压衡量流量的大小。

差压大小除与流量密切相关外，还与许多因素有关。例如，当节流装置的形式或管道内流体的物理性质（密度、黏度）不同时，在同样大小的流量下产生的差压也是不同的。因此，流量和差压的关系式是在一定条件下针对某种节流装置得到的。为了避免对每款流量计都进行试验标定，相关标准对常用流量计的节流件及其取压方式、管道条件、测量范围、流量计算方法等设定了条件，如果这些条件均满足要求，流量与差压之间便有确定的数值关系。

2. 主要特点

（1）差压式流量计应用范围广泛。全部单相流体，包括液、气皆可测量；部分混相流，如气固、气液、液固等亦可应用。一般管径、工作状态（压力、温度）皆有相应产品可供选用。

（2）节流件与差压显示仪表可分别由不同生产厂家生产，便于形成规模经济，结合灵活方便。

（3）节流件（特别是标准型的）为通用型产品，并得到国际标准化组织的认可。

三、差压式流量计的类型

差压式流量计的分类见表 8-2。

表 8-2　差压式流量计的分类

分类原则	具体类型
按产生差压的作用原理分类	1. 节流式；2. 动压头式；3. 水力阻力式；4. 离心式；5. 动压增益式；6. 射流式
按结构形式分类	1. 标准孔板；2. 标准喷嘴；3. 经典文丘里管；4. 文丘里喷嘴；5. V 形内锥式流量计；6. 1/4 圆孔板；7. 圆缺孔板；8. 偏心孔板等
按用途分类	1. 标准节流装置；2. 低雷诺数节流装置；3. 脏污流节流装置；4. 低压损节流装置；5. 小管径节流装置；6. 宽范围节流装置；7. 临界流节流装置

从表中可看出，差压式流量计按产生差压的作用原理可分成：

（1）节流式。依据流体通过节流件使部分压力能转变为动能而产生差压的原理工作，其检测件为节流装置，是差压式流量计的主要品种。

（2）动压头式。依据动压转变为静压的原理工作，如均速管流量计。

（3）水力阻力式。依据流体阻力产生的压差原理工作，检测件为毛细管束，又称为层流流量计，一般用于微小流量测量。

（4）离心式。依据弯曲管或环状管产生离心力形成的差压工作，如弯管流量计、环形管流量计等。

（5）动压增益式。依据动压放大原理工作，如皮托-文丘里管。
（6）射流式。依据流体射流撞击产生压差的原理工作，如射流式差压流量计。

按结构形式分类常见的有：

（1）标准孔板。又称同心直角边缘孔板，如图 8-26 所示。孔板是一块加工成同心圆形的薄板，孔的上游侧边缘是锐利的直角。

（2）标准喷嘴。有两种结构形式：ISA 1932 喷嘴和长径喷嘴。

（3）经典文丘里管（见图 8-27）。由入口圆筒段、圆锥收缩段、圆筒形喉部和圆锥扩散段组成。

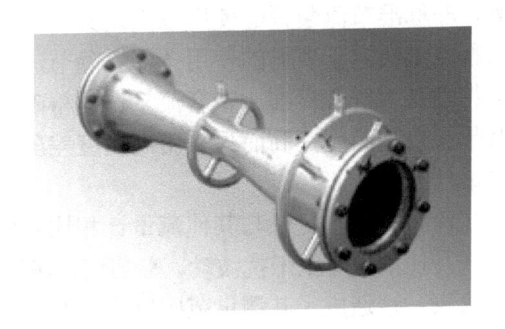

图 8-26　标准孔板　　　　　　图 8-27　经典文丘里管

（4）V 形内锥式流量计（见图 8-28）。V 形内锥式流量计仍是一种通过节流取差压以反映流量大小的节流装置。节流件为一个悬挂在管道中央的锥体，高压 P_1 取自锥体前流体未扰动的管壁；低压 P_2 取自后锥体中央，并通过引压管引至管外，其差压 ΔP 的平方根与流量成正比，计算方式与孔板、喷嘴等类似。由于 V 形锥体具有独特的整流和自清洁功能，使得内锥式流量计具有前后安装直管段更短、自清洁（导压管不易堵塞）、压损小等优点。

此外，一体化、智能化的差压式流量计得到越来越广泛的使用。一体化差压式流量计（见图 8-29）是由标准孔板、标准喷嘴等差压式流量计与差压变送器、流量计算机组成的。此流量计除具有传统节流装置的特点外，还具有可实现高精度、宽范围的流量测量，现场安装方便，可用电缆远传或就地指示，减少了管路过长或安装不准确带来的误差，方便的网络通信功能等优点。

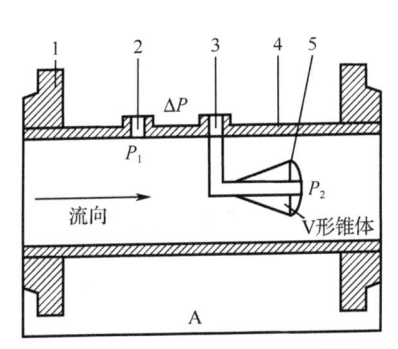

1—法兰；2—高压取压口；3—低压取压口；4—管道；5—V 形锥体

图 8-28　V 形内锥式流量计　　　　　　图 8-29　一体化差压式流量计

四、差压式流量计的选型要点

差压式流量计选型时考虑的因素主要有仪表性能、压力损失、安装条件、环境条件和经济因素。

1. 仪表性能

主要性能指标有：精确度、重复性、线性度、流量范围和范围度。

标准节流装置有严格的使用范围，包括管径、节流件孔径、直径比、雷诺数范围、管壁粗糙度等，非标准节流装置的使用范围及其计算式应以实流校验为准。差压式流量计的精确度在很大程度上决定于现场的使用条件，除节流装置制造质量外，影响因素主要为流体的参数、流动特性是否符合标准。整套流量计的精确度还取决于差压变送器和流量显示仪的精确度，若其他参数精确度不高而只采用高精度差压式流量计，也并不起多大作用，应做全面估计以选择最佳方案。

差压式流量计的重复性与其他流量计相比要低，其输出信号为模拟值，易受干扰，尤其是引压管线易使信号产生干扰波动，影响到精确度。该流量计的输出信号与流量成平方关系，是非线性仪表，这造成了其测量范围度比较窄。采用两种（或多种）量程的差压变送器可以拓宽其范围度。

2. 压力损失

差压式流量计压力损失大是它的一个弱点，但不同结构间亦有差别。在测量同样的流量时，喷嘴的压损只为孔板压损的 30%～50%。各种流量管（文丘里管、道尔管、罗洛斯管、通用文丘里管等）则是低压损的节流装置，它们的压损仅为孔板的 20%。动压头式差压式流量计（均速管流量计）更是以低压损著称。

3. 安装条件

在安装条件中，节流件前后的必要直管段长度往往较难确定。在此情况下有以下方案可供选择：采用直管段长度要求较短的节流装置，如经典文丘里管或其他流量管；用实流校验方法确定现场条件下的流出系数，实流校验可以是在线或离线的。

4. 环境条件

差压式流量计的差压变送器和流量显示仪两部分有微处理器和电子元器件，它们对环境条件的要求与一般电子仪表是一样的。

5. 经济因素

经济因素包括购置费、安装费、运行费、校验费、维护费和备品备件费。

任务实施

本任务中提到焦炉煤气管道内壁会产生严重的积结，这势必会使得文丘里管、孔板和圆缺孔板等差压式流量计的节流装置不能进行有效、准确的测量；文丘里管或孔板的取压孔也可能被堵塞，从而使得差压的测量变得困难，甚至无法测量。

对此选用 V 形内锥式流量计，如直径为 150mm、满刻度差压为 110mm 水柱的流量计。由于 V 形内锥式流量计（见图 8-30）具有独特的锥体元件，锥体与流体相互作用，使在锥体上游的速度分布重新整形，不但创造了最佳的速度分布，而且产生了一个压力区间，阻止污染物的形成与积结。同时高压测量孔也位于此压力区间，因此高压测量孔能保持清洁而不被污染物堵塞；由于锥体能在其周围及下游产生受控的紊流区，在此区域能始终保持清洁而不被污染物积结，从而使低压测量孔始终保持干净。

V 形内锥式流量计的安装方式如图 8-31 所示，通过 3 个月的试运行，发现流量计性能良好，锥体表面没有出现磨损迹象。虽然测量的是被严重污染的脏污气体，但这种流量计的选用保证了焦炉煤气流量数据的精确性。

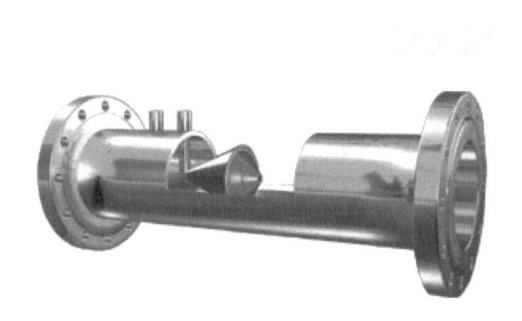

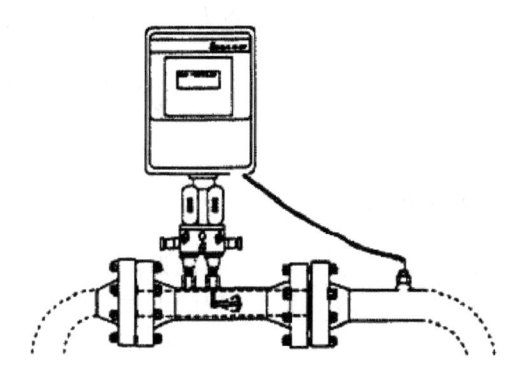

图 8-30　V 形内锥式流量计　　　　图 8-31　V 形内锥式流量计安装方式

思考与练习

1．按照产生差压的作用原理对差压式流量计应如何分类？其中最常用的形式有哪几种？
2．差压式流量计选型过程中需要考虑哪些因素？
3．差压式流量计的组成及使用注意事项有哪些？
4．模仿任务提出的形式，列举差压式流量计的应用实例，说明该类型流量计的安装及使用方法。

模块九　现代检测技术

科技发展的速度越来越快，信息技术快速发展，越来越多的传感器智能检测系统、物联网系统广泛应用于交通、电力、冶金、化工、建筑等各个领域的自动化设备及自动化生产过程中。作为信息获取最重要和最基本的技术——传感器技术，也得到了极大的发展。传感器信息获取技术已经从过去的单一化逐渐向集成化、微型化和网络化方向发展，促进了现代测量技术手段更快、更广泛的发展，测量技术将在网络时代发生革命性变化。

课题一　图像传感器

◆ 教学目标

¤ 了解图像检测的基本知识。
¤ 了解固态图像传感器的工作原理。
¤ 了解固态图像传感器的优、缺点。

任务提出

由视觉获取的信息占人类所能获得信息总量的 80% 以上，作为视觉的延伸，图像检测（见图 9-1）在工业、农业和日常生活中发挥着越来越重要的作用。数码技术、半导体制造技术及网络技术的迅猛发展，使得以图像传感器为核心的图像检测技术日新月异，并通过与跨平台的视频、声音、通信技术整合，为人类未来生活勾勒出美好的景象。

（a）小包装外观质量在线检测　　　　　（b）数码相机

图 9-1　图像检测

学生小赵十分好学，面对市场上琳琅满目的数码产品，无论是小巧迷你的手机摄像头，还是功能齐全的数码相机，小赵都非常喜欢研究。他花 40 元买了一个计算机用的摄像头，想研究一下这个既便宜、又实用的摄像头的工作原理和内部结构。请通过对实物或资料的研究，分析图 9-2 所示数码摄像头的工作原理和内部基本结构。

图 9-2　数码摄像头

任务分析

数码相机、摄像机以其高质量的拍摄效果和方便的图像处理功能将人们带入了电子相册时代。每个数码相机、摄像机都有一套完整的图像检测系统，都能够感受外界图像传递过来的光线，利用转换电路将其转化成数字信号，经加工处理后得到清晰的图像。其中作为感官的图像传感器起到至关重要的作用。为什么相机、摄像机的价格千差万别？不同价位的相机、摄像机使用何种功能、何种型号的传感器？下面将在介绍图像检测基本概念的基础上，对数码产品中使用的图像传感器做详细阐述。

相关知识

一、图像检测基础知识

1. 光电效应

光电传感器的理论基础是光电效应。用光照射某一物体，可以看作物体受到一连串具有能量的光子的轰击，组成这一物体的材料吸收光子能量而产生相应的物理现象称为光电效应。一般说来，金属（铁、铝等）、金属氧化物（氧化铁、三氧化二铝等）、半导体（硅、锗等）的光电效应较强。

光电效应又可以分成内光电效应、外光电效应和光生伏特效应。内光电效应是指吸收外部光线中的能量后带电微粒仍在物体内部运动，使得物体的导电性发生较大变化的现象，基于内光电效应的光电元器件有光敏电阻、光敏二极管、光敏三极管及光敏晶闸管等，半导体图像传感器就是基于内光电效应；外光电效应则是指受外来光线中能量激发的微粒逃逸出物体表面，形成空间中的众多自由粒子的现象，基于外光电效应的光电元器件有真空摄像管、图像增强器等；光生伏特效应是指在外来光线作用下，物体内部产生一定方向的电动势的现象，基于光生伏特效应的光电元器件有光电池等。

2. 图像检测系统组成

图像检测系统是指采用图像传感器摄取图像，利用转换电路将其转化为数字信号，再用计算机软、硬件对信号进行处理，得到需要的最终图像或通过识别、计算后获取进一步信息的检测系统，其组成如图 9-3 所示。作为光、电转换关键环节的图像传感器，无疑在其中扮演着重要角色。

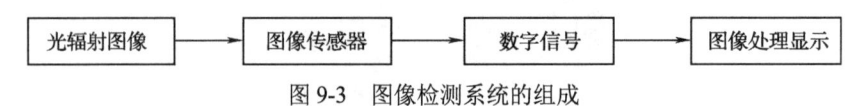

光辐射图像 → 图像传感器 → 数字信号 → 图像处理显示

图 9-3 图像检测系统的组成

3. 图像传感器

图像传感器是利用光敏元器件的光、电转换功能,将元器件感光面上感受到的光线图像转换为与其成一定比例的电信号并做相应处理后输出的功能器件,它能够实现图像信息的获取、转换和视觉功能的扩展。解决了如何在很短的时间内,将每一个点上因光照而产生改变的大量电信号采集并且辨别出来的问题,其采用一种高感光度的半导体材料,将光线照射导致的电信号变化转换成数字信号,使高效存储、编辑、传输成为可能。随着对图像传感器要求的增强和专门化,图像传感器的结构和功能呈现出较大差别,既有结构简单、芯片级的固态图像传感器,也有功能完善、应用级的光纤图像、红外线图像传感器及机器视觉传感器等。简单地说,图像传感器就像胶片一样,有了它,人们就再不用耗时费力地去冲洗胶片了。

二、固态图像传感器

固态图像传感器是数码相机、数码摄像机的关键零件,因常用于摄像领域,又被称为摄像管。它在工业测控、字符阅读、图像识别、医疗仪器等方面得到广泛应用。

固态图像传感器具有两个基本功能:一是具有把光信号转换为电信号的功能;二是具有将平面图像上的像素进行点阵取样,并将其按时间取出的扫描功能。主要分为三类:即电荷耦合式(Charge Coupled Device,CCD)、互补式金属氧化物半导体(Complementary Metal Oxide Semiconductor,CMOS)和接触式(Contact Image Sensor,CIS)等,前两种是目前市场的主流类型。

1. CCD 图像传感器

CCD 图像传感器由光电耦合器件构成,于 1969 年在美国贝尔试验室研制成功,以其成熟稳定的技术、清晰的图像在高端数码产品中占据优势。这种传感器可分为线阵(Linear)与面阵(Area)两种,是将矩阵状的多个光电二极管和 CCD 集成到一起的光电传感器,如图 9-4 所示。前者应用于影像扫瞄器及传真机上,后者则主要应用于数码相机、摄录影机、监视摄影机等影像输入产品中。

(a)线阵图像传感器　　(b)面阵图像传感器

图 9-4 CCD 图像传感器

（1）CCD 图像传感器工作原理

电荷耦合器件是一种在大规模集成电路技术基础上产生的，具有存储、转移并读出信号电荷功能的半导体功能器件。

在 P 型半导体基片的上部形成光电二极管、CCD 图像传感器、信号检测电路。光电二极管感受入射光并转换为电信号（电荷），CCD 图像传感器将该电荷发送到信号检测电路，将电荷变换为电压信号。在 CCD 图像传感器中，每一个感光元件都不对电荷信号做进一步的处理，而是将其直接输出到下一个感光元件的存储单元中，结合该元件生成的模拟信号后再输出到第三个感光元件中，依次类推，直到结合最后一个感光元件的信号才能形成统一的输出，如图 9-5 所示。

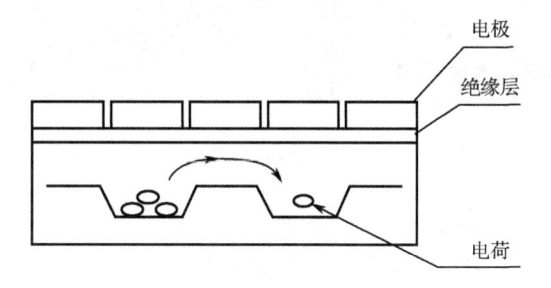

图 9-5　电荷传输方法

由于感光元件生成的电信号实在太微弱了，无法直接进行模/数转换，因此这些输出数据必须做统一的放大处理。这项任务由 CCD 图像传感器中的放大器专门负责，经放大器处理之后，每个像点的电信号强度都获得同样幅度的增大；由于 CCD 图像传感器本身无法将模拟信号直接转换为数字信号，还需要一个专门的模/数转换芯片进行处理，最终以二进制数字图像矩阵的形式输出给专门的数字信号处理器（Digital Signal Processor，DSP）处理芯片。CCD 图像传感器是一种将光电二极管内产生的面阵电荷依次传送并转换成时钟脉冲的器件，其基本组成部分是金属氧化物半导体（Metal Oxide Semiconductor，MOS）电极和读出移位寄存器。

每个感光元件对应图像传感器中的一个像点，称为像素。一般在半导体硅片上制有几百、上千个相互独立的感光元件，如图 9-6 所示。它们按线阵或面阵有规则地排列，如果照射在这些感光元件上的是一幅明暗起伏的图像，则在这些元件上就会感应出与光照强度相对应的光生电荷，这就是电荷耦合器件光电效应的基本原理。

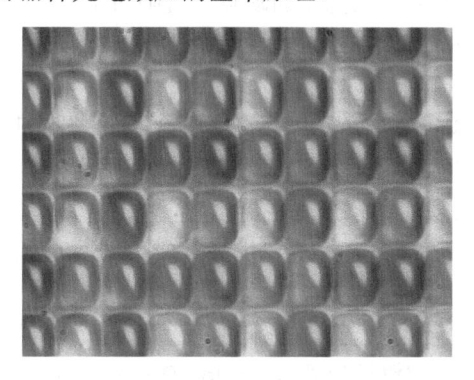

图 9-6　感光元件（放大 7000 倍）

CCD 图像传感器经过 50 多年的发展，目前已经成熟并实现了商品化。CCD 图像传感器从最初简单的 8 像素移位寄存器发展至今，已具有数百万至上千万像素，如图 9-7 所示。由于 CCD 图像传感器具有很大的潜在市场和广阔的应用前景，因此，近年来国际上在这方面的研究工作进行得相当活跃，许多国家投入了大量的人力、物力和财力，并在 CCD 图像传感器的研究和应用方面取得了令人瞩目的成果。

图 9-7　200 万和 1600 万像素的面阵 CCD

按照扫描方式的不同可以将固态图像传感器分为线阵固态图像传感器（一维 CDD）和面阵固态图像传感器（二维 CDD）。线阵固态图像传感器可以直接将接收到的一维光信号转换为时序的电信号输出，获得一维的图像信号，它对匀速运动物体进行扫描成像非常方便，扫描仪、传真机等采用这种传感器。面阵固态图像传感器则可以将二维图像直接转变为视频信号输出，它由若干行线阵 CCD 排列在一起组成，有行转移、帧转移和行间转移方式等多种类型。

（2）CCD 图像传感器的选择

① 采样频率的选择。

根据采样定理，若已知图像的最大空间频率 k（线/毫米），则采样频率应大于 $2k$。

例如：已知 k= 40 线/毫米，则采样频率大于 80 线/毫米，即采样尺寸= 1/80 毫米= 12.5 微米（分辨率）。

② 合理选择动态特性，保证转换后图像不失真。

若 CCD 的动态响应截止频率为 f，则所测量的图像光强随时间变化的频率不能大于 $2f$。

2. CMOS 图像传感器

由于 CCD 存在一些技术上无法克服的缺点，且随着 CMOS 工艺和大规模集成电路的发展，CMOS 图像传感器又逐渐成为图像显示领域的研究热点。

（1）CMOS 图像传感器工作原理

CMOS 图像传感器中每一个感光元件都直接整合了放大器和模/数转换逻辑，当感光二极管接受光照、产生模拟的电信号之后，电信号首先被该感光元件中的放大器放大，然后直接转换成对应的数字信号，无须通过移位寄存器读出，而是立即被 MOS 电容中的放大器所检测，通过直接寻址方式读出信号。它的主要优势是成本低、功耗低、数字接口简单，通过系统集成可实现小型化和智能化。

CMOS 图像传感器芯片一般由光敏像素阵列、行选通译码器、列选通译码器、定时控制电路、模拟信号处理电路、模/数转换器（Analog Digital Converter，ADC）、存储器与读出译码器等构成（见图 9-8）。

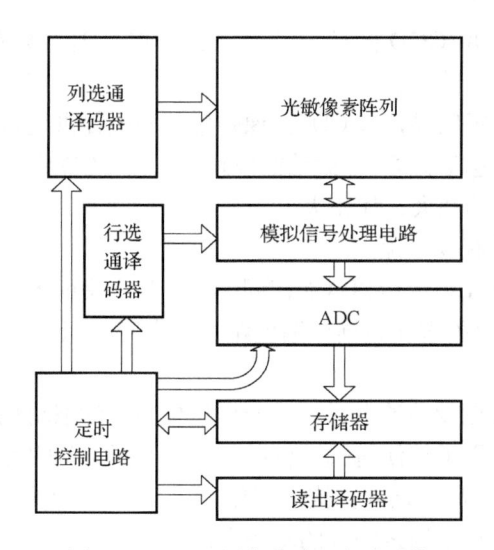

图 9-8　CMOS 图像传感器芯片结构

（2）CMOS 图像传感器的选择

CMOS 图像传感器的暂态读噪声、固定模式噪声和传感器的 ISO 速度对图像质量有严重影响，因而也影响图像输出、显示和打印的效果。

暂态读噪声是指与时间无关的信号电平的随机波动，由基本噪声和电路噪声源产生。固定模式噪声（Fixed Pattern Noise，FPN）是指非暂态空间噪声，产生原因包括像素和色彩滤波器之间的不匹配、列放大器的波动、PGA 和 ADC 之间的不匹配等。CMOS 图像传感器的 ISO 速度是由满足给定的信噪比图像质量所需要的曝光等级值估计得到的。

3. 固态图像传感器的比较

CCD 和 CMOS 使用相同的光敏材料，受光后产生电子的原理相同，具有相同的灵敏度和光谱特性，但是电荷读取的过程不同，如图 9-9 所示。

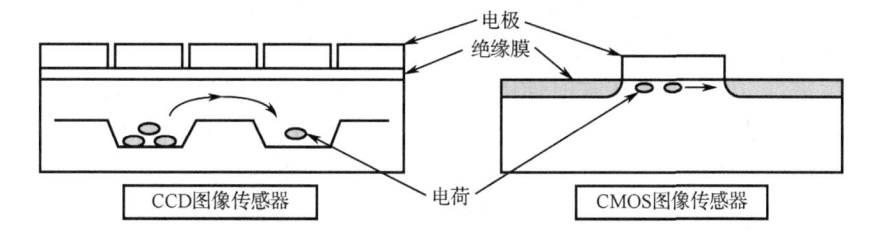

图 9-9　CCD 图像传感器和 CMOS 图像传感器的电荷读取过程比较

CCD 图像传感器一般具有以下优点。

（1）高分辨率。像素大小为微米级，可感测及识别精细物体，提高影像品质。

（2）高灵敏度。具有很低的读出噪声和暗电流噪声，信噪比高，从而具有高灵敏度。

（3）动态范围广。同时感知及分辨强光和弱光，提高系统环境的使用范围。

（4）线性良好。入射光源强度和输出信号大小成良好的正比关系，降低了信号补偿处理的成本。

（5）大面积感光。利用半导体技术已可制造大面积的 CCD 晶片。

（6）低影像失真。使用 CCD 图像传感器，其影像处理不会有失真的情形，可反映原始图像。

这种传感器的缺点也很明显，CCD 图像传感器不能提供随机访问，影响了成像速度；需要复杂的时钟芯片，制造成本高；辅助功能电路难以与 CCD 集成到一块芯片上，造成 CCD 大多需要三种电源供电，功耗大、体积大。

CMOS 图像传感器具有以下优点：

（1）系统集成。CMOS 图像传感器能在同一个芯片上集成各种信号和图像处理模块，如运放器、A/D 转换器、彩色处理和数据压缩电路、标准 TV 和计算机 I/O 接口等，形成单片数字成像系统。

（2）低功耗。CMOS 图像传感器只需单一电压供电，静态功耗几乎为零，其功耗仅相当于 CCD 功耗的 1/8，有利于延长便携式、机载或星载电子设备的使用时间。

（3）成像速度快。采用串行连续扫描的工作方式，必须一次性读出整行或整列的像素值，CMOS 图像传感器可以在每个像素扫描的基础上同时进行信号放大。

（4）响应范围宽。CMOS 图像传感器芯片除了可见光，对红外光等非可见光波也有反应。在 890～980nm 范围内，其灵敏度比 CCD 图像传感器芯片的灵敏度高出许多，且其随波长增加而衰减的梯度也慢一些。对 1～3μm 都敏感的 CMOS 图像传感器芯片，在夜间监控上有广泛的应用。

（5）抗辐射性强。由于 CCD 图像传感器的像素由 MOS 电容构成，电荷激发的量子效应易受辐射线的影响；而 CMOS 图像传感器的像素由光电二极管或光栅构成，抗辐射能力比 CCD 图像传感器大十多倍。

（6）成本低。CMOS 图像传感器制造成本低，结构简单，成品率高。

任务实施

数码相机的原理框图如图 9-10 所示，其工作原理可以表述为：外界景物发射或反射的光线通过镜头传播到相机内部的彩色图像传感器上，使用者按动开关，取景器电路锁定信号，彩色图像传感器将感应到的光线强弱转换为连续的电信号输出，变换成数字信号后存储到存储卡中。具体来讲，数码相机工作时使用固态图像传感器感光成像，光线通过透镜系统和滤色器投射到传感器的光敏元件上，光敏元件将其光强和色彩转换为电信号，再通过 A/D 转换器转换为数字信号，然后送入具有信号处理能力的 DSP，将信号进一步送给离散余弦变换部件 DCT 进行 JPEG 压缩，最后通过接口电路记录到存储器（存储卡）中。

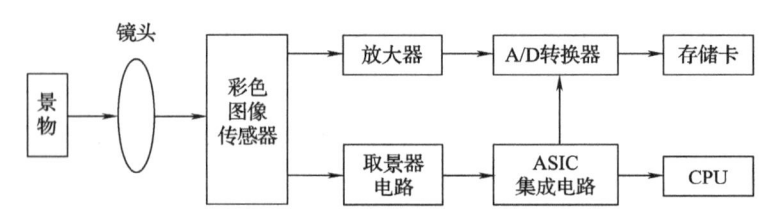

图 9-10 数码相机的原理框图

拆开摄像头底座即可拆开摄像头，看到摄像头内部结构如图 9-11 所示。轻轻拔掉插座，摄像头的线路板清晰可辨，它的视频芯片是三洋（SANYO）的 LC99052。该摄像头的线路板分为上下两部分，仅靠两排插针连接。轻轻地将这两块线路板分离，可见到上部分线路板的正反两面。该线路板由四层组成，摄像头的视频编码全都在此线路板上。下部分线路板的镜头下面即是 CCD 图像传感器。CCD 图像传感器的下部分线路板有正反两面。图中左半部分器件即是 CCD 图像传感器，它的大小为 1/2 英寸，像素为 320px×240px。右边线路板上的器件为 CCD 图像传感器的解读器件，它将解读后的信号通过两排插针传给上部分线路板进行视频编码，再通过视频接口传输出去。

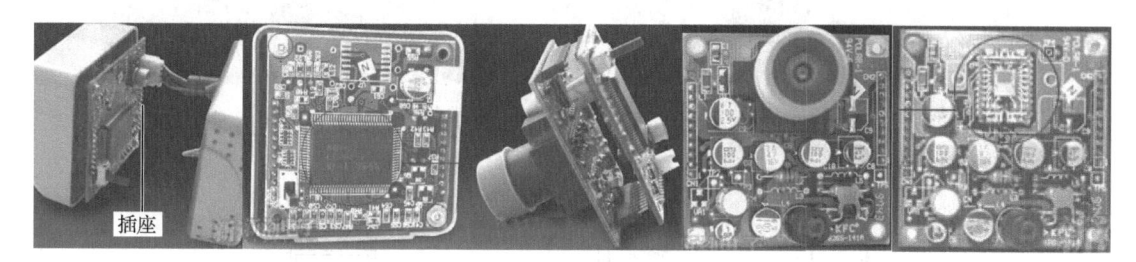

图 9-11 摄像头内部结构

数码相机中使用的图像芯片要求分辨率高、功耗低、尺寸小、寿命长，不易损坏。CMOS 易于实现单片集成、视频速率下读出噪声小，静态功耗低，高性能的 CMOS 图像传感器正在逐步取代 CCD 图像芯片。

知识链接

图像传感器除了大规模应用于数码相机，还广泛应用于摄像机、扫描仪，以及工业领域等。此外，在医学中为诊断疾病或进行显微手术等而对人体内部进行的拍摄中，也大量应用了图像传感器及相关设备。

一、视觉传感器

作为一种应用级的产品，视觉传感器（见图 9-12）是固态图像传感器成像技术和 Framework 软件结合的产物，它可以识别条形码和任意 OCR 字符，如图 9-13 所示。作为一个独立的视觉系统，它不需要任何计算机或分离型处理器，可选配集成光源和独立的镜头结构，便于安装在狭小的空间中，而且能够覆盖大范围的检测。因为具有 35 万～130 万像素的高分辨率，无论距离远近，传感器都能"看到"细腻的目标图像。捕获图像后，视觉传感器能将其与内存中存储的基准图像进行比较做出分析判断。

与传统的光电传感器相比，视觉传感器赋予机器设计者更大的灵活性。光电传感器包含一个光传感元件，而视觉传感器具有从一整幅图像中捕获光线的数以千计像素的能力。以往需要多个光电传感器的应用，现在可以用一个视觉传感器来检验多项特征。它能够检验大得多的面积，并实现更佳的目标位置和方向灵活性。这使视觉传感器在某些只有依靠光电传感器才能解决的应用中得到广泛应用。如图 9-14 所示为烟草包装生产线，它的自动化程度很高，机器包装好的烟盒以 500 盒/分的速度经传送带输出。

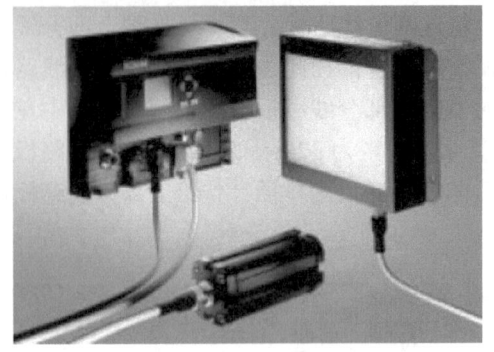

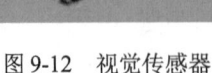

图 9-12　视觉传感器　　　　　　　　图 9-13　线阵 CCD 用于字符识别

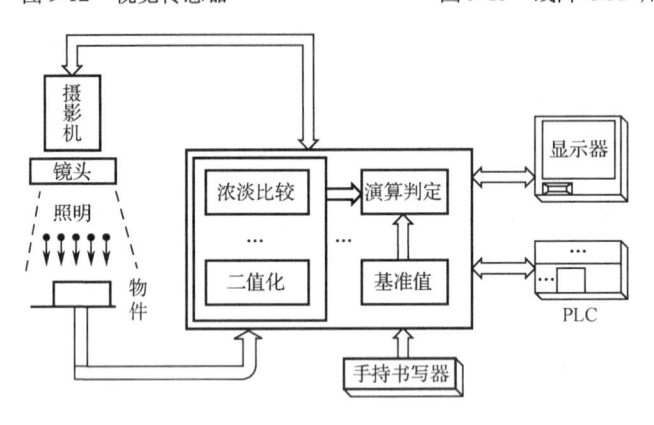

图 9-14　烟草包装生产线

该系统中选用了欧姆龙公司的 F150 视觉传感器，主要性能指标是像素，为 512px×480px，可以记录 16 个不同物件的标准画面，存储 23 个画面不合格物件图像，即可以确定 23 种不合格的情况，便于在生产中做出比较和回馈。数据及图像的存储通过 RS-232 接口与 PC 相连。摄影机部分为 1/3 寸 CCD 个体摄像元器件，带智能照明，脉冲发光，即频闪，电子快门有 1/100、1/500、1/2000、1/10000s 多种选择。检测范围为 50mm×50mm，设定距离 16.5～26.5mm。在生产线上，如果用视觉传感器取代人工筛选进行在线检测，不仅可以减轻工人劳动强度，而且能减少次品，大大提高生产效率。

二、计算机视觉检测

计算机视觉检测（Automatic Visual Inspection，AVI）是建立在计算机视觉研究基础上的一门新兴检测技术，如图 9-15 所示。它利用计算机视觉研究成果，采用图像传感器来实现对被测物体的尺寸及空间位置的三维测量，所得数据通过计算机对标准和故障图像进行比对或直接从图像中提取信息，并根据判别结果控制设备动作。这种方式常作为计算机辅助质量系统的信息来源，或者和其他控制系统集成，能较好地满足现代制造业的发展需求。这种基于视觉传感器的智能检测系统具有抗干扰性强、效率高、组成简单等优点，非常适合生产现场的在线、非接触检测及监控。

目前这种检测技术的应用领域主要是质量检测、医学辅助诊断、机器人的手眼系统、精确制导、三维形状分析与识别等，与一般图像检测相比，计算机视觉检测技术更强调精度、速度，以及工业现场环境下的可靠性。利用计算机视觉检测技术来检测产品质量，能够代替人眼在高速、大批量、连续自动化生产流水线上进行在线检测，具有测量过程非接触、迅速方便、可视化、自动识别、结果量化、定位准确、自动化程度高等特点，典型应用如邮政自动分拣系统。

机器人视觉一般指与机器人配合使用的工业视觉系统，其结构如图 9-16 所示。把视觉系统引入机器人以后，可以极大地提高机器人的使用性能，使机器人在完成指定任务的过程中具有更强的适应性。机器人视觉除要求价格经济外，还有对目标有好的辨别能力、实时性、可靠性等方面的要求。视觉传感器是视觉系统的核心，既要容纳进行轮廓测量的各种光学、机械、电子、敏感器等各方面的元器件，又要体积小、重量轻。视觉传感器通常包括激光器、扫描电动机及扫描机构、角度传感器、线性图像传感器、驱动板和各种光学组件。可以看出，机器人视觉传感器是综合了图像传感器和机电、光学设备的部件。

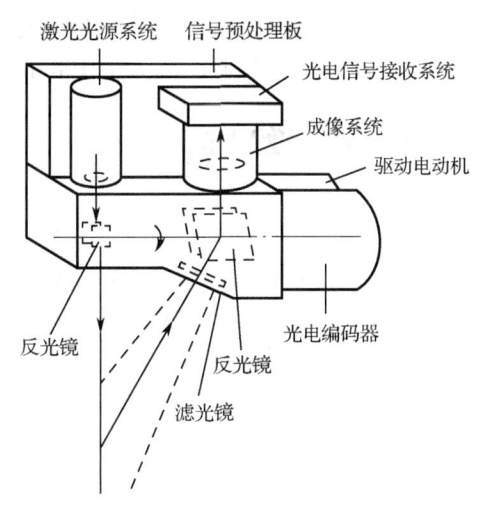

图 9-15　计算机视觉检测　　　　　图 9-16　机器人视觉系统结构

机器人视觉传感器是非接触型的，是机器人使用的众多传感器中最稳定的。

思考与练习

1. 什么是光电效应？为什么说光电效应是图像检测的基础？
2. 常用固态图像传感器的类型有哪些？其特点是什么？
3. 对于常用的百万像素的拍照手机，百万像素是什么含义？

课题二　光纤传感器

◆ **教学目标**

☐ 了解光纤传感器的工作原理。
☐ 了解光纤传感器的分类。
☐ 掌握光纤传感器的应用。

任务提出

光纤传感器是 20 世纪 70 年代中期发展起来的一种基于光导纤维的新型传感器。它是光纤和光通信技术迅速发展的产物，与以电为基础的传感器有着本质区别。光纤传感器用光作为敏感信息的载体，用光纤作为传递敏感信息的媒介，具有电绝缘性能好、抗电磁干扰能力强、灵敏度高、容易实现远距离监控等特点，适于测量位移、速度、加速度、液位、应变、压力等。

某天然气公司是一家炼化一体、年产千万吨炼油的大型综合企业，为保证成品正常输送，需要工作人员小李寻找适合石化行业的长距离管道视频检测方案，用以对管线内部的焊接质量进行监查，对管道内部是否存在异物进行排查，并精准定位以便割口取出。要求监测管道直径为 100～800mm，检测距离大于 100m，视频图像清晰，且可以精准定位。

任务分析

工业内窥镜（见图 9-17）成为解决问题的关键。使用工业内窥镜，可以直接观察到设备内部肉眼不易直接观察的隐蔽地方，进行箱体、管道内部的检测和故障诊断，既不需设备解体，也不需另外照明，只要将窥头插入孔内，内部情况便可一目了然，可直视，也可侧视，大大提高工作效率。那么这种工业内窥镜采用何种传感器作为成像和传输的元件？该传感器的结构和工作原理是怎样的？这些问题就是本任务研究的中心内容。

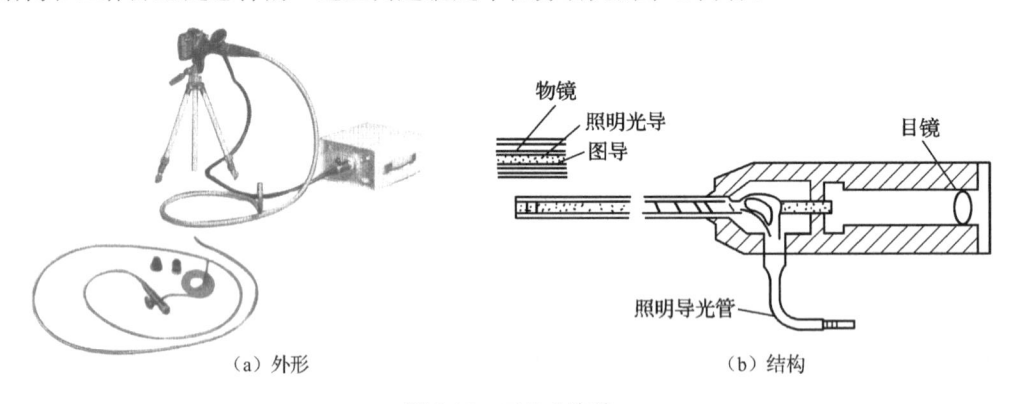

（a）外形　　　　　　　　　　　（b）结构

图 9-17　工业内窥镜

相关知识

一、光纤传递的基本知识

光纤是光导纤维的简写，是一种利用光在玻璃或塑料制成的纤维中的全反射原理而制成的光传导工具。光纤结构如图 9-18 所示。光纤呈圆柱形，它由玻璃纤维芯（纤芯）和玻璃包皮（包层）两个同心圆柱的双层结构组成。纤芯位于光纤的中心部位，光主要在此传输。包层材料一般为 SiO_2，可以是单层结构，也可以是多层结构，取决于光纤的应用场所，但总直径控制在 100～200μm 范围内，双层结构间形成良好的光学界面。

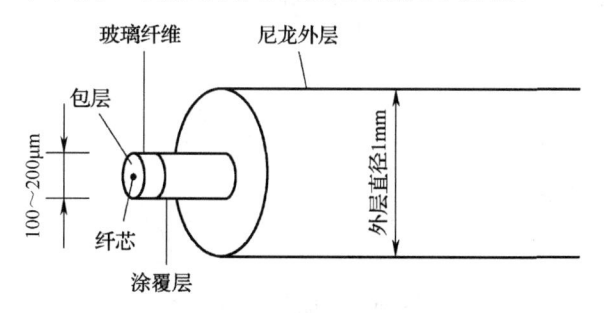

图 9-18 光纤结构

对于多模光纤，可以用几何光学的方法分析光波的传播。此时，光线在两层结构之间的界面上靠全反射进行传播，由于光线基本上全部在纤芯区进行传播，没有跑到包层中去，所以可以极大地降低光纤的衰耗。由于光在光纤中的传导损耗比电在电线中传导的损耗少得多，因此光纤可被用作长距离的信息传递。

光缆由多根光纤组成，光纤间填入阻水油膏以保证传光性能，主要用于光纤通信。

二、光纤传感器的工作原理及分类

1. 光纤传感器的工作原理

光纤传感器是一种把不易测量的某种物理量转变为可测的光信号的装置。如图 9-19 所示，它由光发送器、敏感元件（光纤或非光纤的）、光接收器、信号处理系统以及光纤构成。由光发送器发出的光经光纤引导至敏感元件，此时光的某一性质受到被测量的调制，经接收光纤耦合到光接收器，使光信号变为电信号后经信号处理系统得到期望的被测量。与以电为基础的传统传感器相比较，光纤传感器在测量原理上有本质的差别。它以光学测量为基础，其前端感光元件大多仍使用前文所述的固态图像传感器完成。

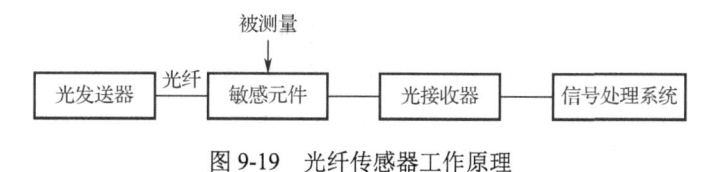

图 9-19 光纤传感器工作原理

2. 光纤传感器的分类

根据光纤在传感器中的作用，光纤传感器分为功能型、非功能型和拾光型三大类。

（1）功能型（全光纤型）光纤传感器如图 9-20 所示，它是将对外界信息具有敏感性和检测能力的光纤（或特殊光纤）作为传感元件，将"传"和"感"合为一体的传感器。光纤不仅起传光作用，而且还利用光纤在外界因素（弯曲、相变等）的作用下光学特性的变化，来实现"传"和"感"的功能。因此，传感器中的光纤是连续的，增加其长度可提高灵敏度。

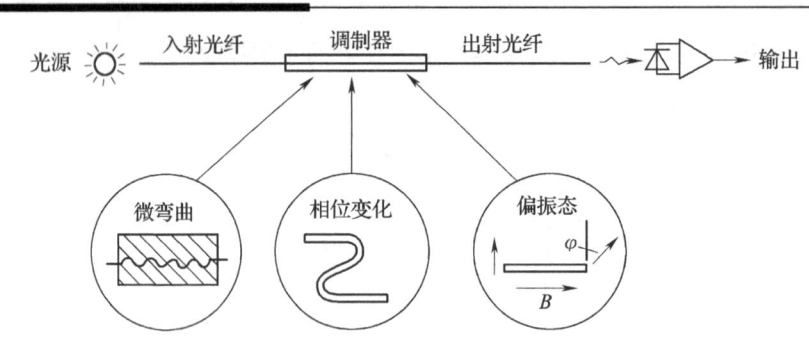

图 9-20　功能型光纤传感器

（2）非功能型（或称传光型）光纤传感器如图 9-21 所示，光纤仅起导光作用，只"传"不"感"，对外界信息的"感觉"功能依靠其他功能元件完成，光纤不连续。此类光纤传感器不需要特殊光纤及其他特殊技术，比较容易实现，成本低。但灵敏度也较低，用于对灵敏度要求不太高的场合。

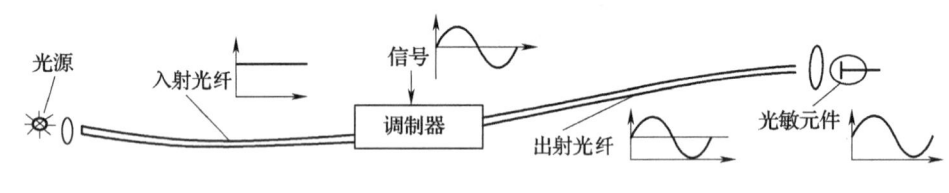

图 9-21　传光型光纤传感器

（3）拾光型光纤传感器。用光纤作为探头，接收由被测对象辐射的光或被其反射、散射的光。其典型例子如光纤激光多普勒速度计、辐射式光纤温度传感器等。

根据光受被测对象调制的形式，光纤传感器又可分为强度调制、偏振调制、频率调制、相位调制等几种类型。

三、光纤传感器的应用

光纤传感器是一种新型传感器，它用光信号传感和传递被测量，具有动态范围大、频响宽等优点。由于光纤可被拉至距测量点几十米以外，能使处理信号的电子线路远离干扰源，因而其可较少受到空间电磁干扰。光纤传感器均为可控有源传感器，这使得在硬件和软件设计中可采用一些特殊手段来完成某些较复杂的功能。光纤传感器具有其他传感器无法比拟的优点，目前已广泛应用于医疗、机械、机电一体化、化工、电气、能源、环保、生物等领域中。

1. 光纤位移传感器

光纤位移传感器是一种传输型光纤传感器，其原理示意图如图 9-22 所示。光纤采用 Y 形结构，两束光纤一端合并在一起组成光纤探头，另一端分为两支，分别作为光源光纤和接收光纤。光从光源耦合到光源光纤，通过光纤传输，射向反射体，再被反射到接收光纤，最后由光电转换器接收，光电转换器接收到的光与反射体表面性质、反射体到光纤探头距离有关。当反射表面位置确定后，接收到的反射光光强随光纤探头到反射体距离的变化而变化。显然，当光纤探头紧贴反射片时，接收器接收到的光强为零。随着光纤探头离反射面距离的增加，接收到的光强逐渐增加，到达最大值点后又随两者的距离增加而减小。如图 9-23 所示是反射式光纤位移传感器的输出特性曲线，利用这条特性曲线可以通过对光强的检测得到位移量。反射式光纤位移传感器采用非接触式测量，具有探头小、响应速度快、测量线性化（在小位移范围内）等优点，可在小位移范围内进行高速位移检测。

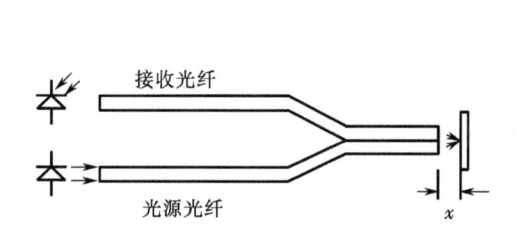

图 9-22　光纤位移传感器原理示意图

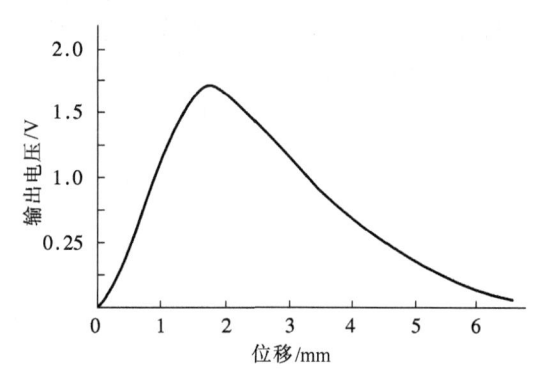

图 9-23　反射式光纤位移传感器的输出特性曲线

2. 光纤温度传感器

光纤温度传感器采用的是半导体吸收式光纤温度传感技术，该传感器使用半导体材料砷化镓（GaAs）作为温度敏感元件。在实际工程中，当要检测的点的温度发生变化时，材料反射波长就会随之改变，通过检测波长的变化就可以计算出该点的温度，进而可以对被检测物体的安全状况做出判断。

如图 9-24 所示为光纤温度传感器装置简图。将一根切断的光纤装在不锈钢管内，光纤两端面间夹有一块半导体感温薄片（如 GaAs），这种半导体感温薄片的透射光强随被测温度的变化而变化。因此，当光纤一端输入一恒定光强的光时，由于半导体感温薄片的透射能力随温度变化，光纤另一端接收元件所接收的光强也随被测温度改变而改变，于是通过光电探测器输出的电量，便能遥测到所处的温度，如图 9-25 所示。

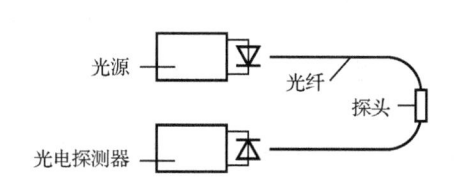

图 9-24　光纤温度传感器装置简图

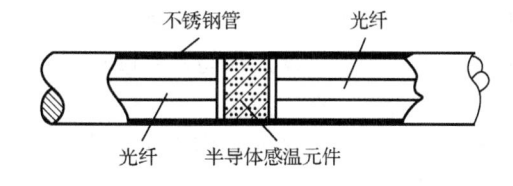

图 9-25　光纤温度传感器感温探头

探头中，半导体材料的透过率与温度的特性曲线如图 9-26 所示，当温度升高时，其透过率曲线向长波方向移动。显然，半导体材料的吸收率与其禁带宽度 E_g 有关，禁带宽度又随温度而变化，多数半导体材料的禁带宽度 E_g 随温度的升高几乎成线性地减小，对应于半导体的透过率特性曲线边沿的波长 λ 随温度升高向长波方向位移。当一个辐射光谱与 λ 相一致的光源发出的光通过此半导体时，其透射光的强度随温度的升高而减少。

光纤温度传感器便是这样一种用于实时测量空间温度场分布的高新技术产品，它不仅具有普通光纤传感器的优点，还具有对光纤沿线各点温度的分布式传感能力，利用这种特点，可以连续实时测量光纤沿线几千米内各点的温度，定位精度可达米的量级，测温精度可达 1℃ 的水平，非常适用于大范围多点测温的应用场合。因此这种光纤传感器在高压电力电缆、大型发电机定子、大型变压器、锅炉等设施的温度定点传感场合具有广泛的应用。光纤高温传感器可以大范围地测定热加工过程的温度，测温范围从室温到 1800℃，在 800℃以上，灵敏度优于 1℃；在 1000℃以上，可分辨温度优于 0.1℃，具有高温优越性。而且，其响应快、抗电磁干扰能力强、工作温区大、操作方便、可实现多点测量，对于铸造、热处理的工艺和质量控制具有积极的意义。

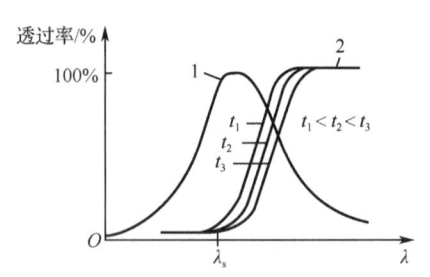

图 9-26　半导体材料的透过率与温度的特性曲线

在各种传感器中，光纤传感器是近些年得到迅速发展的，目前已经能够用光纤传感器实现压力、温度、振动、电流、电压、磁场等物理量的检测，这些应用都归功于光纤固有的特点，即体积小与重量轻带来的结构简单、使用方便，耐高压、耐高温和抗电磁干扰带来的安全可靠，作用距离长带来的高灵敏度。

任务实施

在本任务中，要对大于 100m 的管线内部情况进行监测，对管道内部是否存在异物进行排查，要求视频图像清晰，且可以精准定位。有以下两种方案可以选择。

方案一：爬行机器人

爬行机器人可以自主爬行，省时省力，爬行机器人的图像传感器可以将所到之处的管道内部情况传回到监视器上，图像清晰，定位准确。但爬行机器人仅适用于水平管道，对于弯曲起伏的管道，爬行机器人极易发生倾翻事故。此外，爬行机器人比较笨重，携带不方便。

方案二：光纤工业内窥镜

这种传感器利用光敏元件作为光电转换器件，用光纤作为传输介质，实现将不便观察的远方图像传递到观测点的目的。

现在，国内生产的工业内窥镜大体有三种：

（1）光导纤维内窥镜。它是通过目镜来观察发动机内部情况的，由维修工目视观察，工作易疲劳。

（2）光导纤维内窥镜+专用接口+数码照相机。它能直接在数码照相机的显示屏上看到发动机内部的状况，并能拍下当时的观察结果，而且价格也非常合理。

（3）视频电子内窥镜。它采用数字式彩色 CCD 成像器件，具有图像清晰、性能稳定、操作方便、适用范围广等特点。但是价格偏高，一般用于汽车制造和飞机工业上。

本任务推荐使用第二种内窥镜，可以在内径为 25～800mm 的管线内进行视频检测，采用 120m 超长超硬检测线，不仅可以在水平方向检测，还可以在垂直方向将检测镜头送到理想的位置。主机可以配备适合高空作业的 5.6 英寸便携式主机和可实时显示检测距离的大屏幕工业手提箱式主机，图像成像效果极佳，便于在发现管道内部缺陷或管道异物时精准定位。

思考与练习

1. 简述光纤的结构。
2. 简述光纤传感器的工作原理和分类。
3. 工业内窥镜应采用何种结构的光纤传感器？

课题三　智能传感器

◆ 教学目标

¤ 了解智能传感器的结构。
¤ 了解智能传感器的主要功能。
¤ 了解智能传感器的适用场合。

任务提出

自动化领域所取得的一项重大进展就是智能传感器的发展与广泛使用。一个良好的智能传感器是由微处理器驱动的传感器与仪表套装，且具有通信与板载诊断等功能，为监控系统或操作员提供相关信息，以提高工作效率，减少维护成本。智能传感器的功能是通过模拟人的感官和大脑的协调动作，结合长期以来测试技术的研究和实际经验而提出的，是一个相对独立的智能单元。

远程轮胎压力监测智能传感器，主要用于汽车行驶过程中实时监测轮胎气压，并对轮胎漏气和低气压情况进行报警，预防爆胎，以保障行车安全。轮胎压力监测系统的核心就是智能压力传感器，如图 9-27 所示。本任务就是要结合轮胎压力监视系统分析轮胎压力智能监测方法。

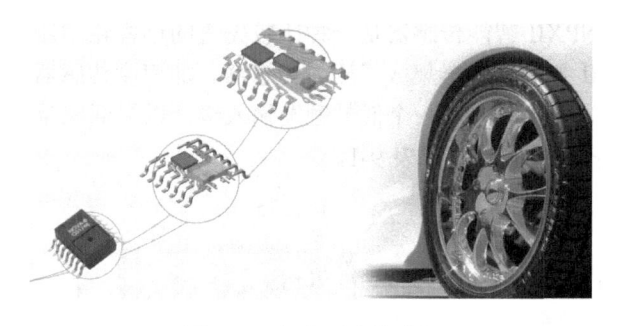

图 9-27　智能压力传感器

任务分析

据调查统计表明，每年有 26 万起交通事故是由于轮胎故障引起的，而 75% 的轮胎故障是由轮胎气压不足或渗漏造成的，爆胎故障造成的经济损失巨大。因此，多数新型汽车都要安装轮胎压力监视系统。什么是智能传感器？智能传感器如何实现自动监测？智能传感器有哪些功能？

相关知识

一、智能传感器的结构和特点

所谓智能传感器就是指一种带有微处理器的，兼有信息检测、信息处理、信息记忆、逻辑思维与判断功能，且具备某些人工智能的传感器。它将机械系统及结构、电子产品和信息技术完美结合，使传感器技术有了本质性的提高。传统的传感器功能单一、体积大、功耗高，已不能满足多种多样的控制系统，先进的智能传感器得到广泛应用。智能传感器必须具备通信功能，不具备通信功能，就不能称之为智能传感器。

智能传感器主要由四部分构成：电源、敏感元件、信号处理单元和通信接口，其原理框图如图 9-28 所示。敏感元件将被测物理量转换为电信号，通过放大、A/D 转换成数字信号，再经过微处理器进行数据处理（校准、补偿、滤波），最后通过通信接口，与网络数据进行交换，完成测量与控制功能。

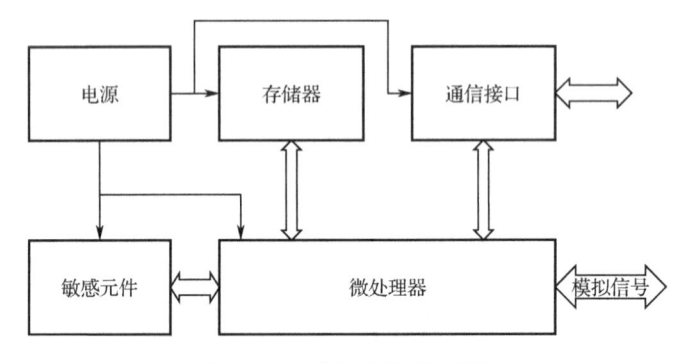

图 9-28　智能传感器原理框图

美国通用公司的 NPXII 智能传感器是一种比较先进的远程轮胎压力监测传感器。其外形如图 9-29 所示。NPXII 智能传感器集成了压力传感器、加速度传感器、温度传感器、电压传感器和低功耗 8 位微处理器，以及一个低频触发输入级，以灵活满足客户的特殊需求和降低成本的需要。其内部各元件的功能见表 9-1。

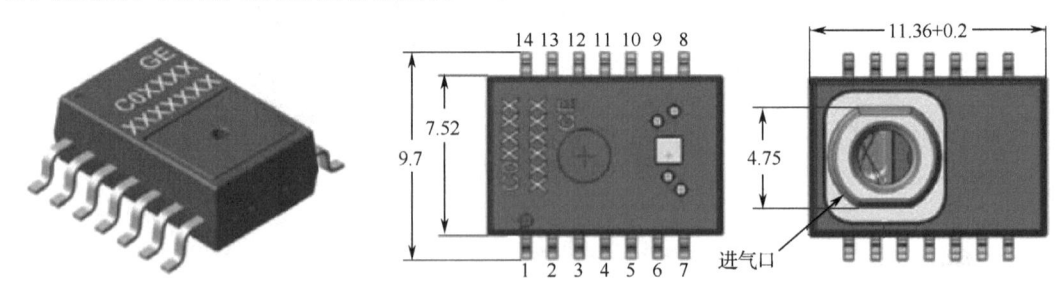

图 9-29　NPXII 智能传感器外形

表 9-1　NPXII 智能传感器内部各元件功能

内部元件	功　能
电源	提供所有电路需要的电能
压力传感器	用于监测轮胎内部压力
温度传感器	用于监测轮胎内部温度
加速度传感器	用于车辆移动检测，提供触发模块工作信号
微处理器	用于管理所有外围设备，进行压力、温度、加速度和电池电压的测量、补偿、校准等工作，以及 RF 发射控制和电源管理
RF 射频发射电路	将检测到的压力、温度、速度和电池电压等数据信息，用 RF 射频信号发射出去
LF（低频）天线	接收中央监视器发来的 LF 开关信号，并可实现与中央监视器的双向通信功能

轮胎压力监测传感器是安装在汽车的四个轮胎中的高灵敏智能传感器，在汽车行驶状态下实时、动态地监测轮胎温度和压力，然后将数据通过无线数字信号发射到主机（接收器）进行处理，并在主机液晶显示屏上以数字加图案的形式同时显示四个轮胎的温度和气压值，驾驶者可以直观地了解各个轮胎的温度、气压状况。当出现轮胎气压过低、过高、漏气或温度过高等异常情况时，系统都能够自动报警，从而使驾驶员及时发现问题，避免轮胎非正常损伤，有效预防爆胎，保障行车安全。

NPXII 智能传感器体现了传统压力传感器与微处理器数字电路的完美结合，具有适合轮胎监测应用的独特优势。

（1）带加速度传感器的智能传感器。能够输出连续的加速度值，使用者可以灵活地选择触发阈值，即使用者可以任意设定启动监测轮胎压力系统的速度。

（2）更加安全智慧的气压检测算法。当汽车时速超过设定速度时，传感器马上发送轮胎信息。时速提高，检测次数也随之增加，高度智能，使行车更加安全。

（3）静态智能检测。当车辆静止时，如果轮胎充放气或温度发生变化，也可触发监测系统，监测轮胎压力。

（4）传感器电池容量监测。对传感器电池容量进行监测，如电池容量消耗到不能支持传感器正常工作时，显示器会有信息通知用户更换电池，确保安全。

（5）智能识别码设置。用户不再需要慢慢设置各个轮胎的传感器的识别码，系统自动接收并显示各个传感器的识别码和状态，用户只需把传感器设置对应的轮胎位置即可。

在数据处理方面，智能传感器一方面根据实际需要对敏感元件的输出进行处理和变换、校准和补偿；另一方面，微处理器可存储传感器的物理特征：零点、灵敏度、校准参数、补偿参数以及传感器厂家信息（维护信息）等。

例如：传感器的线性度会直接影响传感器的精度，通过对采样数据进行处理可以消除非线性，一般可采用查表法和插值法。查表法是指将采样数据与被测物理量的对应关系编制成表格，存放在存储器内，对应每一个输入，可查表得到一个输出。插值法是指将所得数据曲线分段线性化，在分段区间内，得到相应数据与被测物理量的对应关系。这样可以大大节约存储器空间。

NPXII 智能传感器中固化了压力传感器的测量、补偿和校准程序。每一个芯片在生产时，由工厂在不同温度点（25℃和75℃）、不同压力点（满量程的 0%、50%、100%）和不同电池电压点（2.3V、3.1V）采集 12 组数据，经校准公式计算，将补偿和校准参数保存在存储器中。

在测量时，由固化的压力补偿校准程序自动对测量的数据进行计算，获得一个准确的测量值。在生产过程中，每一个传感器还将在 25℃和 125℃下进行验证测试，以保证可靠性。

二、智能传感器的主要功能

与传统的传感器相比，智能传感器最突出的特征是数字化、智能化、阵列化、微小型化和微系统化。它具有以下功能：

1. 复合敏感功能

智能传感器具有复合敏感功能，能够同时测量多种物理量和化学量，给出能够较全面反映物质运动规律的信息。如美国加利弗尼亚大学研制的复合液体传感器，可同时测量介质的温度、流速、压力和密度。美国 EG&GIC Sensors 公司研制的复合力学传感器，可同时测量物体某一点的三维振动加速度、速度、位移等。

2. 漏血监测、自动补偿、自动适应的功能

为避免对管路内部液体的污染和检测器件的污损，采用非接触的光电方式检测。在液体管路两端安装光电传感器，使光路穿过管路中的液体，运用透射比浊法，利用血液在凝血过程中浊度突然升高的原理来实现检测目的。另外，智能传感器模块利用 A/D 转换值的缓变情况可以实现报警点基准值的自动跟踪，从而实现自动补偿和自动适应。

3. 数据采集和实时监控功能

智能传感器在各个领域的应用越来越广泛。这种设备的主要应用就是在无人控制的环境中进行数据（如自然储备、地震地质结构数据）采集。对于比较恶劣的环境和人不宜到达的场所非常适用，比如荒岛上的环境和生态监控，原始森林的防火和动物活动情况监测，污染区域以及地震和火灾等突发灾难现场的监控。

4. 信息存储和传输功能

随着全智能集散控制系统的飞速发展，要求智能单元具备通信功能，利用通信网络以数字形式进行双向通信，这也是智能传感器的关键标志之一。智能传感器通过测试数据传输或接收指令来实现各项功能，如增益设置、补偿参数设置、内检参数设置、测试数据输出等。

5. 计算、数据处理及控制功能

在小型水电站监控系统的应用中，以现场总线技术为基础，以微处理器为核心，以数字化通信为传输方式的现场总线智能传感器与一般智能传感器相比，具有以下功能：共用一条总线传递信息，具有多种计算、数据处理及控制功能；取代 4~20mA 模拟信号传输，实现传输信号的数字化，增强信号的抗干扰能力；采用统一的网络化协议，成为现场总线控制系统的节点，实现传感器与执行器之间信息交换；系统可对之进行校验、组态、测试，从而改善系统的可靠性；接口标准化，具有即插即用特性。智能传感器与仪表的应用，可将测量、报警、保护、控制集于一身，简化系统结构，降低系统的复杂性，提高系统的可靠性和稳定性。

6. 仿生功能

智能传感器具有一定的仿生能力，如模糊逻辑运算、主动鉴别环境、自动调整和补偿适应环境的能力，自诊断、自维护能力等。

7. 故障诊断与容错控制功能

传统控制技术难以实现在故障情况下对矿井提升机的复杂控制系统的有效控制，因此提出了在提升机控制系统中采用集成智能传感器容错控制方案，来实现提升机的容错控制，以保证提升机在传感器故障情况下，系统仍能稳定可靠地运行，增强了系统的可靠性，避免了事故发生。

三、智能传感器的适用场所

智能传感器可应用于各种领域、各种环境的自动化测试和控制系统中，使用方便灵活、测试精度高，优于任何传统的数字化、自动化测控设备。特别是以下场所：

（1）分布式多点测试、集中控制采集、测试现场远离集中控制中心的场合。如果采用传统的传感器，会造成技术复杂、设备成本高、数据传输易受干扰、测量精度低、系统误差大等问题。而智能传感器能解决上述问题，它将计算机与自动化测控技术相结合，直接将物理量变换为数字信号并传送到计算机进行数据处理。

（2）安装现场受空间条件限制的场所，如埋入大型电动机绕线内部、通风道内部、电子组合件内部等。如果采用传统的传感器，需要定期校验、检测，由于空间的限制很难完成，而智能传感器具有自检测、自诊断、定期自动零点复位、消除零位误差等功能。独立的内部诊断功能可避免代价高昂的拆机、校验，从而迅速收回投资。

（3）在自动化程度高、规模大的自动化生产线上，如工业生产过程控制、发电厂、热电厂、大型中央空调设备用户端等。在这些场合，测量、控制点多，远距离分散，数据量大，采用人工处理不现实，而利用智能传感器即可解决这些复杂的问题。智能传感器能从测量过程中收集大量的信息以提高控制质量。

（4）在经常无人看守，但需要检测的场合，如农业养殖场、温棚、温室、干燥房、粮食仓库等。属于远距离、分散式、多点测试，采用智能传感器能监视自身及周围的环境，然后再决定是否对变化进行自动补偿或对相关人员发出警告。

任务实施

轮胎压力监测可以有两种方案：

方案一：间接式轮胎压力监测。它通过汽车 ABS 的轮速传感器来比较各个轮胎之间的转速差别，以达到监视胎压的目的，其缺点是无法对两个以上轮胎同时缺气的状况和速度超过 100km/h 的情况进行判断。

方案二：直接式轮胎压力监测。以锂离子电池为电源，利用安装在每一个轮胎里的智能压力传感器来直接测量轮胎的气压，通过无线调制发射到安装在驾驶台的监视器上。监视器随时显示各轮胎气压，驾驶者可以直观了解各个轮胎的气压状况，当轮胎气压太低、渗漏、太高或温度太高时，系统就会自动报警。直接方式提供了更为精确的轮胎压力监视，而且胎压监测传感器具有体积小，安装方便的优点，如图 9-30 所示。在更换轮胎时，不需要拆除传感器，方便用户使用。

图 9-30　安装在轮胎内的胎压监测传感器

思考与练习

1. 什么是智能传感器？
2. 智能传感器应具备的功能有哪些？
3. 智能传感器一般适用于哪些场所？

课题四　网络传感器

◆ 教学目标

☐ 了解现场总线技术的基本概念。
☐ 了解网络传感器的主要功能。

任务提出

现代汽车智能化程度越来越高，所使用的电子控制系统和通信系统越来越多，如发动机的电控系统、自动变速器的控制系统、防抱死制动系统、自动巡航系统和车载多媒体系统等，这些系统之间、系统和各种测量传感器之间、系统和汽车故障诊断系统之间需要进行实时数据交换。如此巨大的数据交换量，如仍然采用传统数据交换方法，即用导线进行点对点连接的传输方式将是难以想象的。

1986 年德国电气商博世公司开发出了面向汽车的控制器局域网络（Controller Area Network，CAN）通信协议。所有参加现场总线（CAN 总线系统，见图 9-31）的测量单元都可以通过现场总线接口进行数据发送和接收，数据在串联总线上可以一个接一个地传送，当某一单元出现故障时不会影响其他单元的工作。本课题的任务就是通过对资料的研究，分析 CAN 总线系统的组成及对传感器的要求。

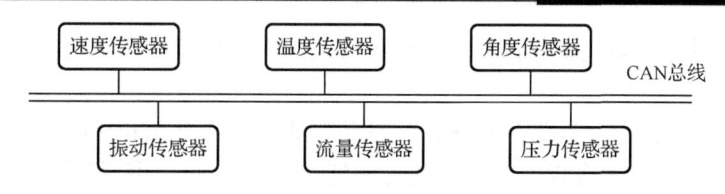

```
速度传感器    温度传感器    角度传感器
                                        CAN总线
振动传感器    流量传感器    压力传感器
```

图 9-31　CAN 总线系统

任务分析

据统计，如果采用普通数据传输方式，一个中型轿车就需要电缆插头 300 个左右，接插件插针总数 2000 个左右，电缆总长超过 1.6km，不但装配复杂、占用空间大，而且故障率会很高。因此，用串行数据传输系统（即现场总线系统）取而代之就成为必然的选择。数据总线是如何实现多路传输的呢？本课题的任务就是了解现场总线技术及现场总线的基础和核心。

相关知识

一、现场总线技术

生产过程控制仪表是工业自动化中最常用、不可缺少的一部分，多数仪表的输出为 DC 4～20mA 标准信号。但是这种基于模拟信号的测量仪表存在许多缺点，已不能满足现场的需要。如一台仪表，一条传输线，单向传输，一个信号的一对一结构（见图 9-32（a）），造成接线复杂，工程周期长，安装费用高，维护困难。由于模拟信号在传输过程中精度低且易受干扰，为改善可靠性而采取相应措施会造成成本增加。此外，还有仪表的智能化程度低，参数不易调整，现场人员不易控制，互换性差等问题。

随着微处理技术的迅速发展，在工业控制仪表和智能传感器中大量采用微机技术，现场总线技术在此情景下应运而生，即所有传感器都挂在一条数据线上，如图 9-32（b）所示，传感器通过这条数据线与控制仪表进行信息的传输、交流。

（a）传统的接线方式　　　　（b）现场总线接线方式

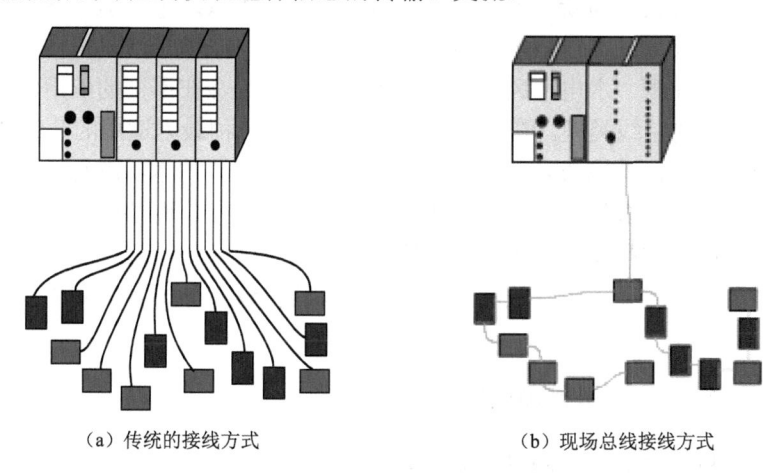

图 9-32　传统接线方式和现场总线接线方式的比较

现场总线是用于现场仪表与控制室主机系统之间的一种开放、全数字化、双向、多站的通信系统。

现场总线包括三部分：数据传输线，地址传输线，发送单元和接收单元之间的传送控制线。测量数据按 CPU 的指令以一定的模式传输到指定的地址，而传输模式是由软件控制的。

现场总线技术将专用的微处理器置入传统的测量传感器及仪表中，使它们各自具有数字计算和通信能力，通过普通的双绞线作为总线，把多个测量控制仪表连接成的网络系统，按公开、规范的通信协议，在位于现场的多个带有微型计算机的测量控制设备之间以及现场仪表与远程监控计算机之间，实现数据传输与信息交换，形成各种自动控制系统。简而言之，现场总线把单个分散的测量控制仪表变成网络节点，以现场总线为纽带，连接成可以相互沟通信息、共同完成自控任务的网络通信系统与控制系统。使用现场总线技术给用户带来更多的好处有：

（1）节省硬件成本。
（2）设计组态安装调试简便。
（3）系统的安全可靠性好。
（4）减少故障停机时间。
（5）用户对系统配置设备选型有最大的自主权。
（6）系统维护、设备更换和系统扩充简单、方便。
（7）完善了企业信息系统，为实现企业综合自动化提供了基础。

现场总线与控制系统、现场测量仪表联用，组成现场总线控制系统，也可叫作"通用现场通信系统"，是一种生产现场中各测量设备之间的通信方式，如机器上的传感器、执行器等设备间的通信方式，以及传感器与控制设备之间的通信方式等。信息传输的范围已远远超出传统的 4～20mA 信号的限制，具有高度的灵活性和适用性。

二、现场总线的核心与基础

1. 现场总线类型的核心——总线协议

总线协议是信息时代的高新技术，它可应用于不同的领域之中，但在各自领域中是完全独立的系统。例如，火力发电、核电、冶金、油田、石化、汽车制造、机械制造、楼宇，以及农田企业化、节水灌溉、水电、风力发电、酿造、轻工等，在不同的应用领域可以用不同的总线协议，即不同的总线类型。在每个应用领域中都有一种最为适用的总线协议。

对于各类总线而言，其核心是各类总线协议，而这些协议的本质就是数据传输的标准。各种总线，不论应用于什么领域，每个总线协议都有一套软件、硬件的支撑，它们能够形成独立的系统，形成相应的产品。由于现场总线是众多仪表之间的接口，使用时希望现场总线满足可互操作性要求。对于一个开放的总线而言，总线协议，亦即各种测量仪表具有统一的数据传输标准尤为重要。

2. 现场总线的基础——智能测量仪表

现场测量仪表包括多类工业测量装置，如流量、压力、温度、振动、转速等传感器或变送器，射频发射电路和电子开关，以及控制阀、执行器和电子马达等。用于现场总线中的现场测量装置，与以往的现场仪表有着本质上的差别，必须符合下列要求：

（1）无论是哪个公司生产的现场装置，都必须与它所处的现场总线控制系统具有统一的总线协议，或者必须遵守相关的通信规约。只有遵循统一的总线协议或通信规约，才能进行信息交流，做到完全开放的互操作。

（2）用于现场总线系统的现场装置必须是多功能、智能化的。这是因为现场总线的一大特点就是要增加现场的控制功能，简化系统集成，方便设计，利于维护。正是由于现场装置智能化的进步与完善，它已成为现场总线控制系统有力的硬件支撑，是现场总线控制系统的基础。

在各种应用领域采用不同的现场总线技术，产生了许多专业化的解决方案，如 CAN 总线、ASI 总线等，这些解决方案统称为传感器/控制器总线技术。几种应用典型、影响深远的现场总线主要有：CAN 总线；HART 总线；LonWorks 总线；基金会现场总线；过程现场总线。不同类型的现场总线在功能、性能和价格上有很大区别，各有自己的适用范围。但总线协议的基本原理都是一样的，都是以能够实现双向串行数字化通信为基本依据。

大量现场检测与控制的信息就地采集、就地处理、就地使用，许多控制功能从控制室移至现场设备，形成区域网络控制器，给自动化领域带来更简便、更快捷的工作方式。

三、网络传感器

虽然总线式仪器、虚拟仪器等微机化仪器技术的应用使组建集中式或分布式测控系统变得更为容易，但集中测控越来越满足不了复杂的、远程（异地）的和范围较大的测控任务需求，因此，组建网络化的测控系统非常必要。利用现有 Internet 资源而不需建立专门的拓扑网络，组建测控网络、企业内部网络以及它们与 Internet 的互连，就可以形成测控网络化。

网络传感器是包含数字传感器、网络接口和处理单元的新一代智能传感器，如图 9-33 所示。数字传感器首先将被测量转换成数字量，再送给微控制器做数据处理。最后将测量结果通过网络传输给控制仪表，实现了各传感器之间、传感器与执行器之间、传感器与系统之间的数据交换及资源共享，可做到"即插即用"，极大地方便了用户。

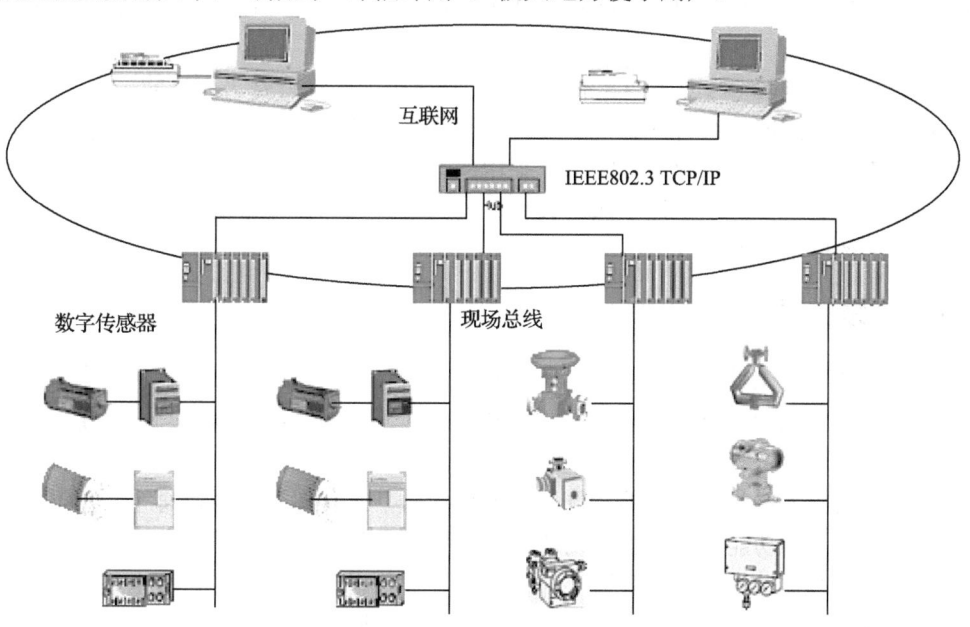

图 9-33　网络传感器

使用网络传感器，人们可以从任何地点、在任意时间获取到测量信息（或数据）。与传统的仪器、测量、测试相比，是一个质的飞跃。在网络化仪器环境下，被测对象可通过测试现场的仪器设备，将测量数据（信息）通过网络传输给异地的精密测量设备或高档次的微机化仪器去分析、处理，从而实现测量信息的共享，掌握网络节点处信息的实时变化，也可通过网络将数据传至现场的网络传感器。

目前，国内外著名仪器厂商都在积极研制和开发新型网络化仪器。自动抄表系统就是网络传感器的典型应用，如图 9-34 所示。

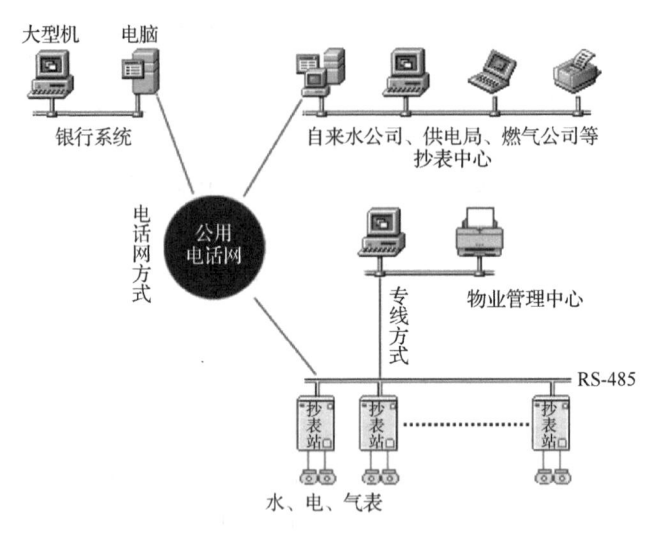

图 9-34 自动抄表系统

自动抄表系统用于水、电、气不同行业的自动抄表与收费管理，在某种意义上可以称为网络化仪器。因为自动抄表系统虽然没有通过 Internet，但采用公用电话网，即物业管理中心与小区电话有线连接，经公用电话网对异地用电、用气等信息进行测取和监控，为管理部门提供各种信息。

采用自动抄表系统，可提高抄表的准确性；能减少因估计或誊写而可能出现的账单错误；供电（水、燃气、热能等）管理部门能及时获得准确的数据信息；用户也不再需要与抄表员预约上门抄表时间，还能迅速查询账单。采用网络测量技术、使用网络化仪器，能显著提高测量功效，有效降低监测、测控工作的人力和财力投入，缩短计量测试工作的周期，并增强测量需求客户的满意程度。

四、无线网络传感器

无线网络传感器是低成本、具有传感数据处理和无线通信能力的智能传感器。通过基站或移动路由器等基础通信设施，以自组织方式形成传感器网络，可以有几百甚至几千个传感器部署在监测地域。

无线网络传感器由许多个功能相同或不同的无线智能传感器组成。每个传感器除了包含智能传感器所必备的功能，还具有无线通信功能（具有无线收发器模块），且自带供电模块。

无线网络传感器可以安装在危险工作环境中，如煤矿、石油钻井、核电站等；也可以安装在野外无人看守的恶劣环境中，如自然环境的监控、野外传输管道流量监测等；还可以安装在工厂的排放口，实时监测工厂的废水、废气等污染源。把操作人员从高危环境中解放出来，提高险情的反应速度和精度，大大降低煤矿、石油化工、冶金等行业对工作人员的安全，易燃、易爆、有毒物质的监测成本。

由于传感器测试单元一般部署在环境恶劣的地方，因此无线网络传感器必须具有良好的抗毁能力。如果某一传感器测试单元损坏，可以利用其他节点完成信息采集、处理和传输。由于无线网络传感器的节点数量巨大，因此传感器的成本必须尽可能得低。同时无线网络传感器的工作环境和工作方式要求传感器必须做到体积小、功耗低、工作时间长。

自动抄表系统也可以采用无线网络传感器。该系统由市信息处理中心、远程数据传输网络、现场抄表网络三大部分组成。如图 9-35 所示，该系统采用 GPRS 作为远程传输网络，即市信息处理中心与小区通过 GPRS 无线连接。系统实时监控，可实现预收费功能和欠费控制功能。远程采用 GPRS 传输网络，施工简单，维护方便，数据传送快捷，安全可靠，总成本低。

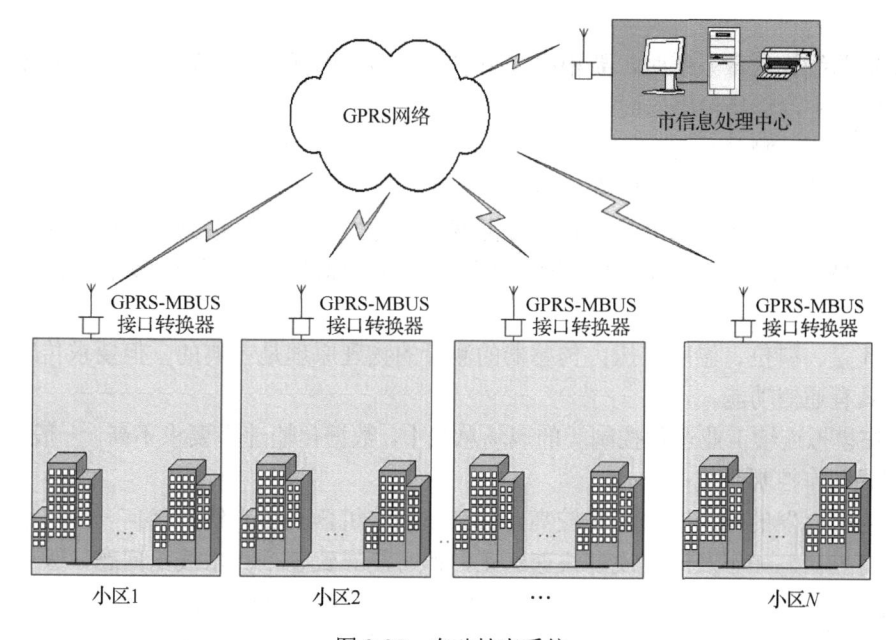

图 9-35 自动抄表系统

任务实施

现场总线控制系统由测量系统、控制系统、设备管理系统三个部分组成。

1. 现场总线的测量系统

测量系统的核心是智能传感器，具有仪表设备的状态信息，可以对处理过程进行调整。其特点为多变量高性能的测量，使测量仪表具有计算能力等更多功能，由于采用数字信号，其具有分辨率高，准确性高，抗干扰、抗畸变能力强的特点。

2. 现场总线的控制系统

控制系统的重要组成部分是软件，有组态软件、维护软件、仿真软件、设备软件和监控软件等。首先选择开发组态软件、控制操作人机接口软件。通过组态软件，完成功能块之间的连接，选定功能块参数，进行网络组态。在网络运行过程中对系统实时采集数据，并进行数据处理、计算。优化控制及逻辑控制报警、监视、显示、报表等。数据库能有组织地、动态地存储大量有关数据与应用程序，实现数据的充分共享、交叉访问，具有高度独立性。

3. 现场总线的设备管理系统

设备管理系统可以提供设备自身及过程的诊断信息、管理信息、设备运行状态信息（包括智能仪表）、厂商提供的设备制造信息。它可以安装在主计算机内，由它完成管理功能，可以构成一个现场设备的综合管理系统信息库，在此基础上实现设备的可靠性分析以及预测性维护。在现场服务器上支撑模块化、功能丰富的应用软件为用户提供一个图形化界面。网络系统硬件有：系统管理主机、服务器、网关、协议变换器、集线器、用户计算机及底层智能化仪表。

在组成总线式测量系统时，要根据测量参数及功能选择智能传感器。在不同领域的现场总线系统结构中，选择传感器时所考虑的因素不同。

模拟连续信号测量系统：

（1）要求传感器具有本安防爆功能。

（2）基本测控对象（如流量、料位、温度、压力）的变化是缓慢的，还有滞后效应，因此不要求传感器的响应时间，但要求复杂模拟量的处理能力，应做到技术上合理、经济上有利。

（3）流量、料位、温度、压力传感器的测量的物理原理是古典的，但要求传感器是智能传感器，具有通信功能。

（4）在模拟连续工业过程控制类的现场总线中，数据传输速率要求不高，一般为30kbps。

数字式动作控制系统：

（1）对传感器的响应时间要求较高，如汽车制造机器人流水线，任何一个机器人的任何一个动作有差错，如不及时发现并快速纠正，都可能导致整个流水线出问题，因此需要传感器能快速响应，同时要求测量系统有快速巡回检测与快速控制能力。

（2）现场总线系统在进行数据传输时，不能用时间表轮询制，要用减少排队或等待时间的其他方式，采用总线仲裁技术，优先级高的节点优先传输数据，而优先级低的节点则主动让行，避免总线冲突。

（3）传感器的工作原理为利用各种物理效应，输出为模拟量，但在现场总线系统中最终要数字化，且要高速传输，传输速率一般为12Mbps。

不同的应用领域采用不同的仪器仪表、不同的总线。在安装时，应注意总线电缆最好采用屏蔽双绞线，以增加总线的抗干扰能力。总线的两根信号线分别接到标有正、负的两个接线端子上，屏蔽线接到标有接地符号的端子上。注意不要接反，反接不会损坏变送器，但变送器不能工作。

发生故障时，可按下列方法检查：

（1）不能上线，应检查总线电源是否供电及是否正常工作。

检查总线电缆连接。

检查终端匹配器。

（2）读数有误差，应首先检查安装方法是否正确。

检查是否正确校准。

检查量程是否正确设置。

如果传感器发生故障，不能正常工作，需及时更换传感器，返厂维修。

总线式仪器、虚拟仪器等微机化仪器技术的应用，使组建集中和分布式测控系统变得更为容易。

思考与练习

1. 什么叫现场总线？
2. 现场总线的核心与基础是什么？
3. 什么叫网络传感器？其功能是什么？